ARCHE

H. A. Rey

Zwilling, Stier und Großer Bär

Sternbilder erkennen auf den ersten Blick

ARCHE

Inhalt

Vorwort

Vor Ihnen liegt ein Buch, das den nächtlichen Himmel dank seiner Einfachheit und seiner Liebe zu den Sternen wie kein zweites erschließt.

Es ist *der* Klassiker, der mir in meiner Jugend die Welt der Sternbilder eröffnet hat. Ich erinnere mich noch genau, wie verwirrend mir die Muster der Sterne auf den Sternkarten erschienen – schier unmöglich, sich diese einzuprägen, und noch schlimmer: Die Sternbilder sahen gar nicht so aus, wie sie hießen …

Anders bei Rey mit seiner geradezu genialen Linienführung von Stern zu Stern. Keine andere Darstellung der Sternbilder ist so einprägsam und überzeugend wie die seine! Rey hat damit etwas Einzigartiges vollbracht: das Muster der Sternanordnungen am Himmel mit den sprechenden Sternbildnamen auf einfache Weise zu versöhnen.

So weist dieses Buch den Weg zu einem Schatz, der jedem einzelnen von uns zuteilwerden kann: das Licht und das Funkeln der Sterne, die die Menschen über alle Kulturen und Zeiten hinweg stets begleitet haben. Für die Bauern waren sie wichtige Zeitmarken für Aussaat und Ernte, für die Seefahrer stellten sie so etwas wie eine Lebensversicherung dar – ermöglichten sie ihnen doch Orientierung und Kursbestimmung auf hoher See – und wieder andere sahen in ihnen fantastische Gestalten wenn nicht gar mächtige Götter.

Und was verbindet uns heute mit den Sternen? Vielleicht ist es eine erdumspannende Gemeinsamkeit – wir alle richten den Blick fragend nach oben, egal welche Sprache wir sprechen, welche Hautfarbe wir haben oder welcher Religion wir anhängen: Die Sterne sind uns ewige Frage, Mahnung und Herausforderung, weil sie »da sind« – weil sie da waren, bevor wir da waren, und weil sie da sein werden, wenn wir nicht mehr da sind …

Die moderne Astrophysik hat uns aber eine weitere, vielleicht noch verblüffendere Verbindung eröffnet. So können wir jetzt sicher sein, dass sich jedes Atom in uns und alles, was wir auf Erden sehen und berühren können, bereits mehrfach im Inneren von Sternen findet: Das Feuer der Sterne ist die Schmiede aller chemischen Elemente, wie wir sie hier auf Erden vorfinden. Anders ausgedrückt: Der Sternenhimmel ist nicht nur über uns – er ist auch in uns! Vielleicht fasziniert uns also das Funkeln der Sterne auch deshalb, weil wir schon in den frühesten Mythen unsere Verwandtschaft mit dem Universum erahnt und nun die Gewissheit haben, dass wir von dort kommen – als »Kinder der Sterne«.

Wir stehen vor weiteren revolutionären Entdeckungen und einer Flutwelle neuer Daten aus einem Kosmos, der von exotischen Objekten bevölkert ist. Zahlreiche Weltraummissionen und neue wissenschaftliche Instrumente haben das Universum in für den Menschen bislang unbekannte Dimensionen hinein geöffnet. Natürlich haben die Sternbildfiguren dabei ihre ursprüngliche Bedeutung für die Wissenschaft verloren – die Sterne eines Sternbildes gehören physisch nicht zusammen, sie sind in völlig unterschiedlichen Tiefen des Raumes angeordnet. Dennoch sind die Sternbilder das geblieben, was sie immer waren – ein erster Schritt hinaus, hin zu den Sternen. Und das mit einem zutiefst menschlichen Bezugssystem. Sie sind facettenreiche Spiegelbilder, in denen unsere Sehnsüchte und Wünsche nach dem Einssein mit dem Himmel erstmals ihren Ausdruck fanden. Und gerade deswegen ist es so sehr zu begrüßen, das Reys Buch, das vor über fünfzig Jahren erstmals erschien, nun endlich auch in deutscher Sprache vorliegt. Dass es sich um einen zeitlosen Klassiker handelt, sieht man schon daran, dass bis auf die Aktualisierung einiger Daten, die sich aus der immer präziseren Vermessung der kosmischen Weiten mittels modernster Technik ergeben, nichts geändert oder gar revidiert werden musste.

Ob im Weltraumobservatorium, auf interplanetaren Missionen oder mit dem bloßen Auge betrachtet, der Himmel ist tief und vielgestaltig, und er beginnt gleich über unserem Kopf – jede Nacht!

Ein wenig beneide ich Sie darum, dieses Buch, diesen Wegweiser in eine funkelnde Wunderwelt noch vor sich zu haben. Es wird sie treu begleiten, bei all Ihren Reisen zu den Gestirnen mit offenem Auge, Herz und Verstand.

Thomas W. Kraupe
Astronom und Direktor des
Hamburger Planetariums

Erster Teil

Bilder am Himmel

Zum Geleit

Raumfahrtzeitalter – das klingt heute schon fast wie ein alter Hut. Raketen, Satelliten, und Raumstationen umkreisen Erde, Mond und Sonne mit einer Geschwindigkeit, die jahrtausendelang völlig unvorstellbar war. Der Mensch war auf dem Mond, wir haben Raumsonden zu den Planeten geschickt, und Begriffe wie »Orbit« und »Satellit« schnappt man heute bereits im Kindergarten auf.

Und? Welche Auswirkungen hat all das auf den seit Urzeiten gepflegten Brauch und die damit verbundene Freude, den Sternenhimmel zu betrachten? Hat sich das Beobachten der Sterne mittlerweile überlebt, ist es gar überflüssig geworden?

Ist es nicht. Und wird es – solange wir auf dieser Erde leben – auch niemals sein.

Wenn der Tag zur Neige geht, werden wir vor die Tür treten, tief durchatmen und unseren Blick nach oben richten – und dort werden dann die Sterne stehen, so wie immer und (fast) unveränderlich.

Selbst vom Mond oder Mars aus betrachtet oder von Neptun, dem am weitesten entfernten unserer Planeten (Pluto gilt ja seit neuestem bloß noch als »Zwergplanet«), zeigen sich die Sterne genau so wie hier auf der Erde.

Sie sind dort oben – Nacht für Nacht. Und Nacht für Nacht wecken sie unsere Neugierde, unseren Wissensdrang.

Egal ob Steinzeit oder Raumfahrtzeitalter – wir werden uns wohl immer die Frage stellen, die sich schon unsere Großeltern gestellt haben und die sich auch unsere Enkel noch stellen werden: »Welches Sternbild ist das?«

Bilder am Himmel

Dieses Buch ist für Menschen geschrieben und gezeichnet worden, die in der Lage sein wollen, zumindest die wichtigsten Sternbilder am Himmel erkennen zu können, wenn sie nachts vor die Tür gehen und nach oben schauen. Aus lauter Spaß an der Freud.

Natürlich kann man sich auch an den Sternen erfreuen, ohne sie zu kennen oder zu erkennen. So, wie man ein gut zubereitetes »Osso buco« genießen kann, ohne auch nur die geringste Ahnung davon zu haben, wie man so etwas zustande bringt. Aber wenn man lernt, Sterne und Sternbilder nur ein ganz klein wenig besser auseinanderzuhalten, ist der Spaß, den sie uns vermitteln, ungleich größer. Es bereitet Freude, an ihnen und ihrer Stellung die herannahende Jahreszeit abzulesen, zu wissen, wann genau sie sich abends in unser Blickfeld schieben, und ihren Lauf und Verlauf über die Jahre zu verfolgen, auf Bahnen, die zuverlässiger sind als das meiste, mit dem wir sonst so zu tun haben.

Wer die Sterne kennt, weiß immer, wo er ist, und verläuft sich nicht so leicht. Sie geben uns Auskunft über die Tages- (beziehungsweise Nacht-) Zeit ebenso wie über die Himmelsrichtungen, egal ob wir uns an Land befinden, auf dem Wasser oder in der Luft.

Und im – zugegebener Maßen eher unwahrscheinlichen – Fall, einer von uns sollte sich in den nicht allzu weit entfernten Weltraum verirren, dann wären die Sternbilder seine einzig verlässlichen Wegweiser. Und durchaus vertraute noch dazu.

Kurz und gut – ein wenig mehr über die Sterne zu wissen bringt nicht nur Spaß, sondern kann sogar von Nutzen sein (auch dann, wenn man nicht gerade im Weltraum

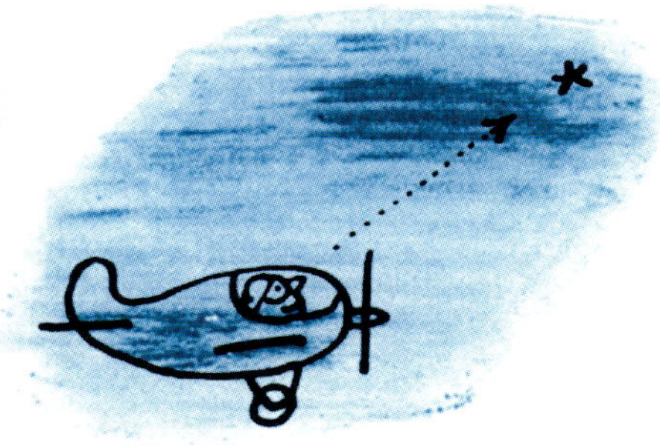

rumbummelt), und die meisten von uns hätten auch überhaupt nichts dagegen, sich da oben einigermaßen gut auszukennen – das blöde ist bloß: sie tun's nicht!

Das ist schon merkwürdig. Obwohl wir nur ab und zu mal in den Atlas schauen, hat fast jeder von uns ein ziemlich klares Bild von der Erde und ist in der Lage, auf dem Globus Kontinente sowie eine erkleckliche Anzahl von Ländern nicht nur zu erkennen,

sondern diese auch zu benennen. Bei den Sternbildern hingegen, die wir in so gut wie jeder sternenklaren Nacht zumindest einmal intensiv betrachten und auf uns wirken lassen, ist die Trefferquote bei weitem nicht so groß!

Nicht, dass wir uns nicht bemühen würden. Die meisten haben sogar schon den Versuch unternommen, sich mit Hilfe des einen oder anderen Buches aus dem Dilemma zu befreien. Und doch – nur wenigen unter uns gelingt es, mehr am nächtlichen Firmament auszumachen als den Großen Wagen (und vielleicht die Kassiopeia).

Dabei gibt es eine ganze Reihe von Büchern zu dem Thema. In vielerlei Hinsicht sehr brauchbare Bücher übrigens. Voller interessanter Fakten, wissenschaftlicher Erkenntnisse und faszinierender Fotos von Hubble und anderen. Bloß in einem Punkt lassen sie uns regelmäßig im Stich: *in der Art und Weise, wie sie die Sternbilder darstellen.*

Die Sternbilder haben so wunderbar inspirierende Namen – irgendwie gehen wir davon aus, dass diese vielen Bücher uns Sterngruppen zeigen, die die Umrisse von Löwen an den Himmel malen, von Walfischen, Jungfrauen usw. Aber weit gefehlt!

Entweder hat man, um die Sterne, aus denen sich die einzelnen Bilder zusammensetzen, ganz willkürlich allegorische Illustrationen herumgezeichnet, die wir zwar im Buch bewundern, nicht jedoch am Himmel wiederfinden können, oder (das gilt für die meisten der neueren Publikationen) die Konstellationen präsentieren sich als mehr oder weniger abstrakte geometrische Figuren, die nach nichts Konkretem aussehen und in keinerlei Zusammenhang mit den Namen der Sternbilder stehen. Beides hilft uns nur wenig, wenn es darum geht, die Sternbilder am Himmel wiederzufinden – und genau darum geht es doch eigentlich.

Die Folge davon ist, dass sich die Sternbilder den meisten von uns nicht erschließen und der Himmel uns so fremd bleibt wie zuvor.

Zwillinge, Bären und Walfische

Dieses Buch will dem eben geschilderten Missstand ein Ende bereiten. Es präsentiert die Sternbilder in einer neuen, anschaulichen Art und Weise, die ihren Namen beziehungsweise den Bildern, die diese in uns hervorrufen, gerecht werden. Die Gruppe von Sternen zum Beispiel, die wir als Großen Bären kennen, präsentiert es in der *Form eines Bären;* den *Walfisch* in der Form eines Wals, den *Adler* als Adler usw. Die Umrisse der Sternbilder prägen sich auf den ersten Blick ein, und hat man sie erst einmal auf diese Art und Weise betrachtet, findet man sie jederzeit am Himmel wieder.

Um die Sache noch weiter zu erleichtern, nennen wir die Sternbilder in diesem Buch immer zuerst bei ihren deutschen und erst dann bei ihren lateinischen beziehungsweise griechischen Namen. Bezeichnungen wie *Taurus, Auriga* oder *Cygnus* sind für die intensivere Auseinandersetzung mit dem mythologischen Hintergrund der Sternbilder zwar äußerst nützlich, erweisen sich jedoch für diejenigen unter uns, denen es zunächst ausschließlich darum geht, die Sternbilder am Himmel zu entdecken, als erheblich weniger bildhaft als *Stier, Fuhrmann* oder *Schwan* (für die Benennung einzelner Sterne hingegen greifen wir auf die gebräuchlichen, meist arabischen Namen zurück).

Die folgenden Abbildungen machen den Unterschied zwischen der neuen – in diesem Buch angewandten – Methode und der bisher üblichen deutlich. Nehmen wir zum Beispiel die *Zwillinge* (Gemini):

Aus diesen Sternen besteht das Sternbild, wie es sich uns am Himmel präsentiert: einige von ihnen sind mehr, andere weniger hell – eine unregelmäßige Formation.

Abbildung 1: Zwillinge – eine Ansammlung von Sternen

Bücher und Karten, die sich der allegorischen Darstellung bedienen, zeigen die Zwillinge so:

Abbildung 2: Zwillinge – allegorisch

Das sieht sehr hübsch aus, hat jedoch recht wenig mit der konkreten Anordnung der Sterne zu tun. Man kann das am Himmel einfach nicht *sehen*. Statt beim Auffinden und Wiederentdecken der Sternbilder zu helfen, sorgt diese Art der Darstellung letztendlich eher für Verwirrung.

In Büchern, die bei der Abbildung von Sternbildern auf abstrakt-geometrische Figuren zurückgreifen, präsentieren sich die Zwillinge in etwa folgendermaßen:

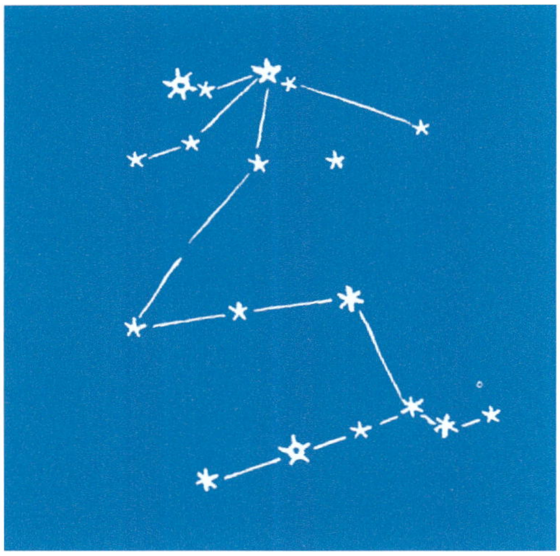

Abbildung 3: Zwillinge – abstrakt geometrisch

Das sieht zumindest irgendwie vernünftig aus. Keine Phantasterei. Stattdessen eine Hieroglyphe, ohne jede Assoziationsmöglichkeit. Sie erinnert nicht im Geringsten an Zwillinge, und beim Versuch, ihren Umrissen am Himmel zu folgen, gerät man leicht aus der Spur. Wer behauptet, sich ein derartiges Gebilde merken zu können, verdient entweder unser Misstrauen oder unsere höchste Bewunderung.

In unserem Buch, das eine neue, anschauliche Methode einführt, Sternbilder abzubilden, sehen die Zwillinge so aus:

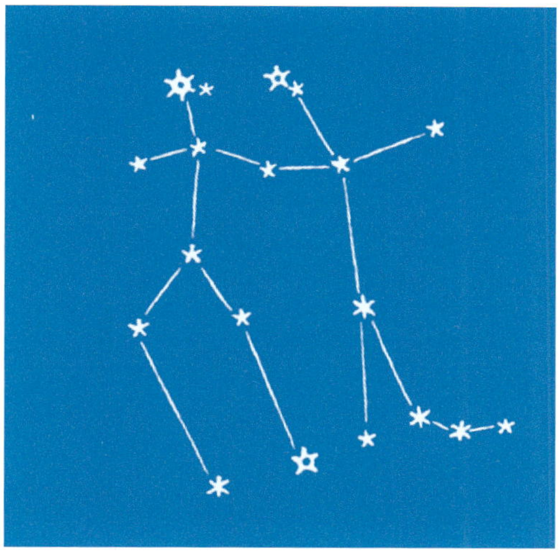

Abbildung 4: Zwillinge – anschaulich

Die Verbindungslinien zwischen den einzelnen Sternen sind mit einem ganz bestimmten Bild in unserem Hinterkopf gezogen worden, dem Bild nämlich, welches dem Namen des Sternbildes entspricht. Die Stellung der Sterne ist dieselbe wie in den drei vorhergehenden Abbildungen. Kein einziger wurde verändert. Und trotzdem wird plötzlich etwas sichtbar: zwei Strich- oder Streichholzmännchen, die sich bei der Hand halten – *Zwillinge* eben. Man kann sie nun sehr gut am Himmel ausmachen, zuerst mit Hilfe der Karte, ein-, zweimal später dann schon aus dem Gedächtnis.

Dieser anschaulichen Methode bediene ich mich in diesem Buch. Ich habe sie auf alle Sternbilder angewandt, bei denen das möglich war. Nur ein paar von ihnen – diejenigen, die für das bloße Auge lediglich aus zwei oder drei Sternen bestehen – ließ sich aus naheliegenden Gründen keine wiedererkennbare Form verpassen. Man kann eben nicht alles haben, auch nicht am Himmel.

Auf den nächsten beiden Seiten folgen ein paar Beispiele, um den Unterschied zwischen der bisher üblichen Art und Weise, Sternbilder darzustellen, und der neuen, anschaulichen Methode zu verdeutlichen.

Die alte Methode | **Die neue Methode**

Großer Bär (Ursa Major)

Bärenhüter (Bootes)

Jungfrau (Virgo)

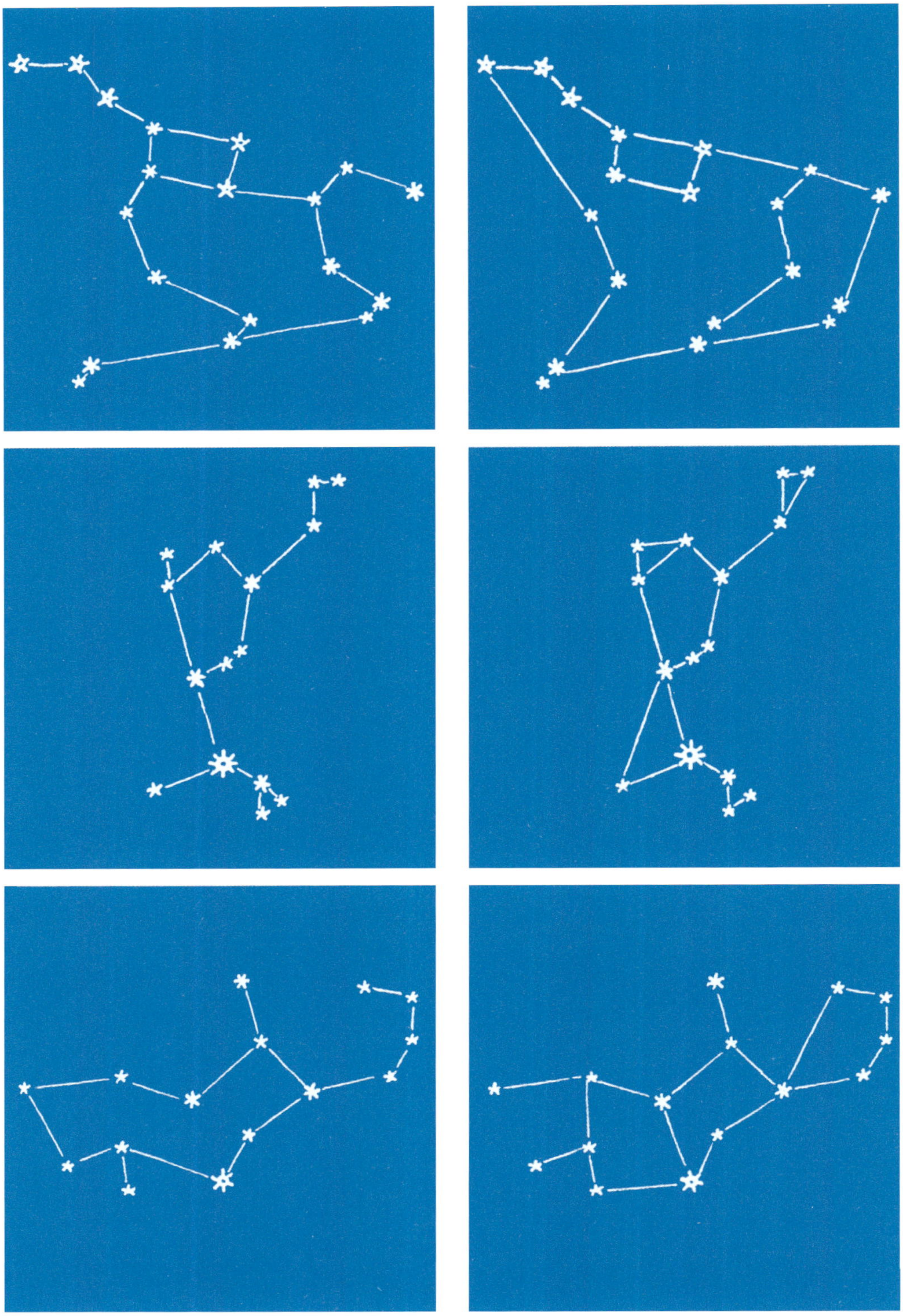

Die Anordnung der Sterne ist in beiden Spalten identisch, bloß die Verbindungslinien sind anders gezogen.

Abbildung 5: Vorher – Nachher

Die alte Methode **Die neue Methode**

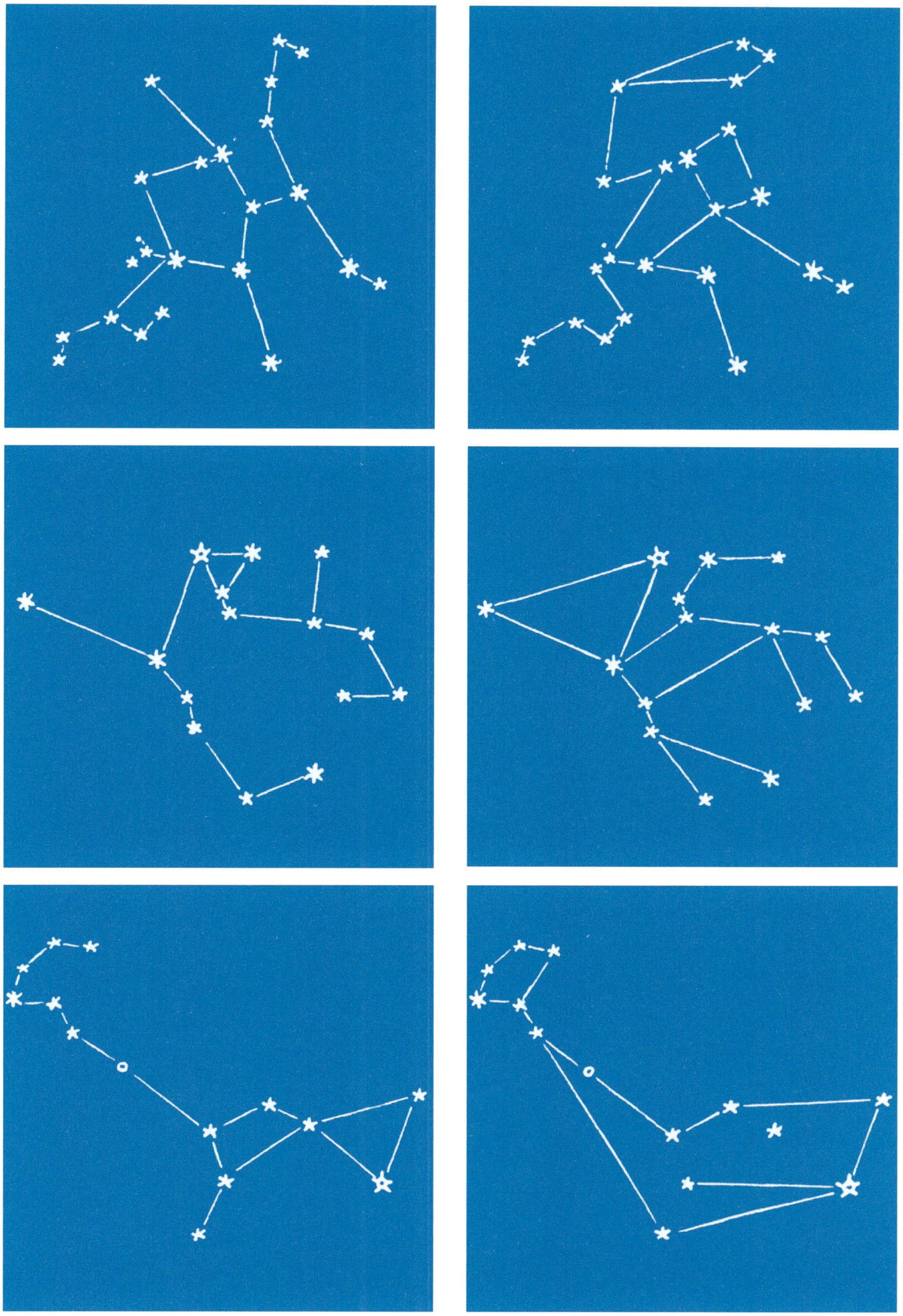

Herkules

Pegasus

Walfisch (Cetus)

Die Anordnung der Sterne ist in beiden Spalten identisch, bloß die Verbindungslinien sind anders gezogen.

Abbildung 6: Vorher – Nachher

In Wahrheit ist meine hier präsentierte Methode gar nicht so neu.

Das menschliche Auge ist stets auf der Suche nach vertrauten Formen. Selbst ohne uns besonders darum zu bemühen, erkennen wir in Wolken, Bäumen oder in den Silhouetten von Bergen häufig Menschen, Gesichter, Tiere oder irgendwelche Gegenstände wieder. Und das ist beileibe keine bloße Freizeitbeschäftigung. Diese Art der Wahrnehmung ist tief im Menschen verwurzelt, ja wir können zu Recht davon ausgehen, dass die Menschen sich in vorgeschichtlicher Zeit eher an bestimmten Bildern orientiert haben, die sie am Himmel wiederzuerkennen glaubten, als an der unüberschaubaren Vielfalt der einzelnen Sterne. Vielleicht wiederholen wir in diesem Buch also bloß das, was in etwas anderer Form bereits ganz am Anfang aller Himmelsbeobachtung gestanden hat*.

In Ägypten oder Mesopotamien, wo die meisten der heute noch gebräuchlichen Bezeichnungen für die Sternbilder vor mehr als 5000 Jahren ihren Ursprung haben, zu einer Zeit also, als noch keine Bücher mit Abbildungen irgendwelcher Art zur Verfügung standen, haben Eltern ihren Kindern die Sterne vielleicht dadurch nähergebracht, dass sie solche Figuren mit einem Stock in den Sand gezeichnet haben.

Aber eigentlich ist es gar nicht so wichtig, ob sie das nun tatsächlich so gemacht haben oder anders. Unsere Altvorderen hatten ihre Methode, sich den Himmel zu erarbeiten – wir haben unsere. Und sollte meine anschauliche Methode es all denen, die Lust haben, sich am Himmel besser zurechtzufinden, etwas leichter machen, hätte das Buch seinen Zweck bereits voll und ganz erfüllt.

* Ein Hinweis darauf, dass unsere Vorfahren in der Tat bereits *Bilder am Himmel* gesehen haben dürften, ist die Tatsache, dass sich in allen germanischen Sprachen (mit Ausnahme der englischen) für Konstellation der Begriff »Sternbild« durchgesetzt hat: Stjärnbild (Schwedisch), Stjernebilde (Norwegisch), Stjernebillede (Dänisch), Stjörnumerki (Isländisch), Sterrebbeeld (Niederländisch) und – natürlich – Sternbild bei uns im Deutschen.

Erste Schritte und nüchterne Tatsachen

Mathematische Vorkenntnisse überflüssig: Das hier ist ein praktisches Buch, ein Buch, das uns draußen unter freiem Himmel helfen soll. Also werden wir uns zunächst darauf beschränken, das aufzuzeigen, *was* wir sehen können, *wo* wir es sehen können und *wann*. Das *wieso* und *warum* muss warten. Würden wir gleich mit einer Erörterung der Ekliptik beginnen, oder mit der Frage, wieso der Sterntag ca. vier Minuten kürzer ist als der Sonnentag, könnte der eine oder andere Leser sich fragen: Muss ich mir das antun? Ich will doch eigentlich bloß wissen, wo und wie ich die Sternbilder finden kann und wie sie heißen. Und das ist auch absolut in Ordnung. Mit Hilfe dieses Buches wird sich jeder so gut am Himmel zurechtfinden können, dass er schon nach einem kurzen Blick in der Lage sein wird, zu sagen: »Schau, da ist Arktur!« oder: »Wahnsinn, so rot war Antares ja noch nie!«, ohne dass er mathematische Exkurse über sich ergehen lassen muss. Eigentlich muss er dazu nicht einmal wissen, dass die Erde eine Kugel ist und um die Sonne kreist.

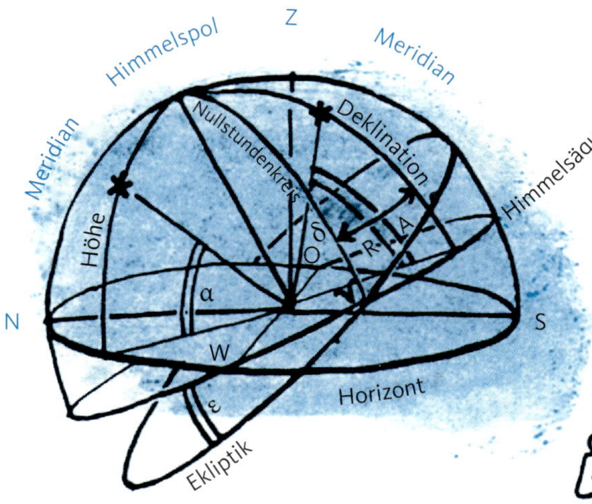

Das braucht man nicht …

*… um **das** zu können!*

Vor 3000 Jahren kannte sich ein einfacher chaldäischer Hirte vermutlich besser am Himmel aus als heute die meisten Akademiker, und das, obwohl die Erde seiner Meinung nach noch eine Scheibe war und er die Sterne für kleine Laternen hielt, die von bestimmten Gottheiten Nacht für Nacht nach einem festgelegten Plan über das feststehende Himmelsgewölbe getragen wurden.

Den Fragen nach dem *Wie* und *Weshalb* werden wir uns erst zuwenden, nachdem wir etwas in den Himmel geschaut haben. Dann bietet sich jedem, dem danach ist, ab Seite 113 die Möglichkeit, auch den vierten und letzten Teil dieses Buches zu studieren, in dem einige der Grundfragen in der gebotenen Kürze abgehandelt werden. Wer nicht solange warten will, kann natürlich auch sofort dorthin blättern. Vorausgesetzt er verspricht, sich auch dann nicht entmutigen zu lassen, wenn er nicht alles gleich beim ersten Mal verstehen sollte.

Doch genug der Vorrede – los geht's!

*Das gibt's doch nicht, Fremder! Du weißt nicht, wo der **Löwe** steht?!*

Geh raus und guck: Wer sich vorgenommen hat, die Sterne kennenzulernen, muss sich so oft wie möglich ins Freie begeben und in den Himmel schauen. Dazu ist es sinnvoll, sich eine möglichst dunkle Stelle zu suchen, ohne allzu viel Streulicht von Straßenlaternen, Fenstern und dergleichen. Außerdem muss dieser Platz so gewählt sein, dass keine Häuser das Blickfeld einschränken. Auch Bäume, sosehr ihre üppigen Kronen uns tagsüber gefallen mögen, tendieren nachts dazu, unserem Blick große Teile des Himmels zu entziehen. Klare, mondlose Nächte sind natürlich am besten geeignet, Sterne zu beobachten, weil der Mond mit seinem Licht all die nicht so stark leuchtenden Sterne vom Himmel wischt. Da solche Nächte aber eher selten sind, sollte man sich nicht auf diese beschränken. Selbst mit etwas Mondlicht oder einem Wölkchen hier und da ist es bereits möglich, eine ganze Reihe von Sternen zu sehen. Sternbilder auch dann zu erkennen, wenn sie sich bloß zum Teil zeigen, kann die Sache sogar noch spannender machen. Und beim Kennenlernen des Himmels hilft es allemal.

Es geht auch ohne Ausrüstung: Dieses Buch sowie eine *Taschenlampe,* um sich die Karten und Abbildungen auch draußen im Dunkeln vor Augen führen zu können, sind völlig ausreichend. Dabei ist es keine schlechte Idee, das Glas der Lampe mit Nagellack rot anzumalen (das klappt wunderbar), da rotes Licht die Augen im Gegensatz zu weißem Licht nicht blendet, sodass sie sich beim nächsten Blick zum Himmel nicht erneut an die Dunkelheit gewöhnen müssen.

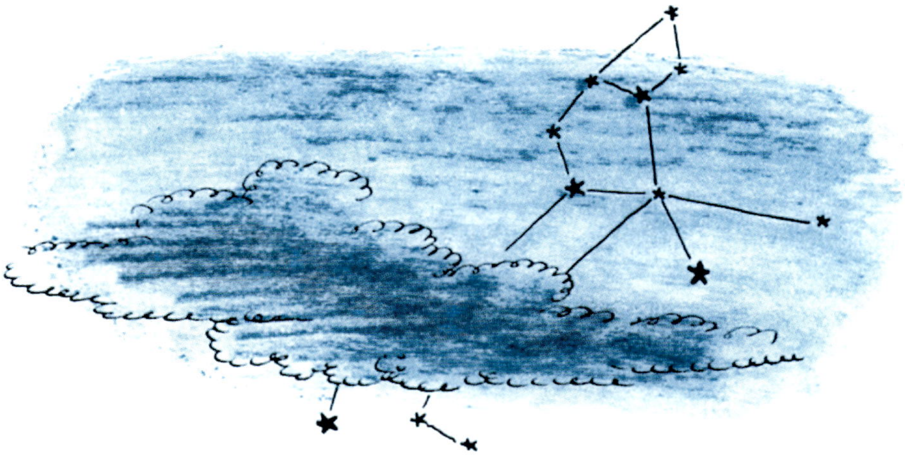

Den Kompass kann man getrost zu Hause lassen. Man findet den Norden auch ohne Kompass sofort, sobald man weiß, wo der Große Wagen ist. Und wo der ist, kann einem fast jeder zeigen.

Auch ein Fernglas ist nicht vonnöten. Wenn es später mal darum geht, besondere Objekte wie den Mond, Planeten oder einen Nebel genauer zu studieren, leistet es wunderbare Dienste – beim Auffinden von Sternbildern jedoch ist es wenig hilfreich, da es unser Blickfeld zu sehr einengt und unserem Blick das zum Auffinden der Konstellationen so wichtige Umfeld entzieht. Außerdem kann ich ihnen versichern, dass jeder Stern, aus dem sich die in diesem Buch vorgestellten Sternbilder zusammensetzen, in einer klaren, dunklen Nacht mit bloßem Auge zu erkennen ist.

Was man darüber hinaus noch getrost zu Hause lassen kann, ist die Vorstellung, Sterngucken sei schwierig und kompliziert. Es ist weniger anstrengend als ein mittelschweres Kreuzworträtsel oder Sudoku und bringt mindestens ebenso viel Spaß.

Über wie viele Sterne reden wir eigentlich? Jemand, der sich nicht so gut am Himmel auskennt, neigt dazu, die Anzahl der Sterne, die man in einer klaren Nacht ohne Fernglas ausmachen kann, um ein Vielfaches zu überschätzen. Er wird von Abertausenden ausgehen, und das ist bei weitem zu hoch gegriffen. Mit bloßem Auge sieht man höchstens so um die viertausend Sterne auf einmal, und das auch nur unter den allerbesten Bedingungen. Wenn der eine oder andere Dichter also von Millionen von Sternen spricht, dann sitzt er entweder gerade an einem Teleskop oder aber er trägt ganz gehörig auf. Ein Dichter darf das natürlich, Hauptsache, niemand lässt sich dadurch abschrecken, in den Himmel zu schauen.

Zumal wir selbstverständlich nicht jeden einzelnen dieser viertausend Sterne kennen müssen. Aus einigen von ihnen setzen sich unsere Sternbilder zusammen: mehr muss der gelegentliche Sterngucker über sie nicht wissen. Zumal gerade mal dreißig von ihnen so hell oder interessant sind, dass es sich wirklich lohnt, sich ihren Platz am Himmel zu merken und sich einzuprägen, wie sie heißen: Sirius, Capella und Wega zum Beispiel. Oder Polaris, von dem gleich die Rede sein wird.

Auch die Anzahl der Sternbilder ist durchaus überschaubar. Auf den gesamten Himmel verteilt sind es genau achtundachtzig. Und in unseren Breiten sieht man gerade mal so um die sechzig*, und auch das nicht auf einen Schlag: Zu einem gegebenen Zeitpunkt zeigen sich uns nie mehr als jeweils zwei Dutzend von ihnen. Dreißig der bedeutenderen Sternbilder zu kennen und zu erkennen reicht als Ziel unserer kleinen Himmelskunde zunächst völlig aus und verschafft uns darüber hinaus eine durchaus solide Arbeitsgrundlage für eventuell weiter gehende Ambitionen. Nimmt man sich also jedes Mal, wenn man rausgeht, bloß zwei oder drei Bilder vor, hat man schon bald alle dreißig beisammen.

* Der einzige Ort, von dem aus man alle Sternbilder sehen kann, ist übrigens der Äquator. Aber auch dort sieht man sie nie alle auf einen Schlag.

Die restlichen Konstellationen sind zumeist eher klein und beinhalten keine besonders auffälligen Sterne. Sie füllen die Lücken zwischen den bedeutenderen Sternbildern aus, und man lernt sie sozusagen ganz nebenbei.

Wie man den Polarstern sucht und den Norden findet: Bevor wir mit dem Beobachten des Himmels anfangen, müssen wir uns zunächst einmal orientieren. Den Norden findet man dabei auch ohne Kompass mit Hilfe des Sternbildes *Großer Wagen*. Und zwar folgendermaßen: Wir gucken, wo der *Große Wagen* gerade ist (dass man den findet, setz ich einfach mal voraus). Dann ziehen wir – in Gedanken – eine Linie zwischen den beiden Sternen am hinteren, der Deichsel entgegengesetzten Ende des Wagenkastens, der Ladeklappe sozusagen. Verlängert man diese Linie nun um das ca. Fünffache in der auf der Zeichnung angegebenen Richtung, so trifft man auf einen ziemlich hellen Stern: den Polarstern oder Polaris. Man kann ihn gar nicht verfehlen: in seiner Nähe ist weit und breit kein ähnlich heller Stern zu erblicken. Dementsprechend nennt man *Merak* und *Dubhe*, die beiden rückseitigen Sterne des Wagenkastens, im Amerikanischen auch »Zeigersterne«, eben weil sie immer auf den Polarstern zeigen.

Polaris gehört auf Grund seiner einzigartigen Position zu den wirklich wichtigen Sternen. Er befindet sich fast genau am nördlichen Himmelspol, an jenem Punkt also, um den herum der gesamte Himmel sich zu drehen scheint (auf diese »Drehung« werden wir gleich noch näher eingehen), sodass der Polarstern als einziger Stern des nördlichen Himmels das ganze Jahr über praktisch am selben Platz bleibt, und zwar fast genau im Norden. In Deutschland steht er dort (je nachdem, wo wir uns befinden) in einer Höhe von 47° bis 54° über dem Horizont, das heißt also auf halber Höhe beziehungsweise ein wenig darüber. Halbe Höhe meint auf halbem Wege zwischen Horizont und *Zenit*, der sich direkt über uns befindet. Wenn man sich also mit dem Gesicht in Richtung Polarstern hinstellt, hat man vor sich den Norden, rechts den Osten, links den Westen, und den Süden hat man genau hinter sich.

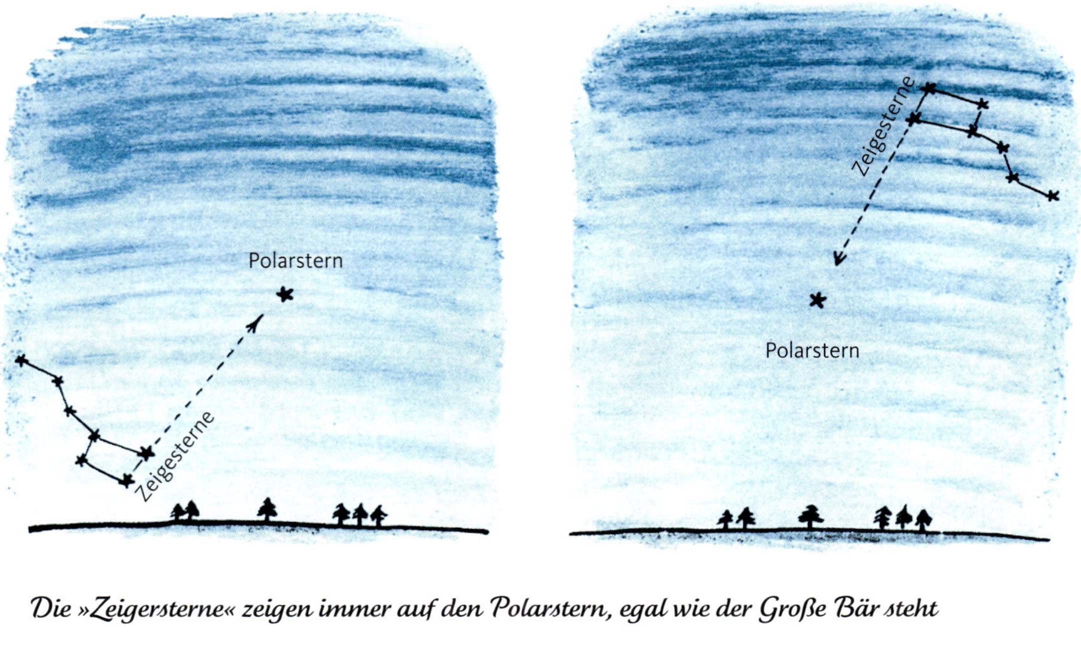

Abbildung 7: Großer Wagen und Polaris

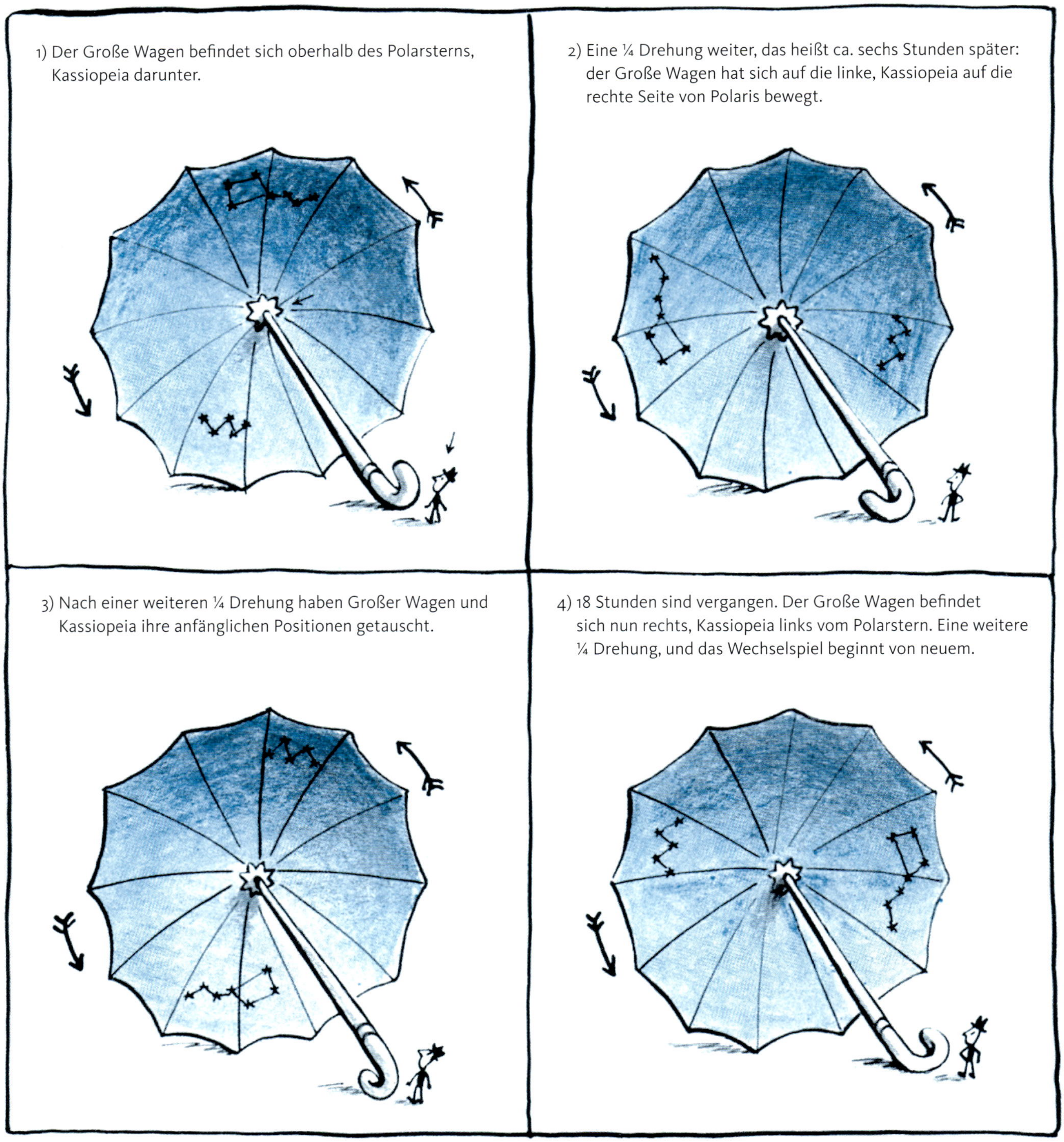

Abbildung 8: Das Schirm-Planetarium

Das Schirm-Planetarium: Der Polarstern behält als einziger Stern seinen Platz am Himmel bei. Alle anderen Sterne und Konstellationen bewegen sich gegen den Uhrzeigersinn um den nördlichen Himmelspol herum, als wären sie an der Innenseite eines riesigen Glasglobusses befestigt, in dessen Mittelpunkt wir stehen. Mit anderen Worten: Wir haben den Eindruck, als bewege sich der gesamte Himmel einmal pro Tag um den Polarstern. (Um genau zu sein: Eine Umdrehung dauert 23 Stunden und 56 Minuten. Diese vier Minuten, die an 24 Stunden fehlen, sind ganz wichtig, wie wir auf Seite 130 noch sehen werden. An dieser Stelle müssen wir uns darüber jedoch noch keine Gedanken machen!)

Um sich diese Drehung des Himmels vor Augen zu führen, stelle man sich einen riesenhaften Schirm vor, den man in der Hand hält und in dessen Spitze sich der Polarstern befindet. In den Schirm hineingemalt sind Kassiopeia und der Große Wagen. Dreht man den Schirm nun langsam um sich selbst, bewegen sie sich dementsprechend um den Polarstern.

Uns ist dabei natürlich bewusst, dass es nicht wirklich der Himmel ist, der sich dreht, sondern die Erde. Aber genau diesen Anschein hat das Ganze eben.

Während sich der Himmel also vor unseren Augen zu drehen scheint, bleibt die Position, die die Sterne zueinander einnehmen, unverändert: Die beiden Zeigersterne Merak und Duhbe deuten unerschütterlich auf den Polarstern, Kassiopeia befindet sich immer in Opposition zum Großen Wagen usw. Die Sterne erscheinen in festen Mustern »fixiert«. Daher spricht man bei den Sternen, im Gegensatz zu den Planeten, auch von *Fixsternen.*

Großer Wagen, Kassiopeia und vier etwas schwächere Sternbilder (Kleiner Wagen, Kepheus, Drache, Giraffe) sind um den Pol herum gelagert, nicht allzu weit von diesem entfernt. Man bezeichnet sie als *zirkumpolare Sternbilder.* Egal ob sie sich bei ihrer ewigen Reise um den Pol nun gerade über oder unter dem Polarstern befinden, stets stehen sie über dem Horizont. Das heißt: Sie gehen weder auf noch unter, und wir können sie das ganze Jahr über beobachten.

Jene Sternbilder aber, die sich in größerer Entfernung zu Polaris befinden – die große Mehrzahl also –, bewegen sich zwar auch einmal am Tag um den Pol, verbringen dabei jedoch auch einige Zeit unterhalb der Horizontlinie und damit außerhalb unseres Sichtfelds. Zu einem bestimmten Zeitpunkt gehen sie am östlichen Rand des Himmels auf, durchqueren ihn vor unseren Augen (vorausgesetzt, wir schauen hoch, es ist Nacht, und es ist klar) und gehen am westlichen Rand wieder unter. Und über einen kürzeren oder längeren Zeitraum hinweg zeigen sich einige von ihnen überhaupt nicht. So ist es zum Beispiel sinnlos, im November nach dem Löwen Ausschau halten zu wollen oder im Mai nach dem Orion (das wollen wir für den Moment einfach mal so stehen lassen; wie und warum das so ist, sehen wir dann später).

Eine ganze Reihe von Sternbildern tauchen in unseren Breiten überhaupt nicht auf, da sie ihre Kreise ständig unterhalb unseres Horizontes ziehen: das berühmte *Kreuz des Südens* zum Beispiel. Um das Kreuz beobachten zu können, oder andere dieser südlichen Sternbilder, muss man sich in südliche Gefilde begeben, je südlicher, desto besser. Und darf nicht vergessen, dieses Buch mitzunehmen. Es ist zwar vornehmlich für unsere Breiten gedacht, so um den 50. Breitengrad herum also, beinhaltet jedoch auch Übersichtskarten des südlichen Himmels, so wie er sich in Argentinien präsentiert, in Südafrika oder in Australien.

Dort »unten« sieht man das Kreuz des Südens jede Nacht, den uns so vertrauten Umriss des Großen Wagens jedoch sucht man vergebens. Kein Grund also, die Menschen in Sydney und Buenos Aires zu beneiden, zumal fast alle, die sowohl das Kreuz des Südens als auch den Großen Wagen haben sehen können, Letzterem den Vorzug geben.

Großer Wagen? Nie gesehn …

Zweiter Teil

Die Sternbilder lassen bitten

Die Sternbilder lassen bitten

Auf den hier folgenden siebzehn Karten werden die einzelnen Sternbilder vorgestellt. Man sollte sich die Zeit nehmen, ihre Formen ausgiebig zu studieren: Hat man sich nämlich ihre Umrisse erst einmal auf diese Art eingeprägt, kann man die entsprechenden Sternbilder am Himmel selbst dann ausmachen, wenn sie sich nur zum Teil zeigen, so wie man das Gesicht eines vertrauten Menschen auch dann noch wiedererkennt, wenn jener an einem kalten Tag eine Mütze aufgesetzt und seinen Mantelkragen hochgeschlagen hat.

Das blaue Feld im Zentrum jeder Karte dient bloß dazu, die an dieser Stelle jeweils besprochenen Sternbilder hervorzuheben. Um diese herum sieht man die benachbarten Konstellationen, um ein Gefühl für den Gesamtzusammenhang zu bekommen. Aus den jeweils direkt neben den Sternbildern abgebildeten Zahlen geht hervor, auf welcher Sternenkarte diese vorgestellt werden, damit man nicht jedes Mal im Register nachschlagen muss.

Die einzelnen Sterne werden auf den Karten durch die unten gezeigten Symbole dargestellt; diese bezeichnen gleichzeitig den in Magnituden angegebenen scheinbaren Helligkeitsgrad des jeweiligen Sterns (0, 1, 2, 3 Magnituden oder 1., 2., 3. Größenklasse usw.). Je kleiner die Zahl, desto heller der Stern. Der Helligkeitsunterschied zwischen den Sternen ist am Himmel wesentlich ausgeprägter, als das in den Karten zum Ausdruck kommen kann, und man muss sich diese teils doch recht irritierende Tatsache immer wieder vor Augen führen, wenn man mit der Karte in der Hand in den Himmel schaut*. Die schwächeren Sterne werden oft schon durch den gerings-

ten Dunst weggewischt, und im Streulicht großer Städte sieht man sie bloß in außergewöhnlich klaren, mondlosen Nächten und auch dann oft nur, wenn sie ihre höchste Position am Himmel erreicht haben.

Sterne der Größenklasse 0 oder 1 fasst man für gewöhnlich als Sterne 1. Größe zusammen. Davon gibt es insgesamt 21, deren Namen uns schon bald geläufig sein werden. Sie leuchten heller als alle anderen, und man kann sie selbst dann schon am Himmel erkennen, wenn das Auge sich noch nicht an die Dunkelheit gewöhnt hat.

Nicht ganz so hell sind die etwa 50 Sterne zweiter Größe, von denen wir uns jedoch auch ein paar mit Namen merken sollten, zum Beispiel Polaris, den Polarstern, den wir ja schon kennengelernt haben.

Die etwa 150 Sterne der 3. Größenklasse sind auch noch ziemlich hell, was zur Folge hat, dass sie sich allesamt (inklusive der Sterne 1. und 2. Größe) auf den Karten wiederfinden. Ebenso wie mehr als 600 Sterne der 4. Größe. Diese sind zwar vergleichsweise lichtschwach, aber in klaren Nächten durchweg gut auszumachen. Die Sterne der 5. Größenklasse sind bei guten Bedingungen diejenigen, die man gerade noch erkennen kann. Von ihnen gibt es um die 1500 (je lichtschwächer die Sterne, desto zahlreicher sind sie), aber bloß ein gutes Hundert hat es auf unsere Karten geschafft, und zwar diejenigen, die nicht isoliert am Himmel stehen, sondern gemeinsam mit ihren helleren Sternenkollegen klar umrissene Formen an den Himmel zeichnen und daher leichter auszumachen sind. Das ist u. a. im Delfin der Fall, im Becher und in den Fischen. Sechs-Magnituden-Sterne haben wir gar nicht abgebildet. Bloß Leute mit Adleraugen sind in der Lage, diese ohne Fernglas zu erkennen – und das auch bloß unter allerbesten Bedingungen. Dasselbe gilt natürlich erst Recht für alle Sterne, die noch lichtschwächer sind.

Sterne variieren nicht allein in puncto Helligkeit, sondern auch, was ihre Farbigkeit anbelangt. Auf den ersten Blick scheinen sie alle silbrigweiß, doch bei intensiverer Betrachtung merkt man, dass einige von ihnen bläulich schimmern, andere hingegen rötlich oder gelblich – ja, manche haben sogar einen Stich ins Grüne. Es handelt sich dabei jeweils bloß um eine zarte Färbung, aber je länger man hinschaut, desto auffälliger wird sie. Ein gutes Beispiel ist die bläuliche *Wega* sowie der leicht ins Orange gehende *Arktur.* Wenn man die beiden zur gleichen Zeit am Himmel betrachtet, kann man den Unterschied deutlich erkennen.

Auf Seite 169 sind scheinbare Helligkeit sowie Farbton der 21 hellsten Sterne aufgelistet.

Dem Astronomen gibt die Farbigkeit der Sterne Aufschluss über deren physikalische Beschaffenheit und Temperatur. Uns wird sie dabei helfen, einen Stern sicher zu

* Die Einteilung in die durch die Maßeinheit m oder mag 0, 1, 2, 3 usw. ausgedrückten Größenklassen spiegelt die scheinbare Helligkeit der Sterne natürlich nur annähernd wieder. Nur wenige Sterne halten sich an dieses Schema und gehören genau der 1., 2. oder 3. Größenklasse an. Das hat zur Folge, dass die Helligkeit zweier Sterne der 2. Größenklasse wie Polaris, zum Beispiel, und Kastor erheblich voneinander abweichen kann, weil der eine (Kastor) bloß über $1{,}56^m$, der andere (Polaris) aber über $1{,}96^m$ verfügt. Ein Stern von 0^m ist ca. 2,5-mal so hell wie ein Stern der 1. Größenklasse . Dieser Stern 1. Größe wiederum ist ca. 2,5-mal so hell wie einer aus der zweiten Kategorie usw., sodass ein Stern der Größe 0^m 100-mal heller ist (scheinbar oder visuell) als einer der Größenklasse 5^m. Die Bei Sternen, deren scheinbare Helligkeit noch heller ist als 0^m werden die entsprechenden Werte mit einem Minuszeichen versehen. Das trifft jedoch nur auf vier Sterne an unserem Himmel zu: auf Sirius ($-1{,}46^m$), auf Canopus ($-0{,}72^m$), auf Alpha Centauri ($-0{,}27^m$) und auf Arktur ($-0{,}05^m$).

erkennen. Darüber hinaus sieht es wunderhübsch aus.

Eine kleine Windrose auf jeder Karte gibt die Himmelsrichtungen an. Es mag zunächst irritieren, dass sich der Norden auf den Himmelskarten oben, der Osten links und der Westen rechts befinden, genau andersherum also, als es auf Landkarten üblich ist. Der Grund dafür ist naheliegend: Während Landkarten den Boden wiedergeben, auf dem wir stehen (unserer Orientierung und unserem Blick also eins zu eins entsprechen), liefert die Sternkarte ein Abbild der Fläche, wie wir sie sehen, wenn wir in den Himmel schauen. Am besten, man probiert es einfach aus, indem man schaut, wo Westen ist und wo Osten, die Sternenkarte dann über den Kopf hält und betrachtet. Nun entspricht der Osten nicht nur weiterhin dem Osten und der Westen dem Westen, wie vorherzusehen war, sondern die auf den Karten vermeintlich falschherum eingezeichnete Nord-Süd-Achse stimmt plötzlich wieder mit unserer irdischen Wirklichkeit überein.

Die Bemerkungen auf der den siebzehn Karten jeweils gegenüberliegenden Seite sind nichttechnischer Art, und man muss sich das, was dort geschrieben steht, nicht unbedingt merken. Ausdrücke oder Namen, die nicht alltäglich sind, werden im Glossar am Schluss des Buches erklärt.

Die Sternenkarten zeigen auf, *was* wir am Himmel sehen können. Wo und wann das am besten möglich ist, findet man in den Kalenderblättern beziehungsweise auf den dort abgebildeten Karten.

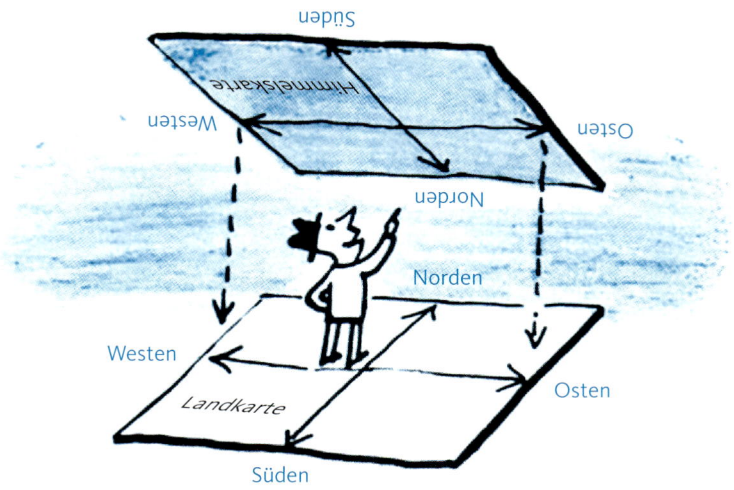

Großer Wagen, Kleiner Wagen, Drache

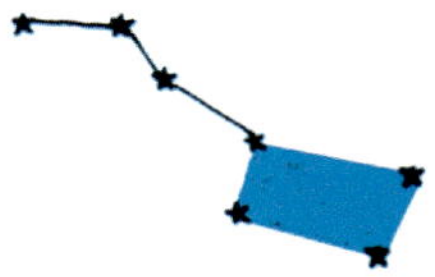

Großer Wagen: Die bei weitem bekannteste Sterngruppe. Bekanntestes Sternbild* können wir nicht sagen, da es sich beim Großen Wagen bloß um eine Teilkonstellation des Sternbilds Großer Bär handelt (siehe Karte 3). Neben Orion die auffälligste Figur am Himmel. Durch fünfmaliges Verlängern der Strecke zwischen *Merak* und *Dubhe*, den beiden *Zeigersternen*, die die hintere Klappe des Kastens bilden, finden wir den Polarstern und damit auch den Norden.

Ganz in der Nähe von *Mizar*, dem Stern in der Mitte der Deichsel des Großen Wagens, sitzt *Alkor*. Obwohl dieser kleine Stern kaum mit bloßem Auge zu erkennen ist, hat er es zu erheblicher Berühmtheit gebracht, diente er doch in den Zeiten, als Brillen und Augentafeln noch nicht selbstverständlicher Bestandteil unseres Alltags waren, als eine Art Augentest. Solange einer in der Lage war, Alkor zu erkennen, galt seine Sehkraft als normal. Dementsprechend wird Alkor manchmal auch *Augenprüfer* genannt. Oder – auf Grund seiner Position *auf* Mizar – das *Reiterlein*.

* Als Sternbilder bezeichnet man nur jene 88 Konstellationen, die offiziell als solche anerkannt und registriert worden sind. Die Konstellation, die als Großer Wagen bezeichnet wird, hat ihrer großen Bekanntheit zum Trotz keinen offiziellen Status. Solch eine Gruppe nennt man *Asterismus*.

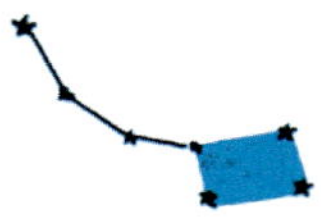

Kleiner Wagen (Kleiner Bär – Ursa Minor): Ähnelt einem Wagen sehr viel mehr als einem Bären, sodass es eigentlich naheliegt, ihn auch so zu nennen. Der Kleine Wagen ist bei weitem nicht so deutlich zu erkennen wie sein großer Namensvetter, enthält jedoch den wichtigsten Stern unserer nördlichen Himmelshälfte, *Polaris*, den Polarstern, der als Stern 2. Größe zwar nicht zu den hellsten gehört, aber als einziger immer am nahezu selben Platz bleibt, wohingegen sich alle anderen Sterne um ihn herum zu bewegen scheinen. Das war allerdings nicht immer so: Auf Grund der Tatsache, dass die Erdachse leicht »eiert« (für den von ihr dabei beschriebenen Kegel braucht sie ca. 26000 Jahre; siehe auch Seite 140), verschiebt sich der Himmelspol im Laufe der Jahrhunderte entsprechend, sodass die Funktion des Polarsterns zu unterschiedlichen Zeiten von einer Reihe unterschiedlicher Sterne wahrgenommen wird.

Bloß zwei der Sterne, aus denen sich der Kleine Wagen zusammensetzt, sind sehr deutlich zu erkennen – die beiden Sterne am hinteren Ende des Kastens. Sie werden auch *Wächtersterne* oder *Polwächter* genannt, weil sie sich nie auch nur für einen Moment aus dessen Nähe entfernen. Schließlich war *Kochab*, der hellere der beiden, zur Zeit Platons (ca. 400 v.Chr.) selbst einmal Polarstern …

Drache (Draco): Sehr großes, aber eher lichtschwaches Sternbild. Eine sich locker um den Kleinen Wagen herumwindende Sternenkette formt den langen Drachenschwanz, zwei Sternenpaare bilden seine Beine. Am deutlichsten zu erkennen ist der Kopf, ein unregelmäßiges Quadrat, etwa halb so groß wie der Kasten des Großen Wagens. Die beiden hellsten Sterne des Drachenkopfes sind den Wächtersternen so ähnlich, dass man sie leicht verwechseln kann.

Der bloß schwach auszumachende Stern zwischen Mizar und den Wächtersternen ist *Thuban*, eine Art »elder statesman« in Warteposition, tat er doch seinerseits vor etwa vier- bis fünftausend Jahren als Polarstern Dienst, zu jener Zeit also, als die Pyramiden erbaut wurden, und hält sich bereit, diese Funktion in knapp 22000 Jahren erneut auszufüllen.

Bester Beobachtungszeitpunkt:
Der *Kleine* ebenso wie der *Große Wagen* ist das gesamte Jahr über zu sehen.
Den *Drachen* findet man am besten zwischen Ende Mai bis Anfang November (Kalenderkarten 6, 7, 8, 9, 10).

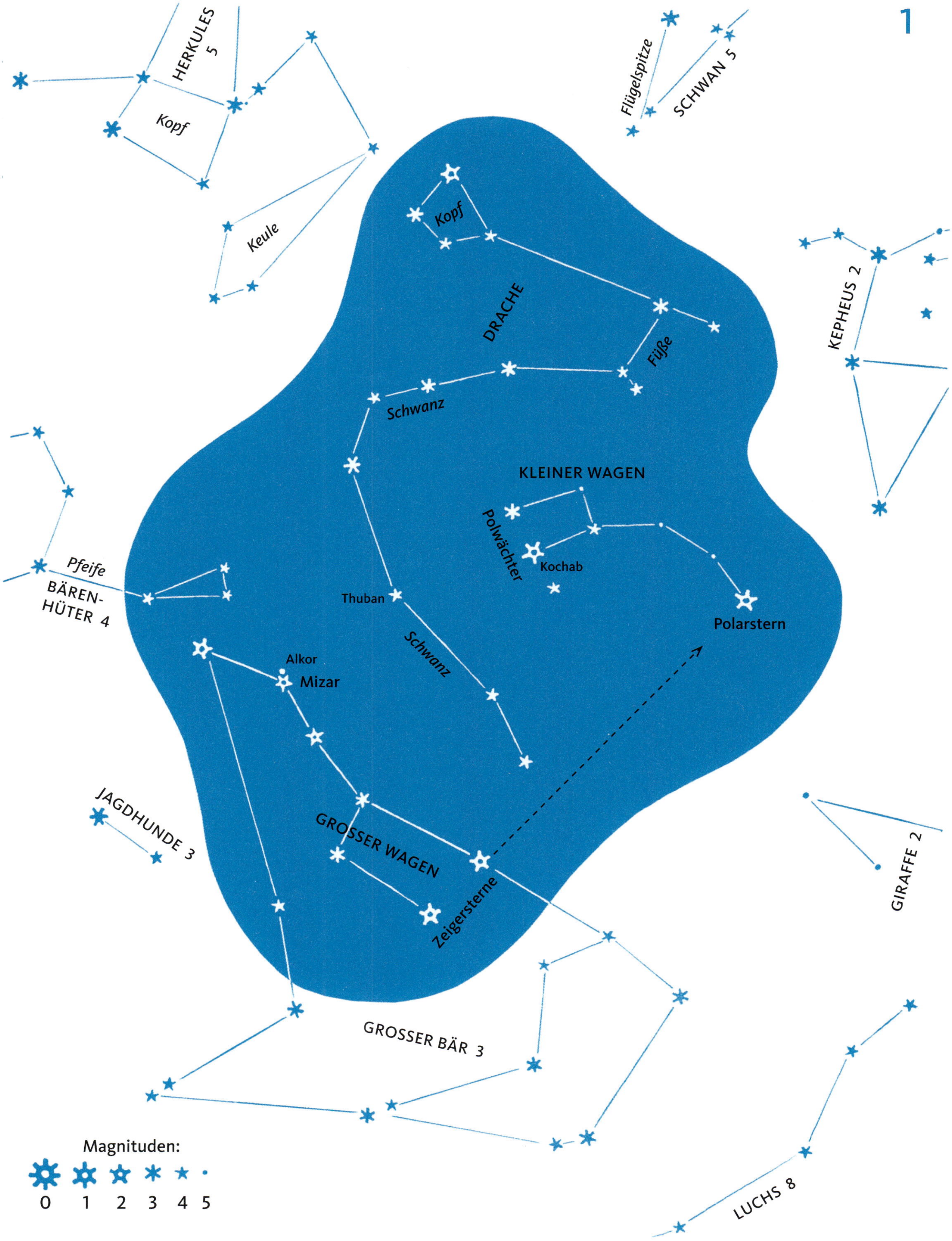
HERKULES 5
Kopf
Keule
Flügelspitze
SCHWAN 5
Kopf
DRACHE
Füße
Schwanz
KEPHEUS 2
KLEINER WAGEN
Polwächter
Kochab
Polarstern
Pfeife
BÄREN-HÜTER 4
Thuban
Schwanz
Alkor
Mizar
JAGDHUNDE 3
GROSSER WAGEN
Zeigersterne
GIRAFFE 2
GROSSER BÄR 3
LUCHS 8
Magnituden:
0 1 2 3 4 5

Kassiopeia, Kepheus, Giraffe

Kassiopeia (Cassiopeia): Das neben Orion und dem Großen Wagen bekannteste Sternbild, weil es so leicht zu erkennen ist: ein aus fünf hellen Sternen gebildetes W beziehungsweise M, je nachdem wie es gerade am Himmel steht.

Der Sage nach war Kassiopeia eine Königin aus Äthiopien (siehe Anmerkung unten auf der Seite). Das Sternbild soll die Königin selbst darstellen oder aber ihren Thron – eine fürwahr wenig schmeichelhafte Alternative. Da die Meinungen darüber nach wie vor auseinandergehen, bleiben wir einfach beim W.

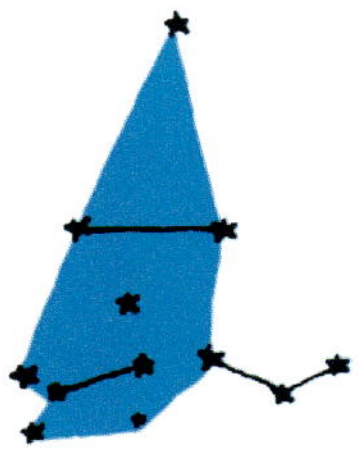

Kepheus (Cepheus): Verdankt seinen Namen Kassiopeias Ehemann, dem sagenhaften äthiopischen König Kepheus*. In puncto Leuchtkraft übertrifft seine Gemahlin ihn bei weitem. Aber wenn er nicht zu tief am Himmel steht, ist auch die dreieckige Krone oder Kopfbedeckung auf seinem königlichen Quadratschädel recht gut auszumachen. Ebenso wie die Tatsache, dass er offensichtlich bereits der Unsitte gefrönt hat, seine langen Haare zu einem kleinen Pferdeschwänzchen zusammenzubinden …

Um Kepheus zu finden, verlängert man die gedachte Linie, die von den Zeigersternen zum Polarstern führt, und trifft direkt auf Kepheus' dreieckigen Hut (siehe Karte). Er liegt zum Teil auf (beziehungsweise unter) der Milchstraße, und seine drei hellsten Sterne sind allesamt zukünftige Kandidaten für den Job als Polarstern (in 2000, 4000 und 6000 Jahren). Spätestens dann wird Kepheus wieder zu den Promis am Himmel gehören.

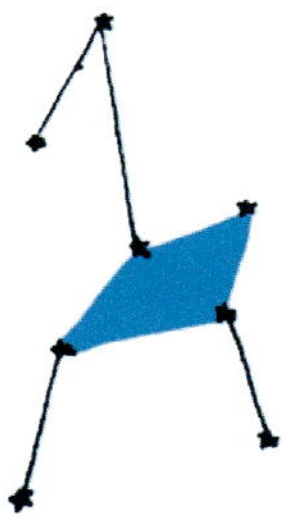

Giraffe (Camelopardalis): Relativ lichtschwaches Sternbild, entsprechend schwer zu finden. Ein Sternbild für Perfektionisten also, das wir diesen auch getrost überlassen sollten. Bei der Giraffe handelt es sich zudem um ein *neuzeitliches* Sternbild (was das heißt, kann man auf Seite 165 erfahren).

* Einige vertreten die Meinung, bei diesem sagenhaften *König* (in Altgriechisch: *Kepheus*) handele es sich um den ägyptischen Pharao *Cheops* oder *Khufu* (ca. 2700 v. Chr.). Über den Wahrheitsgehalt solcher Mythen lässt sich sagenhaft gut streiten, was wir hier jedoch nicht weiter vertiefen wollen.

Anmerkung: Kassiopeia sowie ein paar der um sie herum gruppierten Sternbilder kommen in einer Sage vor, deren Kenntnis uns das Zurechtfinden in dieser Himmelsregion leichter macht: Kassiopeia und Kepheus hatten eine Tochter, *Andromeda* (siehe Karte 6). Kassiopeias Rumgeprahle mit Andromedas Schönheit ging den Nymphen dermaßen auf die Nerven, dass sie Poseidon dazu brachten, den als Seeungeheuer gefürchteten *Walfisch* (siehe Karte 15) damit zu beauftragen, Äthiopiens Küste zu verwüsten. Um den Wal nun zu besänftigen, ließ Kepheus Andromeda an einen Felsen ketten, als eine Art Köder. Zu ihrem Glück war jedoch gerade der Held *Perseus* (siehe Karte 7) in der Nähe. Der tötete den Walfisch, befreite Andromeda und heiratete sie. Daraufhin bestiegen die beiden Perseus' geflügeltes Pferd *Pegasus* (siehe Karte 6) und machten sich auf und davon. Wenn Kassiopeia im Spätherbst und Winteranfang hoch am Himmel steht, kann man auch Kepheus, Andromeda, Perseus, Pegasus und den Walfisch gut am Himmel ausmachen.

Bester Beobachtungszeitpunkt:
Kassiopeia und *Kepheus:* August bis Januar.
Giraffe: November bis März.
Als zirkumpolare Sternbilder sind alle drei auf allen zwölf Kalenderkarten zu finden.

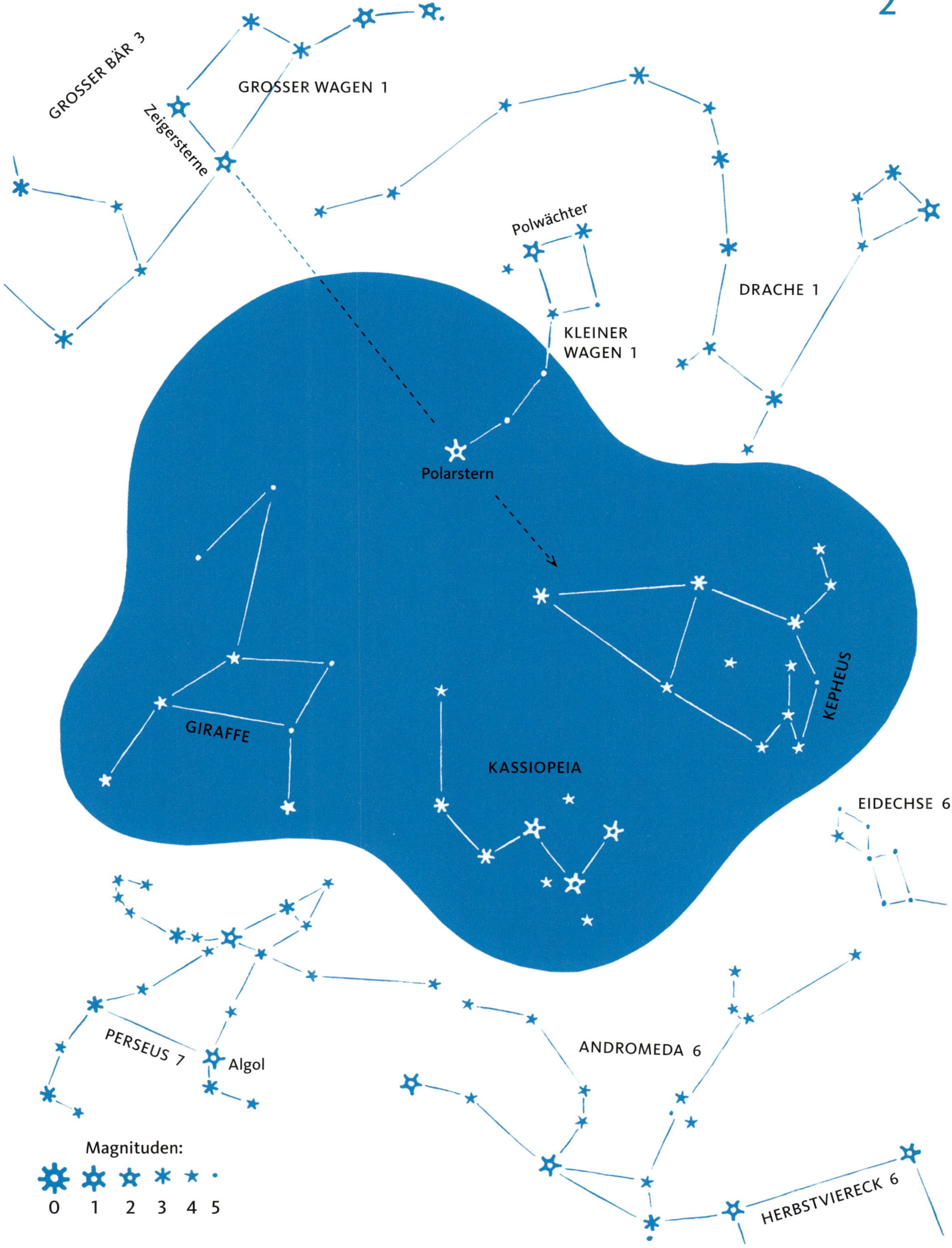
GROSSER BÄR 3
GROSSER WAGEN 1
Zeigersterne
Polwächter
DRACHE 1
KLEINER WAGEN 1
Polarstern
GIRAFFE
KASSIOPEIA
KEPHEUS
EIDECHSE 6
PERSEUS 7
Algol
ANDROMEDA 6
HERBSTVIERECK 6
Magnituden:
0 1 2 3 4 5

Großer Bär, Löwe, Jagdhunde, Kleiner Löwe

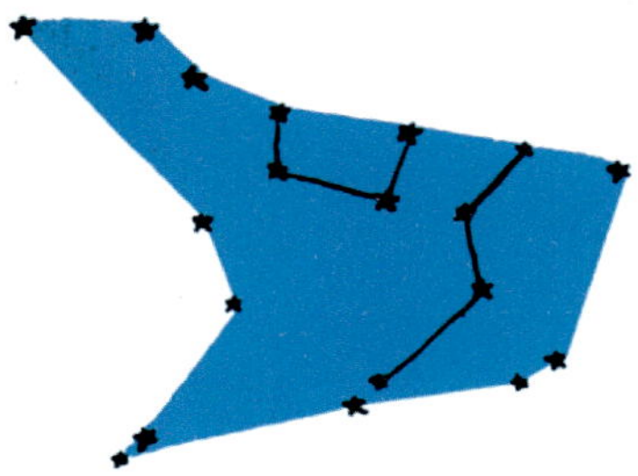

Großer Bär (Ursa Major): Eines der wirklich großen Sternbilder. Sein bekanntester Bestandteil ist der Große Wagen: dessen Kasten liegt wie ein Sattel auf der Schulter des Bären, die Deichsel bildet den oberen Abschluss von dessen Nacken, Hals und Schnauze. Um den Großen Bären zu finden, fängt man am besten mit dem Wagen an und sucht dann die drei Sternenpaare, die seine Tatzen bilden.

Das altgriechische Wort für Bär ist *arktos*. Deswegen nennt man die nördlichen Gefilde unserer Erde, wo sich der Große Bär noch deutlicher am Himmel zeigt als in unseren Breiten, auch *Arktis*.

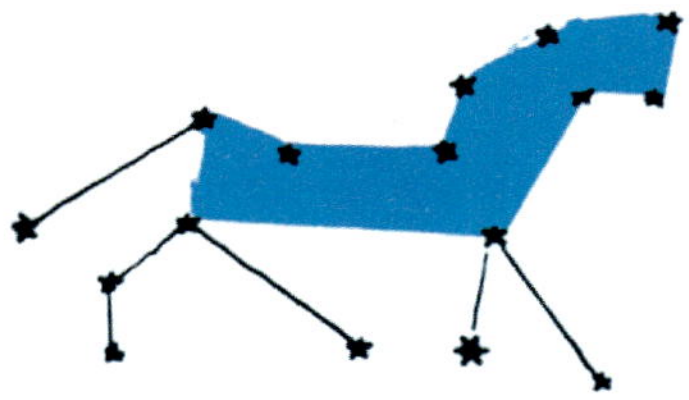

Löwe (Leo): Großes Sternbild mit drei hellen Sternen. *Regulus,* den hellsten von ihnen, findet man besonders leicht, wenn der Große Wagen hoch am Himmel steht: Zieht man nämlich, beginnend mit den beiden vorderen, den Zeigersternen gegenüberliegenden Sternen des Kastens, eine Linie in Richtung Bärentatzen, so passiert man zunächst den ebenfalls gut zu erkennenden Stern, der die Löwenschulter markiert, und trifft dann direkt auf den noch helleren Regulus. Der bläulichweiß leuchtende Regulus ist der lichtschwächste Stern erster Größe. Trotzdem präsentiert er sich uns doppelt so hell wie der Polarstern. Dass er das schafft, obwohl er immerhin so um die 80 Lichtjahre von uns entfernt ist, liegt daran, dass seine Leuchtkraft oder absolute Helligkeit mehr als 100-mal stärker ist als die der Sonne.

Das starke »Rücklicht« am Schwanzende des Löwen bildet der Stern *Denebola,* von besonderem Interesse nicht zuletzt deshalb, weil er zusammen mit Arktur (siehe Karte 4), Cor Caroli und Spica (siehe Karte 11) den *Diamant der Jungfrau** (siehe Kalenderkarte 3) bildet.

Der Löwe gehört zu den insgesamt zwölf Sternbildern des Tierkreises, die den Himmel wie ein Gürtel umfassen (siehe Seite 127). Sonne, Mond sowie die Planeten bewegen sich (von uns aus gesehen) allesamt innerhalb dieses Gürtels, sodass der eine oder andere Planet von Zeit zu Zeit seine Bahn auch durch den Löwen zieht.

Entlang der Mittellinie des Tierkreises verläuft die *Ekliptik,* der Weg, den die Sonne im Verlauf eines Jahres durch den Sternenhimmel zu nehmen scheint (siehe Seite 125). Hierbei handelt es sich natürlich nur um eine gedachte Linie, und Regulus befindet sich fast genau darauf. Der Mond wiederum, der die Ekliptik in regelmäßigen Abständen kreuzt, tut dieses ab und zu direkt vor Regulus, sodass er diesen hinter sich »versteckt« oder verdunkelt: ein interessantes Schauspiel, das Okkultation genannt und auf Seite 153 genauer beschrieben wird.

Den vorderen Teil des Löwen bezeichnet man auch als *Sichel,* da er ganz genau so aussieht.

* Dieser Asterismus ist hierzulande so gut wie unbekannt. Das liegt wahrscheinlich daran, dass man bei uns im Gegensatz dazu das Dreieck aus Arktur, Spica und Regulus zum *Frühlingsdreieck* erklärt hat. Ein schönes Beispiel dafür, dass sich die Deutung des Sternenhimmels auch heutzutage hier und da noch ihrer ursprünglich regional entstandenen Wurzeln entsinnt, aller Globalisierungstendenzen zum Trotz. (D. Ü.)

Jagdhunde (Canes Venatici): Kleines neuzeitliches Sternbild aus gerade mal zwei mit dem bloßen Auge zu erkennenden Sternen. Der hellere von beiden, *Cor Caroli,* hat seinen Namen (Karls Herz) von Karl II. aus England.

Kleiner Löwe (Leo Minor): Kleines neuzeitliches Sternbild, nur sehr undeutlich zu erkennen, sieht eigentlich einer Maus wesentlich ähnlicher als einem Löwenbaby …

Anmerkung: Man lernt den Himmel noch leichter kennen, wenn man sich einige der Sternbilder mitsamt der entsprechenden Gruppe einprägt, zu der sie gehören. So sind zum Beispiel alle auf dieser Karte beschriebenen Sternbilder Fleischfresser: Großer Bär, Großer und Kleiner Löwe, Jagdhunde, ebenso wie der angrenzende Luchs, der Kleine Bär und der Drache. Diese Himmelsregion könnte man also getrost unter »Fleischfresser-Ecke« oder »Zum fröhlichen Fleischfresser« abheften.

Bester Beobachtungszeitpunkt:
Februar bis Juni; Kalenderkarten 2 bis 6.

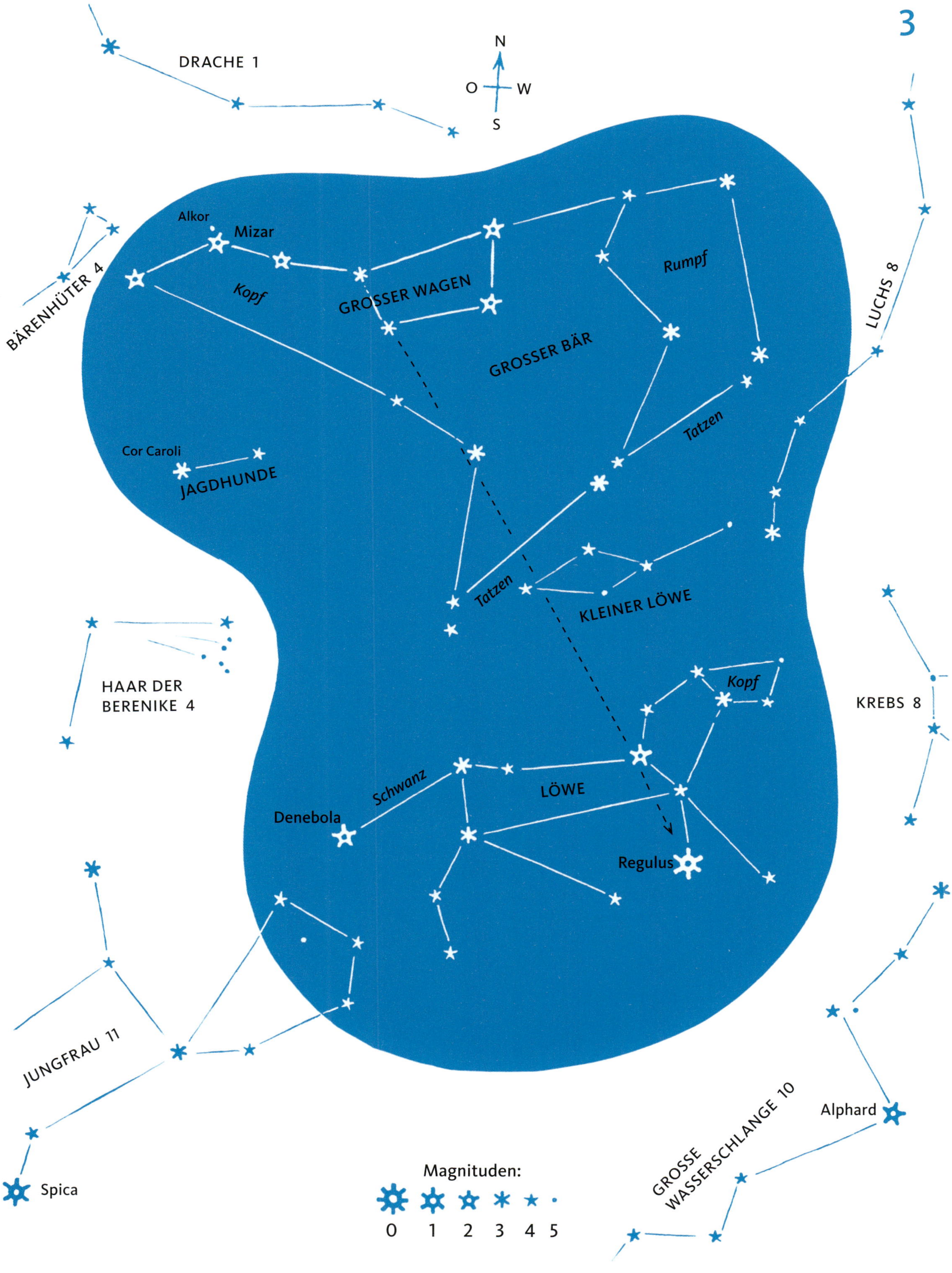
N
O
W
S
DRACHE 1
Alkor
Mizar
Kopf
GROSSER WAGEN
Rumpf
BÄRENHÜTER 4
LUCHS 8
GROSSER BÄR
Tatzen
Cor Caroli
JAGDHUNDE
Tatzen
KLEINER LÖWE
HAAR DER
BERENIKE 4
Kopf
KREBS 8
Schwanz
LÖWE
Denebola
Regulus
JUNGFRAU 11
Alphard
GROSSE
WASSERSCHLANGE 10
Spica
Magnituden:
0 1 2 3 4 5

Bärenhüter, Nördliche Krone, Haar der Berenike

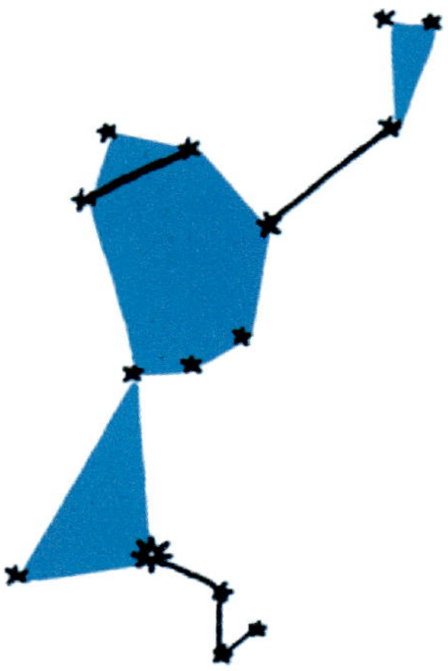

Bärenhüter (Bootes): Gehört zu den ältesten überlieferten Sternbildern. Sieht aus wie ein sitzender Mann, der Pfeife raucht – für einen Bärenhüter durchaus nicht untypisch. Sein Hauptstern, der orangefarbene *Arktur*, ist der vierthellste Stern am Himmel. Man findet ihn ohne Schwierigkeiten, indem man die Deichsel des Großen Wagens nach vorne zu verlängert.

Arktur ist auch insofern bemerkenswert, als dass er seinen Platz am Himmel schneller ändert als jeder andere helle Stern, nähert er sich der Jungfrau doch alle 1600 Jahre um ein Grad, eine Strecke, die von uns aus gesehen immerhin zweimal dem Durchmesser des Vollmonds entspricht. Wer also vor rund 800 Jahren eine schlaflose Nacht verbrachte (Gründe dazu gab es auch damals schon genug), dem leuchtete dieser Stern noch eine ganze Vollmondlänge weiter nördlich als heutzutage. Außerdem handelt es sich bei Arktur um einen absoluten Stern-Riesen: Sein Durchmesser ist 28-mal so groß wie der der Sonne, deren Leuchtkraft von der seinen sogar um ein Hundertzehnfaches übertroffen wird.

Er ist knapp 37 Lichtjahre* von uns entfernt und gehört damit zu unseren engeren Nachbarn. Im späten Frühling und zu Beginn des Sommers ist Arktur der Stern, den wir als ersten hoch oben am Himmel erblicken, kurz nachdem die Sonne hinterm Horizont verschwunden ist.

Um auch den Rest des Sternbilds ausmachen zu können, fangen wir am besten mit dem dreieckigen Körper des Bärenhüters an. Dann gehen wir weiter zu seinem großen Kopf sowie der auffälligen Pfeife, deren Rauchschwaden den Großen Bären zu einem passiven Raucher ersten Grades machen. Abschließend machen wir uns auf die Suche nach den – im Vergleich zu Kopf und Körper – eher klein geratenen Füßen. Pfeife ebenso wie die Füße sind bloß in wirklich klaren Nächten deutlich zu erkennen.

Nördliche Krone (Corona Borealis): Klein, aber oho. Sieht eher aus wie eine Tiara, mit *Gemma*, einem Stern 2. Größe, als zentral platziertem Kronjuwel. Die Nase des Großen Bären weist uns den Weg zu Gemma, gleich hinter dem Kopf des Bärenhüters.

Haar der Berenike (Coma Berenices): Klein und kaum zu erkennen. Besteht aus einer Sternengruppe, die – wenn überhaupt – bloß in sehr klaren, mondlosen Nächten auszumachen ist und auch das nur, solange das Sternbild hoch am Himmel steht. In unserer Darstellung an einige, an einem Stock festgemachte Haarsträhnen erinnernd, befindet sich das Haar der Berenike zwischen dem Stern Cor Caroli und dem ausgestreckten Arm der Jungfrau – ein wenig so, als triebe diese die darübergelegenen Jagdhunde mit Hilfe einer Peitsche vor sich her.

Dieses Sternbild verdankt seinen Namen einem Raub: Berenike war eine ägyptische Königin aus dem dritten Jahrhundert v. Chr., die ihre Haartracht und -pracht der Venus opferte, als Dank für einen Sieg, den ihr Mann im Krieg errungen hatte. Dann wurde das Haar aus dem Tempel gestohlen, und den zuständigen Priestern gelang es nur mit großer Mühe, die untröstliche Königin davon zu überzeugen, dass es Zeus selbst gewesen war, der die Locken stibitzt und als Sternbild in den Himmel gestellt hatte.

Das Haar der Berenike ist das Sternbild, welches von uns aus gesehen am weitesten von der *Milchstraße* entfernt ist. Befindet sich das Haar der Königin direkt über uns, ist von der Milchstraße nichts zu sehen: sie verläuft dann längs des Horizonts und wird von der erdnahen Atmosphäre praktisch unsichtbar gemacht. Auf diese Weise ist dafür gesorgt, dass zumindest in der Hemisphäre nie ein Haar in die Milch geraten kann.

* Als *Lichtjahr* – eine Maßeinheit des Raums, nicht der Zeit – bezeichnet man die Strecke, die das Licht im Laufe eines Jahres durchmisst: knapp zehn Billionen Kilometer. 37 Lichtjahre bedeuten im interstellaren Maßstab nicht sehr viel. Mehr über Lichtjahre, Leuchtkraft, Bewegungen und Entfernungen gibt's auf den Seite 157.

Bester Beobachtungszeitpunkt:
April bis August. Kalenderkarten 3 bis 8.

DRACHE 1
N
O
W
S
GROSSER WAGEN 1
GROSSER BÄR 3
HERKULES 5
Pfeife
JAGDHUNDE 3
Cor Caroli
Kopf
NÖRDLICHE KRONE
Gemma
HAAR DER BERENIKE
Körper
Arktur
SCHLANGENKOPF 12
BÄRENHÜTER
JUNGFRAU 11
Spica
Magnituden:
0 1 2 3 4 5

Leier, Schwan, Herkules, Füchslein

Leier (Lyra): Kleines Sternbild, das einer zweiseitigen Zither ähnlicher sieht als einer traditionellen Leier. Die Leier ist schon allein deshalb wichtig, weil sie den fünfthellsten Stern unseres Himmels beherbergt, die bläulich weiß leuchtende *Wega*. Die Wega befindet sich bloß fünf bis sechs Stunden pro Tag unterhalb unserer Horizontlinie, sodass man sie das gesamte Jahr hindurch beobachten kann, wenn auch nicht immer zu einer besonders günstigen Tages- beziehungsweise Nachtzeit. Ähnlich wie Arktur befindet sich auch die fast 60-mal so hell wie die Sonne leuchtende Wega in unserer – interstellar betrachtet – direkten Nachbarschaft, gerade mal so um die 25 Lichtjahre von uns entfernt. Und da wir uns im Augenblick mit etwa 20 Kilometern in der Sekunde auf sie zu bewegen, käme es in ca. 500 000 Jahren (einer astronomisch gesehen eher kleinen Zeitspanne) zum Zusammenstoß, wäre die Wega selbst nicht auch auf Wanderschaft. In 12 000 Jahren wird sie sich zum Beispiel in der Position des Polarsterns befinden. Ein Stern dieser Brillanz auf einem so zentralen Platz wird es noch einfacher machen, sich am Himmel zu orientieren. Übrigens war die Wega der erste Stern, der vor gut 150 Jahren fotografisch festgehalten wurde. Der Drache, dessen Kopf direkt auf die Wega hindeutet, wird es mit Staunen zur Kenntnis genommen haben.

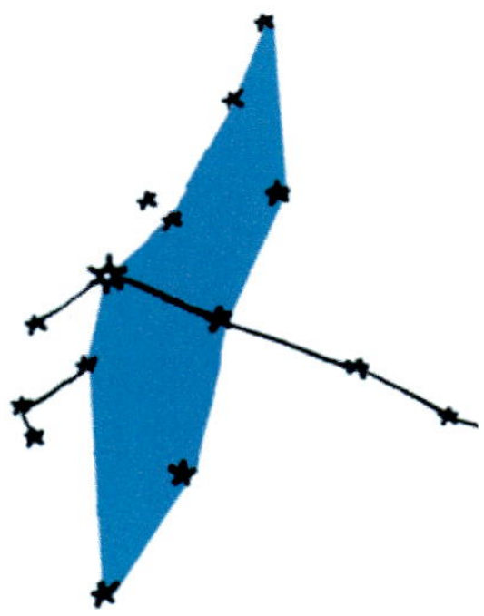

Schwan (Cygnus): Ebenso groß wie großartig. Auf seinen weit ausladenden Schwingen fliegt der Schwan die Milchstraße entlang, den langen Hals weit vorgestreckt. Sein zentraler Bereich ist auch als *Kreuz des Nordens* bekannt. Deshalb haben wir diesen auf der Karte durch etwas dickere Linien hervorgehoben.

Der hellste Stern im Schwan sitzt in dessen Schwanz, leuchtet strahlend weiß, wie es sich für einen Schwan gehört, und heißt *Deneb*. Da Deneb sich bloß ca. vier Stunden täglich unterhalb unserer Horizontlinie bewegt, zeigt auch er sich das ganze Jahr über, ähnlich wie die Wega. Wenn man bedenkt, dass dieser Stern etwa 3200 Lichtjahre von uns entfernt ist*, wird einem klar, über was für eine ungeheuer starke absolute Leuchtkraft er verfügen muss, um selbst bei uns noch so hell zu erscheinen: man geht davon aus, dass Denebs Leuchtkraft diejenige der Sonne um mindestens das 60 000-fache übersteigt.

Beginnt man – wie so oft – am Großen Wagen und verlängert die Linie zwischen den beiden den Zeigersternen gegenüberliegenden Sternen in Richtung Drache, dann führt einen das auf direktem Weg zu Deneb und damit natürlich auch zum Schwan.

* Die in diesem Buch angegebenen Entfernungen der Sterne entsprechen den Messdaten, die der Astrometrie-Satellit *Hipparcos* in den Jahren 1989–1993 eingesammelt hat und die bis heute als präziseste Quelle für derlei Daten gelten. Auf Grund der enormen Entfernungen können aber sogar diese Ergebnisse Abweichungen von wenigen bis zu (bei den entferntesten Objekten) ± 30 Prozent und mehr aufweisen.

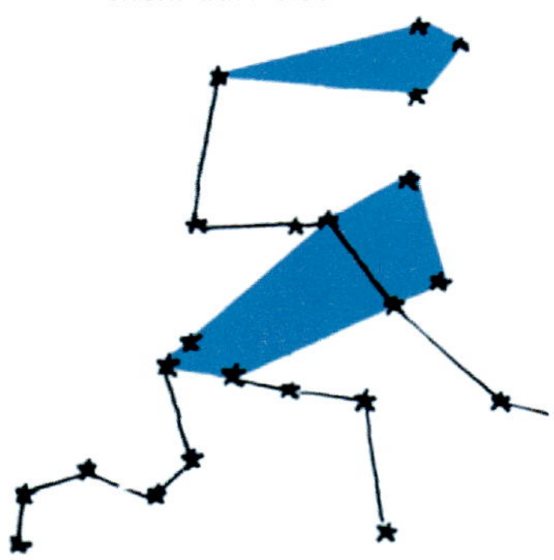

Herkules (Hercules): Groß, aber ziemlich dunkel und daher nicht ganz leicht auszumachen. Sieht aus wie ein Mann, der eine Keule schwingt, was Herkules ja bekanntermaßen häufig und gern betrieben hat. Man findet ihn am leichtesten, indem man sich zunächst auf die Suche nach seinem trapezförmigen Kopf macht, den er genau zwischen Wega (s. o.) und Gemma (Nördliche Krone) hält. In sehr klaren Nächten vermeint man an der Stelle, die wir auf der Karte durch ein winziges Kreuz markiert haben, einen weiteren Stern zu erblicken, der leicht verschwommen erscheint. Das liegt daran, dass es sich nicht um einen einzelnen Stern handelt, sondern um einen sogenannten Kugelsternhaufen, der sich etwas prosaisch M13 nennt und aus Tausenden von Sternen besteht, die sich ca. 25 000 Lichtjahre weit weg von uns befinden.

Füchslein (Vulpecula): Kleines neuzeitliches Sternbild, dem wir jedoch weiter keine große Bedeutung schenken wollen.

Bester Beobachtungszeitpunkt:
Leier: Mai bis November.
Schwan: Juni bis November.
Herkules: Mai bis Oktober.
Kalenderkarten 5 bis 12.

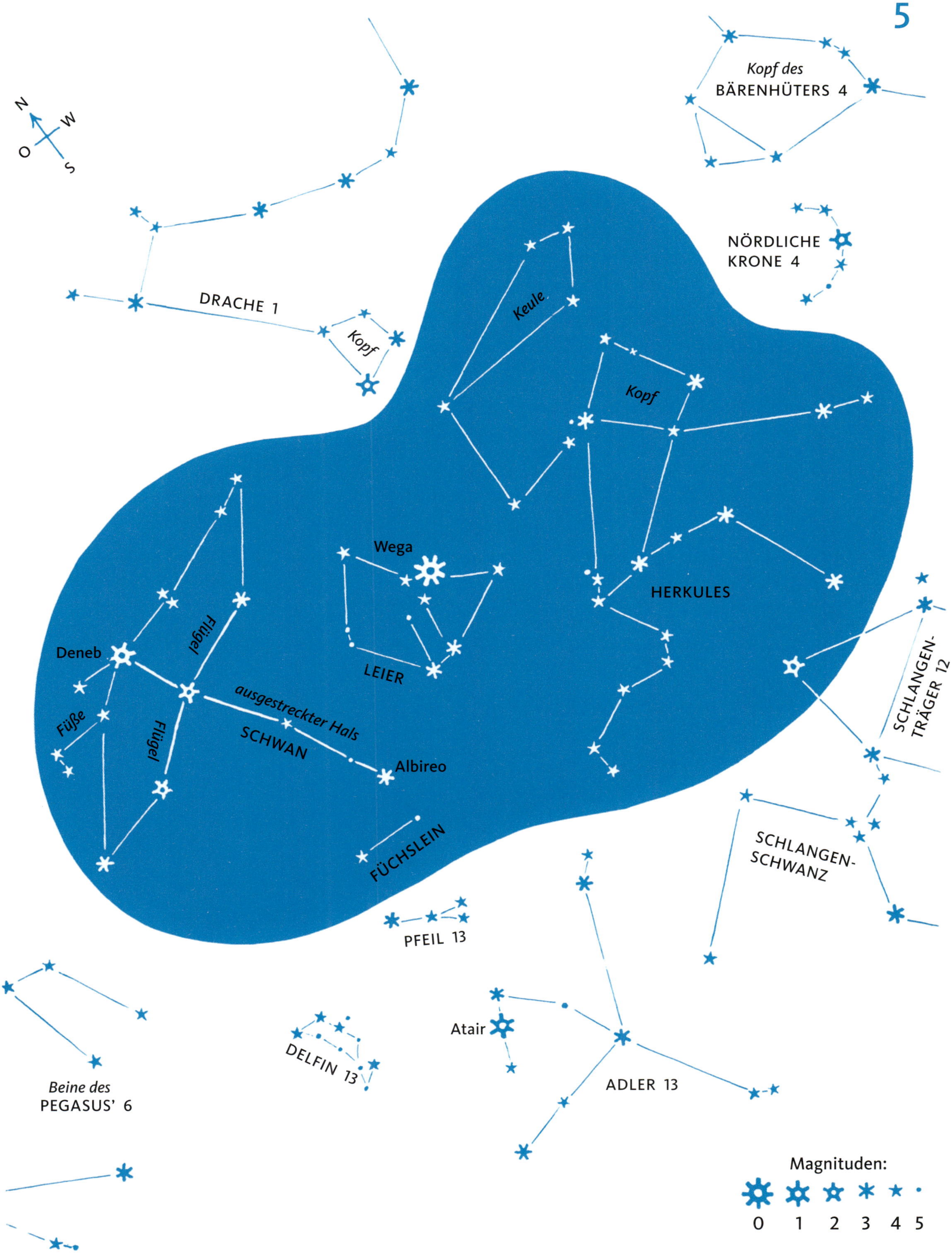
N
W
O
S
Kopf des
BÄRENHÜTERS 4
NÖRDLICHE
KRONE 4
DRACHE 1
Kopf
Keule
Kopf
HERKULES
Wega
LEIER
Deneb
Flügel
Füße
Flügel
ausgestreckter Hals
SCHWAN
Albireo
FÜCHSLEIN
SCHLANGEN-
TRÄGER 12
SCHLANGEN-
SCHWANZ
PFEIL 13
Atair
ADLER 13
DELFIN 13
Beine des
PEGASUS' 6
Magnituden:
0 1 2 3 4 5

Herbstviereck, Andromeda, Pegasus, Dreieck, Eidechse

Herbstviereck: Herausragendes Wahrzeichen am Himmelszelt. Ist selbst allerdings kein Sternbild, sondern gehört zur einen Hälfte zu *Andromeda*, zur anderen zu *Pegasus**. Dementsprechend nützlich ist es bei unserer Suche nach ebendiesen beiden Sternbildern. Das Herbstviereck (manche nennen es auch Pegasusquadrat) setzt sich aus vier hellen Sternen zusammen, von denen sich zwei auf der Verlängerung der gedachten Linie zwischen dem Polarstern und dem letzten Stern von Kassiopeias W befinden** (siehe Karte). Mit der richtigen Kalenderkarte vor Augen findet man das Quadrat im Nu, und hat man es einmal bewusst wahrgenommen, dann wird man es immer wiederfinden.

* Während es sich beim eindrucksvollen Herbstviereck oder Pegasusquadrat bloß um einen Asterismus handelt (siehe Anmerkung auf Seite 32), gibt es am südlichen Himmel ein Sternbild, das tatsächlich *Quadrat* heißt.

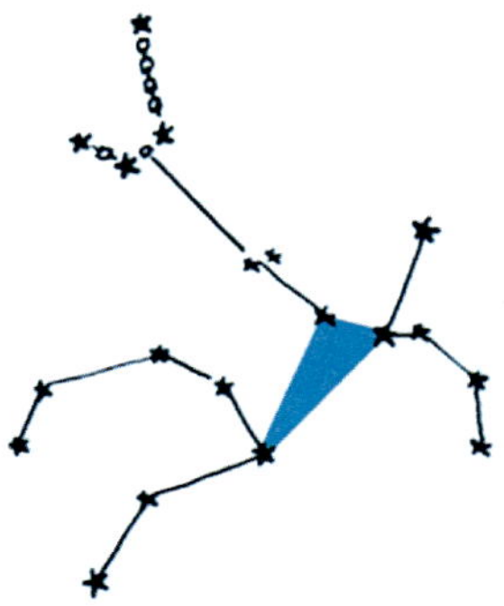

Andromeda – Die Frau in Ketten: Auf unserer Karte steht die Dame auf dem Kopf, der, wie wir sehen, durch einen der vier Sterne des Herbstvierecks gebildet wird. Von dort aus lassen wir unsere Blicke an ihrem Körper entlanggleiten, das linke Bein hinunter bis zum Fuß, ein Weg, den uns die drei helleren Sterne dieses Sternbilds weisen. Das rechte Bein wird durch weniger stark leuchtende Sterne gebildet. Oberhalb des rechten Knies offenbart sich in absolut klaren, mondlosen Nächten ein undeutlicher Fleck: der berühmte *Andromedanebel*, das am weitesten entfernte Objekt, das wir mit bloßem Auge sehen können. Es handelt sich dabei um eine *Galaxie* wie die unsere. Ca. 2,7 Millionen Lichtjahre von uns entfernt, besteht sie wahrscheinlich aus einer Billion Sonnen. Hier ist es durchaus angebracht, einmal zum Fernglas zu greifen. Mehr zu Galaxien gibt's auf Seite 163

Was die *Andromedasage* anbelangt, siehe meine Anmerkung auf Seite 34 Die Reste der Kette, mit der Andromeda am Felsen festgemacht war, hat sie in der rechten Hand, und unten links auf der Karte sieht man das Maul des herannahenden Walfischs.

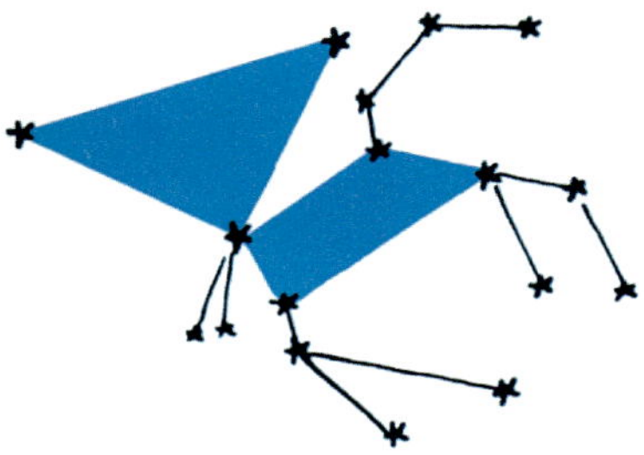

Pegasus – Das Geflügelte Pferd: Zugang zu diesem Sternbild verschafft uns die dem Kopf der Andromeda gegenüberliegende Ecke des Pegasusquadrats. Das im Profil dreieckige Flügelpaar wird durch drei der vier Sterne des Quadrats gebildet und ist dank ebenjener oben erwähnten Ecke mit dem Hinterteil des Pferdes verbunden. Flugzeugkonstrukteure werden das eventuell etwas merkwürdig finden, Pegasus jedoch fliegt auf diese Art und Weise bereits seit Tausenden von Jahren. Der Stern an der vorderen Flügelspitze schimmert leicht rötlich, wie eine Warnleuchte – das mag die Flugzeugbauer besänftigen. Auch wenn Pegasus nicht so hell daherkommt wie Andromeda, so ist er bei guten Bedingungen doch ganz wunderbar zu erkennen.

Dreieck (Triangulum): Winzige Konstellation in der Nähe von Andromedas linkem (und hellerem) Fuß.

Eidechse (Lacerta): Kleines neuzeitliches Sternbild zwischen Pegasus' Kopf und Kepheus' Kinn. Sitzt auf der Milchstraße und wartet auf die Sonne.

** Diese Linie trifft, weiter südlich fortgedacht, auf die Nase des *Walfischs* und ist mehr oder weniger identisch mit dem auf die Himmelssphäre projizierten *Nullmeridian* oder *Nullstundenkreis*. (Mehr dazu auf Seite 119.)

Bester Beobachtungszeitpunkt:
Pegasusquadrat: August bis Januar.
Andromeda: September bis Januar.
Pegasus: August bis Oktober.
Kalenderkarten 1, 2, 8 bis 12.

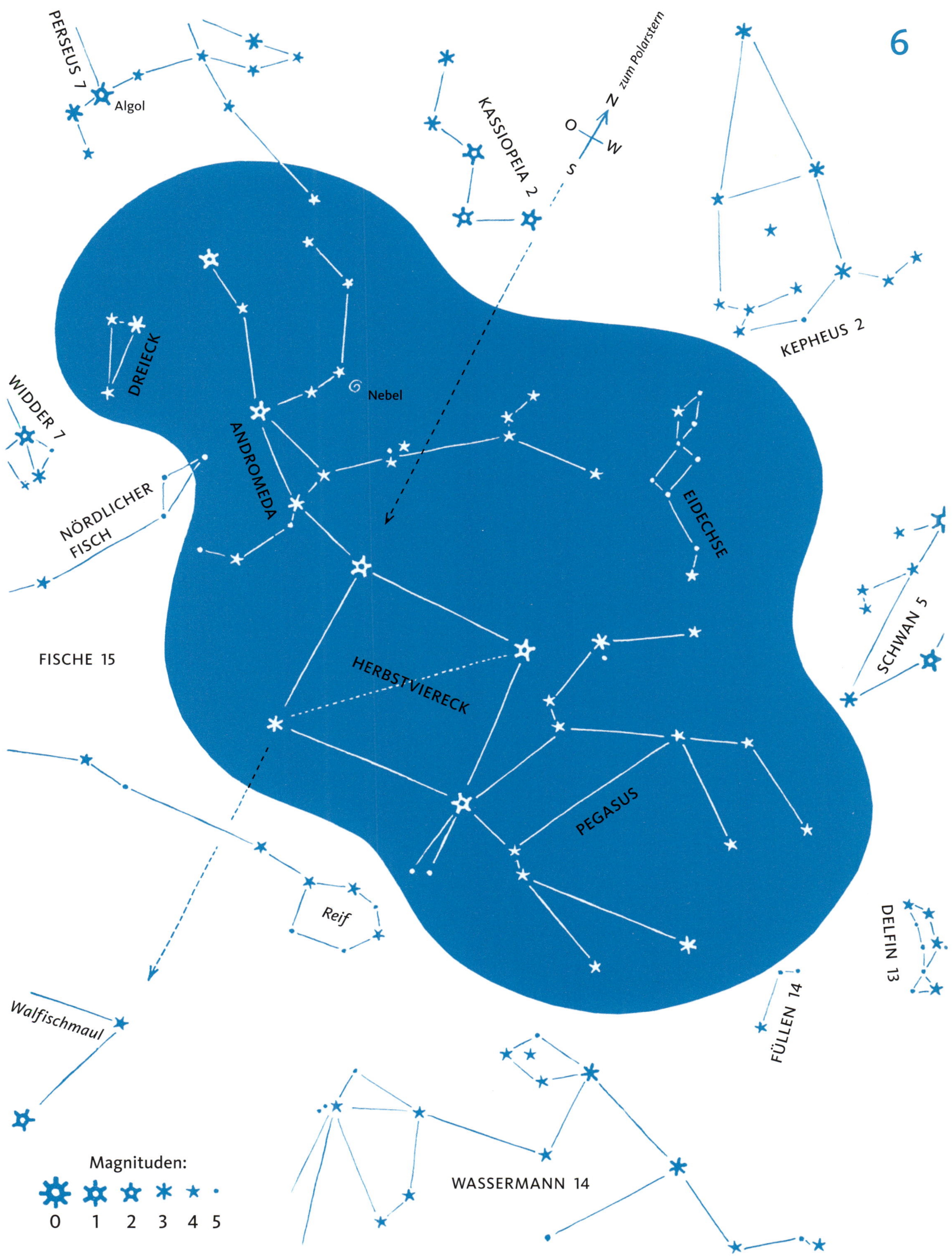
6
PERSEUS 7
Algol
KASSIOPEIA 2
zum Polarstern
N
O
W
S
KEPHEUS 2
DREIECK
WIDDER 7
Nebel
ANDROMEDA
NÖRDLICHER FISCH
EIDECHSE
SCHWAN 5
FISCHE 15
HERBSTVIERECK
PEGASUS
Reif
DELFIN 13
FÜLLEN 14
Walfischmaul
WASSERMANN 14
Magnituden:
0 1 2 3 4 5

Perseus, Stier, Widder

Perseus: Interessantes Sternbild auf der Milchstraße. Perseus findet man in der Nähe seiner Schwiegermutter in spe Kassiopeia und seiner zukünftigen Braut Andromeda (siehe Karte 6). Er hat eine Art Dreispitz auf, vielleicht handelt es sich dabei aber auch um eine persische Kappe. Mit seiner rechten Hand scheint er den Fuhrmann (siehe Karte 8) heranzuwinken, mit der linken greift er nach Andromedas Fuß: keine besonders charmante Art also, eine junge Frau aus gutem Hause zu (be)freien.

Im Sternbild des Perseus befinden sich zwei Sterne der zweiten Größe. Der in seinem linken Bein ist *Algol* (arabischer Name eines Kobolds), ein berühmter Bedeckungsveränderlicher.* Etwa 2½ Tage lang präsentiert sich Algol als Stern zweiter Größe. Dann verwandelt er sich innerhalb eines Zeitraums von ca. fünf Stunden in einen Stern der dritten Kategorie, bloß um im Verlauf der nächsten fünf Stunden wieder zu alter Leuchtkraft zurückzufinden. Wenn man Algol an mehreren aufeinanderfolgenden Nächten beobachtet, kann man mit etwas Geduld Zeuge dieses Schauspiels werden.

Wem es Freude bereitet, Sternschnuppen zu betrachten, der sollte die Gegend um Perseus zwischen Anfang und Ende August genauer ins Visier nehmen: nach Mitternacht zeichnen dort die *Perseiden* Striche an den Himmel.

* Bei Algol handelt es sich um einen Doppelstern oder *Binar* (siehe Seite 157): zwei dicht beieinanderliegende Sterne umkreisen einander. Einer der beiden ist hell, der andere wesentlich dunkler. Gerät nun der dunklere der beiden von uns aus gesehen vor den helleren, scheint Letzterer an Leuchtkraft zu verlieren.

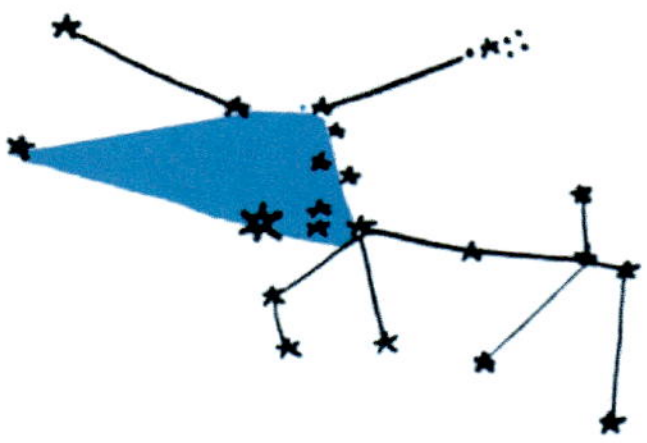

Stier (Taurus): Großes Tierkreiszeichen, bekannt vor allem durch die *Plejaden.* Diese Zusammenballung relativ schwach leuchtender Sterne sieht auf den ersten Blick aus wie ein kleines Silberwölkchen, entpuppt sich bei etwas längerer Betrachtung jedoch als Gruppe von sechs kleinen. aber deutlich voneinander zu unterscheidenden Sternen. Nicht weit davon entfernt verbreitet *Aldebaran,* der hellste Stern im Stier, sein orangefarbenes Licht. Von dort aus lässt sich der Rest des Sternbildes gut verfolgen. Der Körper des Stiers ist erheblich schlechter auszumachen als sein riesiger Kopf. Das liegt daran, dass der Stier (der Sage nach kein Geringerer als Zeus) gerade den Hellespont (die Dardanellen) durchquert, um seine Geliebte Europa zu entführen, und sein Rumpf sich demzufolge im Gegensatz zu seinem Haupt unter der Wasseroberfläche befindet. Aldebaran ist ein riesiger Stern. Sein Durchmesser ist 25-mal so groß wie der der Sonne, seine absolute Leuchtkraft ca. 150-mal so hell, und er ist ca. 66 Lichtjahre von ihr (und uns) entfernt.

Aldebaran ebenso wie die Plejaden befinden sich nahe der Ekliptik, sodass sich in ihrer Nähe immer mal wieder ein Planet blicken lässt, und von Zeit zu Zeit entziehen sie sich unserem Blick, weil sich der Mond zwischen sie und uns schiebt. Etwas oberhalb von Aldebaran, direkt im Stiernacken also, sieht man eine Sternengruppe, die als *Hyaden* bekannt ist. Sowohl bei den Plejaden als auch bei den Hyaden handelt es sich um Sternhaufen, die gemeinsam durch den Weltraum rasen. (Ab Seite 142 kann man mehr über *Ekliptik,* die *Planeten* sowie den *Tierkreis* erfahren.)

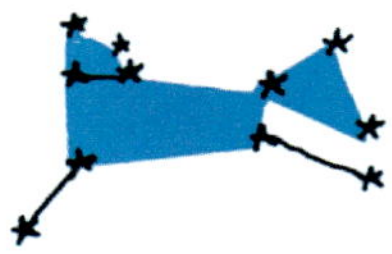

Widder (Aries): Relativ unscheinbares Sternbild, das in puncto Bekanntheit sicher davon profitiert, zu den Sternbildern im Tierkreis zu gehören. Seine beiden hellsten Sternen, die den Kopf des Widders bilden, findet man ohne Schwierigkeiten – zwischen den Plejaden und dem Pegasusquadrat.

Bester Beobachtungszeitpunkt:
Perseus: November bis März.
Stier: Oktober bis März.
Widder: Oktober bis Februar.
Kalenderkarten 1, 2, 3, 10, 11 und 12.

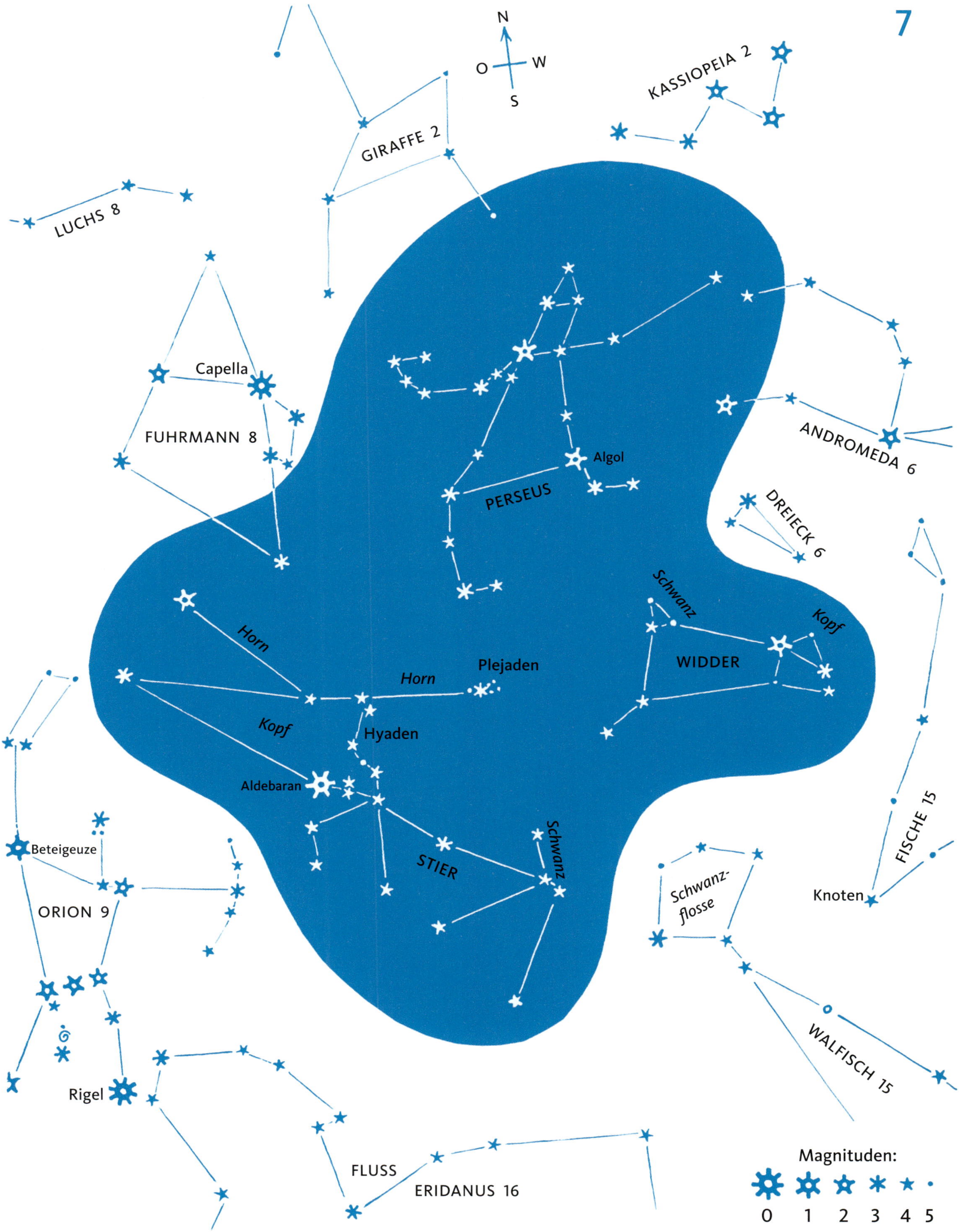
N
O
W
S
KASSIOPEIA 2
GIRAFFE 2
LUCHS 8
Capella
FUHRMANN 8
ANDROMEDA 6
Algol
PERSEUS
DREIECK 6
Schwanz
Kopf
WIDDER
Horn
Horn
Plejaden
Kopf
Hyaden
Aldebaran
Schwanz
STIER
Beteigeuze
ORION 9
FISCHE 15
Knoten
Schwanz-
flosse
WALFISCH 15
Rigel
FLUSS
ERIDANUS 16
Magnituden:
0 1 2 3 4 5

Zwillinge, Fuhrmann, Kleiner Hund, Krebs, Luchs

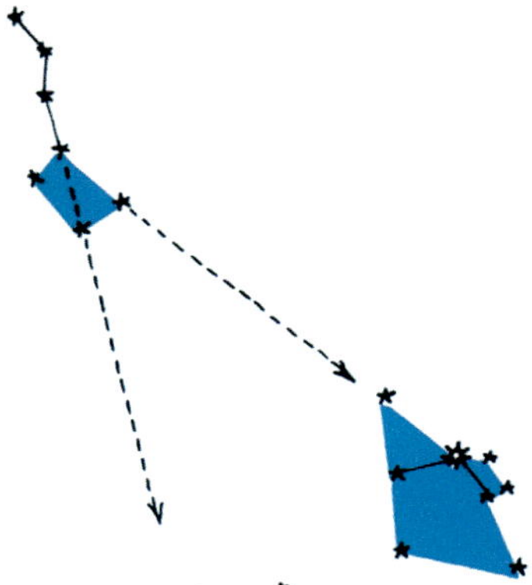

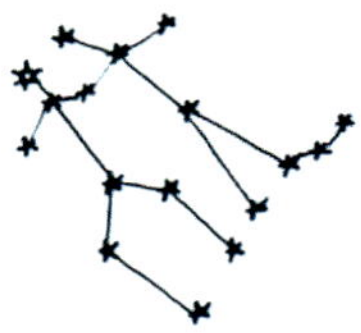

Zwillinge (Gemini): Wichtiges Sternbild. Die Köpfe der Zwillinge werden von *Castor* (weiß, Stern 2. Größe) und dem noch helleren *Pollux* (gelblich) gebildet. Um dieses Paar, ausgehend vom Großen Wagen, aufzuspüren, muss man dessen Deichsel bloß diagonal durch den Wagenkasten hindurch verlängern. Gelingt es einem dann noch, unversehrt unter der hinteren Bärentatze hindurchzuschlüpfen, hat man es so gut wie geschafft (siehe die nebenstehende Skizze). Die Arm- und Körpersterne sind nicht so hell wie die der Köpfe und Füße, und es braucht schon eine wirklich klare Nacht, um die beiden Figuren komplett erkennen zu können. Die Zwillinge sind Teil des Tierkreises und befinden sich von daher in jenem Teil des Himmels, der auch dem Mond und den Planeten als Tummelplatz dient. Kommen Letztere in die Nähe von Castor und Pollux, bietet sich uns ein grandioses Schauspiel. So nimmt es denn auch nicht wunder, dass zwei unserer ehemals neun Planeten just in dem Moment entdeckt wurden, in dem sie die Zwillinge durchquerten: Uranus (1781) und Pluto (1930)*.

Fuhrmann (Auriga): Wichtiges, nach dem sagenumwobenen Erfinder des vierspännigen Wagens benanntes Sternbild. Sieht aus wie ein Gesicht unter einer Schirmmütze. Wuchtige Nase und vorgestrecktes Kinn verleihen ihm die entschlossene Miene, die man bei einem Wagenlenker erwartet. Das gelblich leuchtende Auge des Fuhrmanns wird durch *Capella* gebildet. Es erscheint uns fast so hell wie die Wega, hat den 13-fachen Durchmesser der Sonne, deren 90-fache absolute Leuchtkraft und ist 45 Lichtjahre von uns entfernt. Als Stern, der sich nicht allzu weit weg von Polaris befindet, gehört Capella zu den zirkumpolaren Sternen und ist auf diese Weise in jeder Nacht des Jahres zu beobachten, wenn auch manchmal bloß für kurze Zeit. Vom Großen Wagen aus erreicht man Capella, indem man sich längs der oberen Kante des Kastenaufbaus nach hinten raus von diesem entfernt – so lange, bis man auf Capella trifft (siehe Skizze).

* Am 24.8.2006 hat die »International Astronomical Union« beschlossen, bloß noch von acht Planeten auszugehen. Pluto wird seit jenem Tag nur noch als Zwergplanet geführt.

Kleiner Hund (Canis Minor): Klein, aber wichtig. Die Tatsache, dass dieses Sternbild sich bloß aus zwei hell leuchtenden Sternen zusammensetzt, führt jeden Versuch, daraus einen Hund oder gar ein Hundebaby formen zu wollen, ad absurdum. Nichtsdestotrotz beherbergt es einen der hellsten Sterne an unserem Firmament, den gelblich weißen *Procyon*. Man gelangt zu ihm, wenn man einen Kreis schlägt, der bei Capella beginnt, sich durch das rückwärtige Ende der Schirmmütze des Fuhrmanns in Richtung Castor und Pollux bewegt und seinen Weg von dort aus noch einmal genauso lang fortsetzt (siehe gestrichelte Linie auf der Karte). Verfolgt man diese Kreisbewegung um noch einmal die gleiche Strecke, stößt man übrigens auf *Sirius* (siehe Karte 9). Procyon ist bloß gut elf Lichtjahre von uns entfernt, ca. siebenmal so hell wie die Sonne und kommt uns pro Minute etwa 250 Kilometer näher. Sein Name leitet sich aus dem Griechischen ab und bedeutet »Vor dem Hund«: Vom 50. Breitengrad aus gesehen, geht er knapp eine Stunde auf, bevor Sirius sich blicken lässt, der Hauptstern des Großen Hunds.

Krebs (Cancer): Das schwächste aller Tierkreiszeichen (was seine Leuchtkraft anbelangt). Seine Hauptattraktion besteht im sogenannten Bienenstock (oder M44), einem in klaren Nächten mit dem bloßen Auge zu erkennenden Fleck, der sich im Fernglas als Sternhaufen entpuppt.

Luchs (Lynx): Schwaches neuzeitliches Zeichen am hinteren Ende des Großen Bären. Macht es uns nicht gerade leicht, ihn als Luchs zu identifizieren, es sei denn, wir stellen uns vor, er läge halb verdeckt auf der Lauer und böte uns bloß seine elegant dahingegossene Rückenlinie dar.

Bester Beobachtungszeitpunkt:
Zwillinge und *Kleiner Hund:* Dezember bis Mai.
Fuhrmann: Oktober bis April.
Krebs und *Luchs:* Januar bis Mai.
Kalenderkarten 1, 2, 3, 4, 5, 11 und 12.

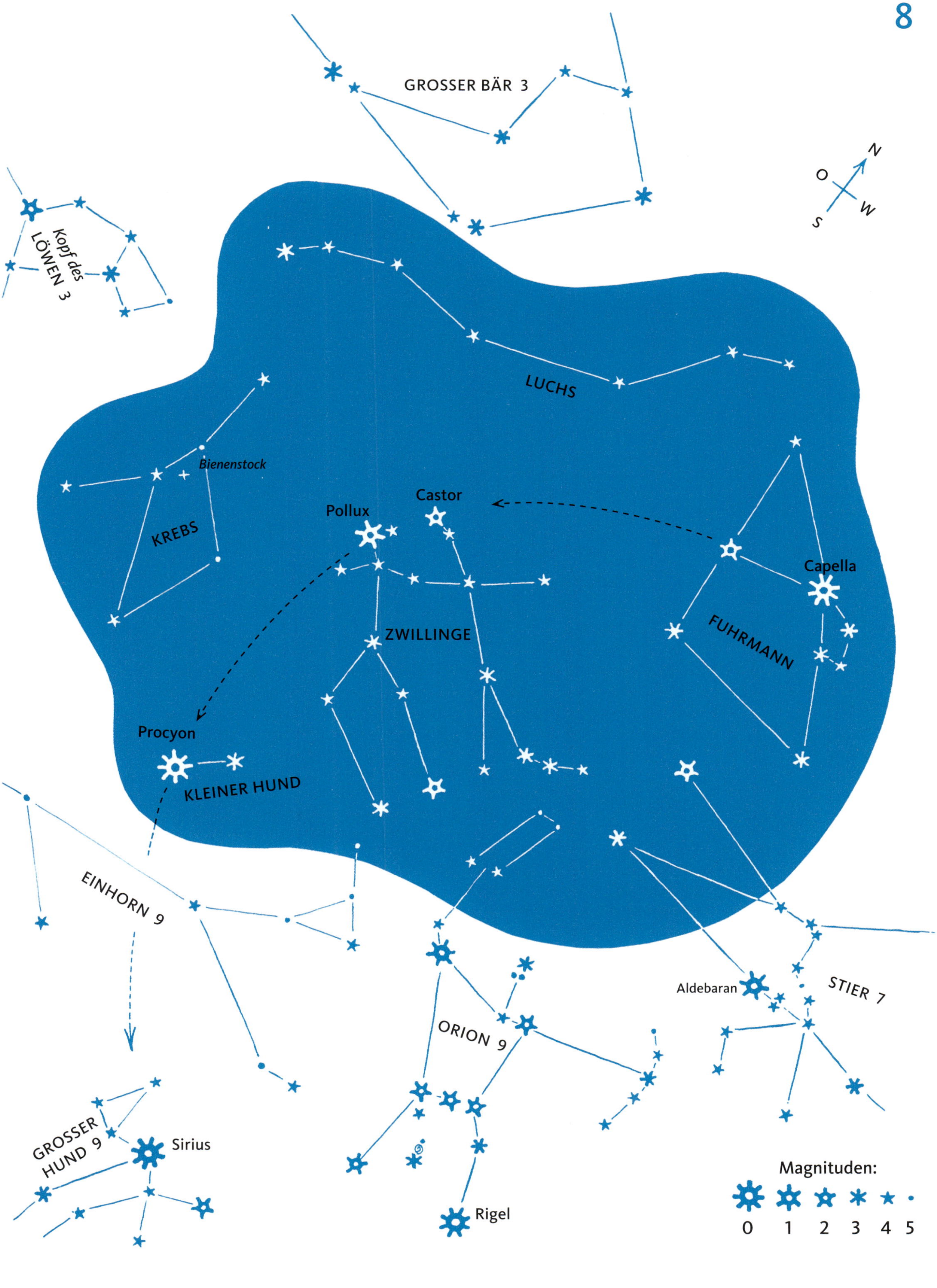
GROSSER BÄR 3
N
O
W
S
Kopf des LÖWEN 3
LUCHS
Bienenstock
KREBS
Castor
Pollux
Capella
ZWILLINGE
FUHRMANN
Procyon
KLEINER HUND
EINHORN 9
Aldebaran
STIER 7
ORION 9
GROSSER HUND 9
Sirius
Rigel
Magnituden:
0 1 2 3 4 5

Orion, Großer Hund, Hase, Einhorn, Fluss Eridanus

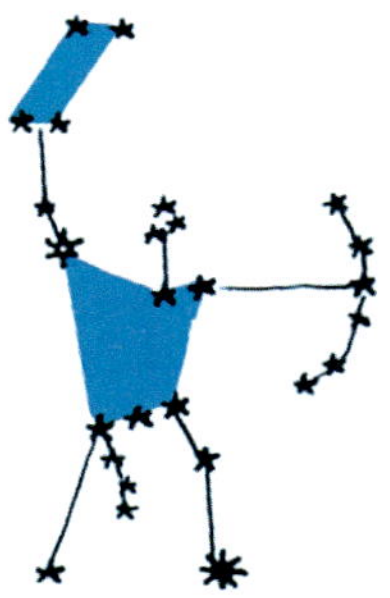

Orion: Großartiges Sternbild. Wenn Orion sich am Himmel blicken lässt, hat er das Sagen. Ihn zu übersehen ist unmöglich. Dabei fällt sein *Gürtel,* drei helle Sterne in einer Reihe, als Erstes ins Auge – von dort aus ist es ein Leichtes, den Rest des Sternbilds zu erkennen. Als berufsmäßiger Jäger ist Orion bis an die Ohren bewaffnet: mit seiner linken Hand hält er einen Schild, in seiner rechten die zum Schlagen erhobene Keule, und von seinem Gürtel herab baumelt das Schwert. Kein anderes Sternbild kann eine solche Anzahl von hell leuchtenden Sternen vorweisen – fünf Sterne der 2. und zwei der 1. Größe: der rötlich schimmernde *Beteigeuze* in Orions rechter Schulter* sowie der bläulich weiße *Rigel* in seinem linken Fuß. Mit dem 33-fachen Durchmesser der Sonne gehört Rigel bereits zu den ausgesprochen großen Sternen. Zusammen mit seiner enormen Leuchtkraft von 60 000 – 100 000-facher Sonnenstärke führt das dazu, dass er sich noch derart hell an unserem Himmel präsentiert, obwohl er mehr als 800 Lichtjahre weit weg ist, was wiederum bedeutet, dass der Lichtschein, den wir über uns erblicken, den Stern bereits verlassen hat, lange bevor Kolumbus Amerika entdeckte. Beteigeuze ist ein Überriese**, mit einem Durchmesser, 800-mal so groß wie der der Sonne, 10 000 mal so hell wie diese und ca. 430 Lichtjahre entfernt. Einer der Sterne in Orions Schwert sieht ein wenig unscharf aus. Ein Blick durch den Feldstecher offenbart, dass es sich bei ihm um eine Art Wolkenring handelt, den *Orionnebel* eine außergewöhnlich dünne, aber ausufernde Wolke aus Leuchtgas, aus deren Masse sich 10 000 Sterne von der Größe unserer Sonne formen ließen. Dass sie trotzdem so klein aussieht, liegt daran, dass sie so unvorstellbar weit weg ist. Zur *Orionsage,* siehe Seite 54.

* Rechts und links beziehen sich auf die Perspektive der jeweiligen Figur, wobei wir davon ausgehen, dass die Sternbilder uns zugewandt sind, so wie wir ihnen.

** Sterne sind in Unterzwerge, Zwerge, Riesen, Überriesen und Überüberriesen eingeteilt.

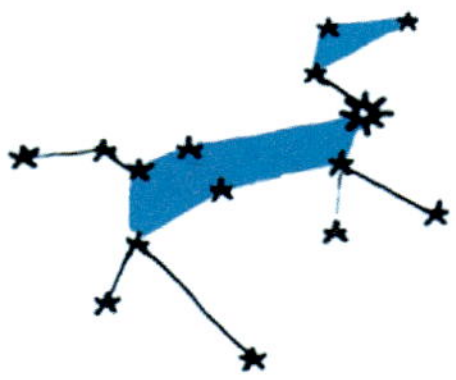

Großer Hund (Canis Maior): Schönes Sternbild. Leider so weit südlich gelegen, dass wir dessen schwächer leuchtende Sterne in unseren Breiten nur in sehr klaren Nächten erkennen können. Sein bedeutendster Stern jedoch leuchtet heller als alle anderen: *Sirius,* der *Hundsstern.* Nicht mal neun Lichtjahre entfernt, gehört er, was die Sterne anbelangt, zu unseren engsten Nachbarn, was auch seine enorme scheinbare Helligkeit erklärt, übertrifft seine absolute Leuchtkraft diejenige der Sonne doch gerade mal um das gut 20-Fache.

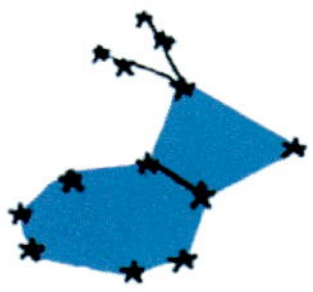

Hase (Lepus): Bescheiden, aber hübsch. Der Kopf des Hasen ist heller als sein Körper und in klaren Nächten leicht zu auszumachen, zumal Orions Schwert direkt auf den hinteren seiner beiden Löffel zeigt (zum Glück hat er das Schwert bislang noch nicht gezogen). Der vordere Hasenlöffel deutet auf den Stern Rigel.

Einhorn (Monoceros): Ebenso ausladendes wie langweiliges neuzeitliches Sternbild.

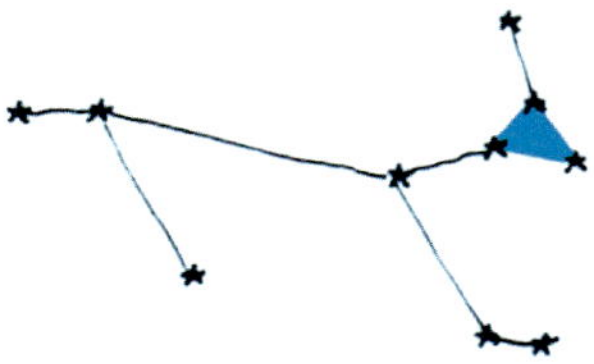

Fluss Eridanus: Groß, aber ziemlich dunkel und ohne klar auszumachenden Umriss meandert dieses Sternbild durch eine dünn besternte Himmelsregion. Auf Höhe des 50. Breitengrads zeigt sich nur ein Teil der Konstellation, und *Achernar,* als Stern 1. Größe der einzige wirklich helle Punkt des Eridanus (siehe Karte 16), ist bloß an den südlichsten Ecken Europas auszumachen.

Anmerkung: Wenn Orion hoch am Himmel steht, tummeln sich in diesem relativ kleinen Ausschnitt sieben Sterne 1. Größe. Sechs von ihnen formen das ausladende Wintersechseck: Capella, Pollux, Procyon, Sirius, Rigel und Aldebaran (siehe Kalenderkarte 1). Der stark leuchtende Beteigeuze befindet sich mehr oder weniger im Zentrum dieses Sechsecks.

Bester Beobachtungszeitpunkt:
Orion: Dezember bis März.
Großer Hund und *Hase:* Januar bis März.
Kalenderkarten 1, 2, 3, 4 und 12.

Castor
Pollux
KREBS 8
ZWILLINGE 8
FUHRMANN 8
N
O
W
S
Procyon
KLEINER HUND 8
Keule
Beteigeuze
Aldebaran
STIER 7
EINHORN
ORION
Schild
Gürtel
Rigel
Sirius
FLUSS ERIDANUS
HASE
GROSSER HUND
ACHTERDECK 16
TAUBE 16
FLUSS ERIDANUS 16
Magnituden:
0 1 2 3 4 5

Große Wasserschlange, Becher, Luftpumpe

Große Wasserschlange (Hydra): Größtes Sternbild am Himmel und so lang, dass ihr der Platz auf dieser Karte nicht ausreicht – ihren Schwanz findet man auf der nächsten. Sie erstreckt sich über ein Viertel des Firmaments (oder die Hälfte des sichtbaren Himmels), hat außer ihrer schieren Länge jedoch nicht viel zu bieten. Mit *Alphard* verfügt sie über einen einzigen hellen Stern, und auch der erscheint auf Grund mangelnder Konkurrenz wesentlich heller, als seine Zugehörigkeit zur 2. Größenklasse vermuten lässt.

Ein Blick auf die hübsche kleine Sternengruppe hingegen, die den Kopf der Wasserschlange bildet, ist durchaus lohnenswert. Man findet sie zwischen Regulus (im Löwen) und Procyon (im Kleinen Hund), wenn man die gedachte Linie zwischen den vorderen Pranken des Löwen nach vorne verlängert.*

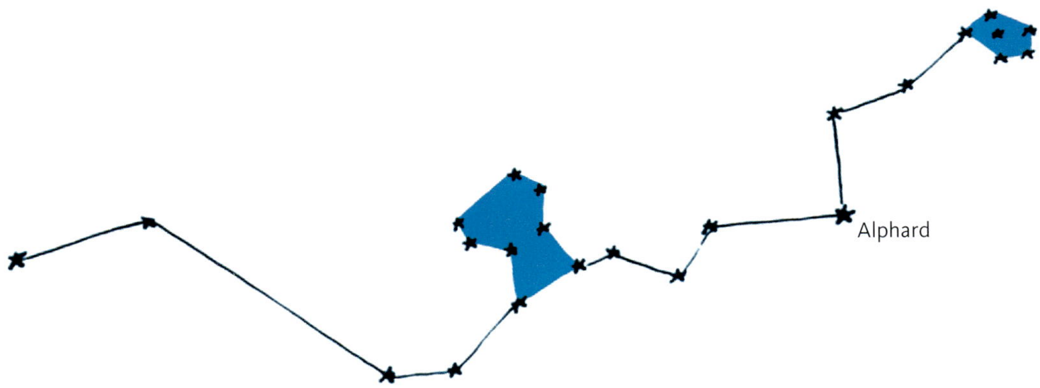

* Der Stern an der Schwanzspitze des Einhorns, unterhalb des Schlangenkopfes, gehört offiziell zur Großen Wasserschlange. Ursprünglich Teil des Einhorns, wurde er erst im Rahmen der Neueinteilung aller Sternbilder im Jahre 1930 (siehe Seite 166) der Hydra zugeschlagen. Der von mir gewählte Rückgriff auf die alte Lesart dient einfach der besseren Erkennbarkeit sowohl der Wasserschlange wie auch des Einhorns und soll Hydras offiziell zugestandenen Anspruch auf diesen Stern keinesfalls in Abrede stellen.

In Hydras Mitte befindet sich der *Becher (Crater):* ganz so, als habe die Schlange ihn verschluckt. Entsprechend undeutlich ist er in unseren Breitengraden am Himmel auszumachen. Das ändert sich allerdings zum Positiven, je weiter man sich in den Süden Europas begibt. Dann ist sein hübscher Umriss deutlich am dunklen Himmel zu erkennen.

Wasserschlange, Becher und Rabe (siehe Karte 11) sind durch die Sage verbunden: Der Rabe befand sich als Bote in Diensten des Gottes Apollo. Als dieser dem großen Vogel den Auftrag gab, ihm einen Becher Wasser zu bringen, setzte dieser sich stattdessen unter einen Feigenbaum und ließ die Zeit verstreichen, bis die Feigen reif waren, sodass er sich an ihnen gütlich tun konnte. Zu allem Überfluss kehrte er dann auch noch ohne den Becher zurück. Stattdessen hielt er die Wasserschlange in seinen Fängen, als Entschuldigung für den verbummelten Auftrag. Apollo verbannte Rabe, Becher und Wasserschlange und schleuderte sie wutentbrannt an den Himmel zwischen die Sterne. Seit jener Zeit – sagt man – sind die Raben nicht mehr – wie zuvor – silberweiß, sondern schwarz wie die Nacht.

Der für sich stehende Stern 4. Größenordnung unterhalb von Becher und Hydra gehört zur *Luftpumpe (Antlia),* einem in puncto Beobachtung eher uninteressanten neuzeitlichen Sternbild, dessen restliche Sterne zu schwach sind, als dass sie auf unserer Karte Platz finden könnten. Schwamm drüber.

Bester Beobachtungszeitpunkt:
Hydras Kopf: Februar bis Mai.
Becher: April und Mai.
Kalenderkarten 2 bis 5.

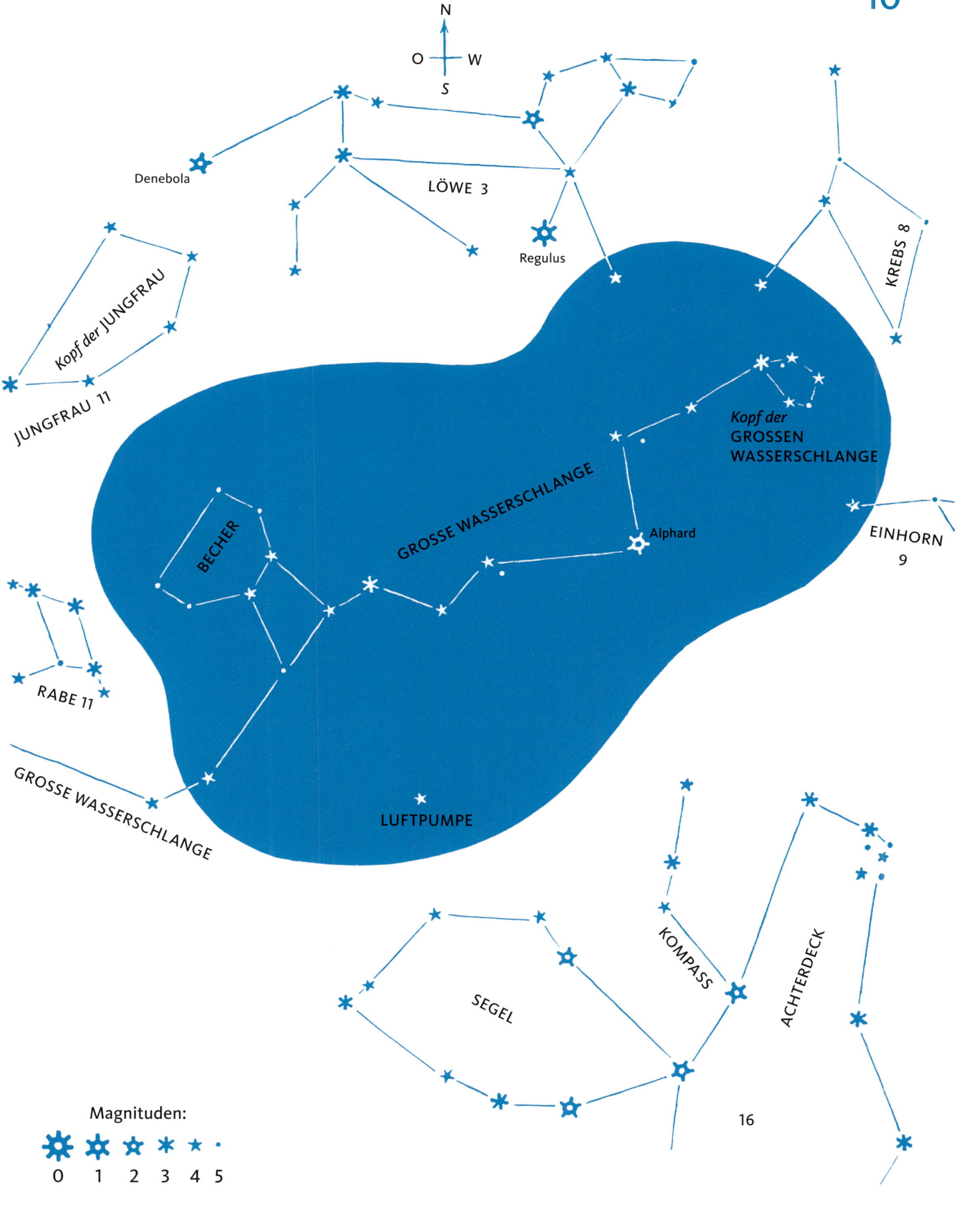

N
O
W
S
Denebola
LÖWE 3
Regulus
KREBS 8
Kopf der JUNGFRAU
JUNGFRAU 11
Kopf der
GROSSEN
WASSERSCHLANGE
GROSSE WASSERSCHLANGE
BECHER
Alphard
EINHORN
9
RABE 11
GROSSE WASSERSCHLANGE
LUFTPUMPE
KOMPASS
ACHTERDECK
SEGEL
16
Magnituden:
0
1
2
3
4
5

Jungfrau, Waage, Rabe

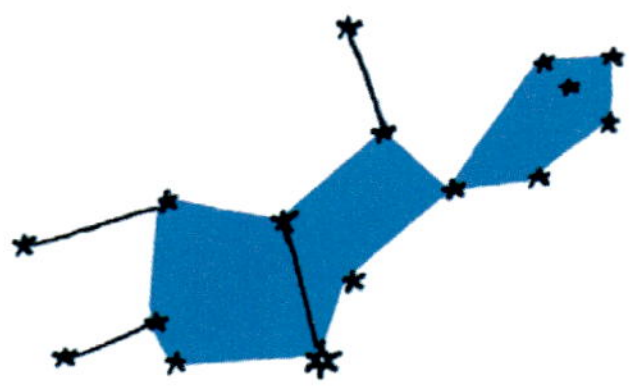

Jungfrau (Virgo): Ausladendes, über große Teile jedoch eher undeutlich zu erkennendes Sternbild. Den Kopf unter dem Schweif des Löwen verborgen, liegt sie rücklings auf der Milchstraße und greift nach dem Haar der Berenike. Sie schaut in Richtung Bärenhüter, der ihr jedoch den Rücken zuwendet. Ihr hellstes Schmuckstück, die bläulich schimmernde *Spica* (1. Größe), trägt sie da, wo sich junge Frauen heutzutage eher auffällige Tattoos verpassen lassen. Um Spica ausfindig zu machen, muss man bloß die Kreislinie, die von der Deichsel des Großen Wagens zu Arktur führt (siehe Karte 4), entsprechend weiter verfolgen: dann ist sie kaum zu verfehlen, da sich in Spicas Nähe keine helleren Sterne befinden.

Es kann allerdings vorkommen, dass einer der Planeten sich dort blicken lässt, da auch die Jungfrau zum erlauchten Kreis der Sternbilder im Tierkreis gehört. Spica liegt sehr dicht neben der Ekliptik, und demzufolge kann es ihr, ebenso wie Aldebaran, Regulus und Antares (im Skorpion), passieren, hin und wieder vom vorbeiziehenden Mond verdeckt zu werden. Mit einem fünfmal so großen Durchmesser wie die Sonne gehört Spica nicht gerade zu den Giganten am Himmel. Dass sie trotz ihrer erheblichen Entfernung von 270 Lichtjahren so deutlich zu sehen ist, verdankt sie ihrer enormen Leuchtkraft, die diejenige der Sonne um ein Vieltausendfaches übertrifft.

Spica, Arktur sowie der eine der vorderen Löwentatzen bildende Regulus formen das *Frühlingsdreieck* (siehe Kalenderkarte 3).

Waage (Libra): Auf Grund ihrer Zugehörigkeit zum Tierkreis zwar oft zitiert, trotzdem kein wirklicher »Hingucker«. Sie beherbergt keinen hellen Stern, und ihr Umriss ist nicht einfach auszumachen. Ihr zuunterst gelegener Stern auf der von uns aus gesehen rechten Seite hat allerdings als einziger aller mit bloßem Auge zu erkennenden Sterne einen ins Grünliche gehenden Schimmer.

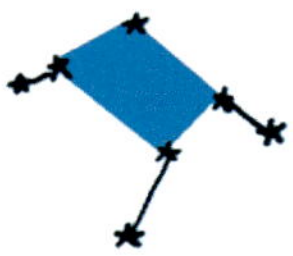

Rabe (Corvus): Klein, aber ziemlich hell, hat er seinen Platz unterhalb des Kopfes der Jungfrau. Der Stern in seiner Schnabelspitze ist ebenso wie der, der die Beine mit dem Körper verbindet, so schwach, dass die komplette Figur eines sitzenden Raben nur unter besten Bedingungen zu erkennen ist. Die vier hellsten, ein unregelmäßiges Viereck bildenden Sterne findet man dagegen ohne größere Schwierigkeiten. Der Schnabel des Raben deutet so eindeutig auf Spica, den am verlängerten Rücken der Jungfrau befestigten Edelstein, dass man meinen könnte, der Vogel warte bloß auf den geeigneten Moment, ihn zu stibitzen.

Anmerkung: Südlich vom Schwanz der Wasserschlange liegen *Wolf, Zentaur* sowie das berühmte *Kreuz des Südens* (Karte 17), viel zu weit südlich, um hier bei uns gesehen werden zu können, aber so interessant, dass man es keinesfalls versäumen sollte, nach ihnen Ausschau zu halten, sobald es einen in südlichere Gefilde verschlägt.

Bester Beobachtungszeitpunkt:
Jungfrau und *Rabe:* April, Mai, Juni.
Waage: Juni und Juli.
Kalenderkarten 4 bis 8.

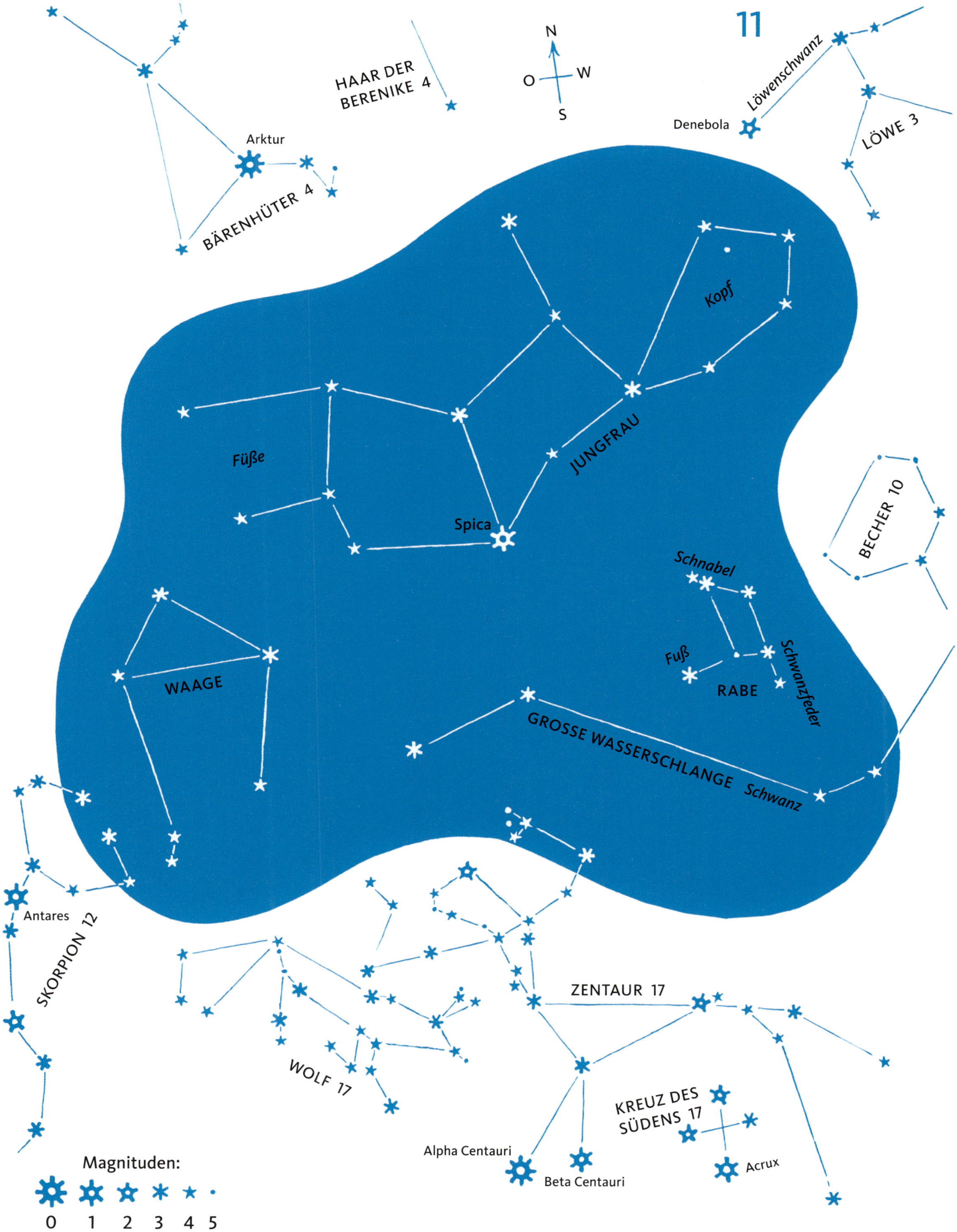
11
N
O
W
S
HAAR DER BERENIKE 4
Arktur
BÄRENHÜTER 4
Löwenschwanz
Denebola
LÖWE 3
Kopf
JUNGFRAU
Füße
Spica
BECHER 10
Schnabel
Fuß
Schwanzfeder
RABE
WAAGE
GROSSE WASSERSCHLANGE
Schwanz
Antares
SKORPION 12
ZENTAUR 17
WOLF 17
KREUZ DES SÜDENS 17
Alpha Centauri
Beta Centauri
Acrux
Magnituden:
0 1 2 3 4 5

Schlangenträger, Skorpion

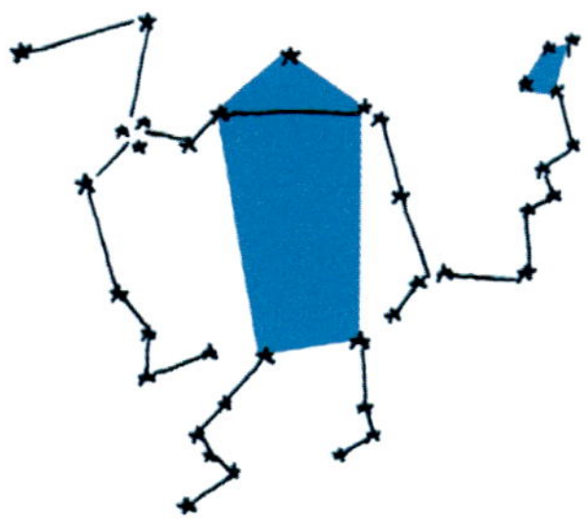

Schlangenträger (Ophiuchus): Sehr komplexe Konstellation*, die einem Voodoo Priester oder Medizinmann ähnelt, der Kopf und Schwanz einer geteilten Schlange in den Händen hält. Um dessen Umrisse zu verfolgen, beginnt man am besten mit dem Stern 2. Größe, der den Schopf seines dreieckigen Kopfes markiert, ein kleines Stückchen hinter dem vorderen Fuß von Herkules. Von dort aus findet man dann schnell zu den beiden Sternpaaren, die die rechte und linke Schulterpartie des Schlangenträgers bilden und damit gleichzeitig den oberen Abschluss seines gigantischen Körperrechtecks. Den vorderen Teil der *Schlange* inklusive der hübschen, kleinen Sternengruppe unterhalb der nördlichen Krone, aus der ihr Kopf besteht, hält der Schlangenträger in seiner linken Hand. Auch sie ist gut zu erkennen und schnell gefunden, ebenso wie der andere Arm sowie der Schlangenschwanz. Seine im Vergleich dazu undeutlicher sich abhebenden Beine und Füße behalten wir uns für den Schluss vor.

Zu den Merkwürdigkeiten des Schlangenträgers gehört, dass er zwar mit beiden Beinen im Tierkreis steht, diesem als Zeichen jedoch nie zugeordnet wurde. Vielleicht nur deshalb, weil er sonst das fünfte Rad am Wagen gewesen wäre, oder besser gesagt: das 13. Tierkreiszeichen im Zwölf-Monats-Zyklus.

* Im technischen Sinne handelt es sich hier eigentlich um zwei Sternbilder, den *Schlangenträger (Ophiuchus)* und die *Schlange (Serpens)*, wobei diese wiederum das einzige Sternbild ist, welches in zwei Teilbildern am Himmel steht, ihrem *Kopf (Caput)* sowie dem *Schwanz (Cauda)*, getrennt (und zusammengehalten) eben durch den Schlangenträger.

Skorpion (Scorpius): Besonders schönes Sternbild und Tierkreiszeichen. Leider ein Stück weit zu südlich, um auch in unseren Breiten in seiner vollen Größe bewundert werden zu können. Es besteht aus einer ganzen Anzahl heller Sterne und sieht einem Skorpion wirklich sehr ähnlich. Sein hellster Punkt ist *Antares*, ein Stern der 1. Größe. Antares (Ant-Ares) bedeutet Gegenspieler des Ares (altgriechisch für Mars), und wenn der Mars sich von Zeit zu Zeit im Skorpion aufhält, kann man die beiden in der Tat sehr leicht miteinander verwechseln, zumal beide deutlich rötlich erstrahlen.

Antares gehört mit seinem gut 300-fachen Sonnendurchmesser zu den Überriesen, und mit seiner Leuchtkraft, die diejenige der Sonne um das 10 000-Fache übertrifft, würde er sich noch wesentlich heller an unserem Firmament präsentieren, wäre er nicht ca. 500 Lichtjahre von uns entfernt.

Am Schwanzende oder Stachel des Skorpions befindet sich ein dicht beieinanderstehendes Sternenpaar, die sogenannten *Katzenaugen*, ein Name, den man sofort nachvollziehen kann, hat man sie erst einmal entdeckt.

Mit der richtigen Monatssternkarte kann man den Skorpion eigentlich nicht verfehlen. Zumindest, wenn man weiß, dass sich immer mal wieder der eine oder andere Planet in seiner Nähe aufhalten kann. Bei uns hält sich dieses Sternbild stets dicht über dem Horizont auf, und das ausschließlich in südlicher Richtung.

Anmerkung: Im Zusammenhang mit dem *Schlangenträger* von Medizinmann zu sprechen ist insofern nicht unangebracht, als dass man dieser Figur nachsagt, Asklepios zu repräsentieren, den griechischen Gott der Heilkraft, der seinerseits auf den bedeutenden ägyptischen Arzt und Architekten Imhotep (2900 v. Chr.) zurückgehen soll, den ersten Wissenschaftler, der es in unsere Geschichtsbücher geschafft hat. Auf diese Weise ist der Schlangenträger, wenn auch bloß indirekt, das einzige Sternzeichen, das auf einer realen Person basiert.
Der griechischen Sage nach handelte es sich bei Asklepios oder Äskulap ursprünglich um einen Arzt und normalen Sterblichen, der Hades, den Gott der Toten, dadurch gegen sich aufbrachte, dass unter seinen Händen nie auch nur ein einziger Patient gestorben ist, sodass der Gott befürchten musste, arbeitslos zu werden. Als sich Äskulap dann auch noch daranmachte, Orion wieder zum Leben zu erwecken, nachdem dieser zuvor von einem Skorpion getötet worden war, bewegte Hades seinen Bruder Zeus dazu, den Arzt durch einen Blitz zu erschlagen. In Anerkennung seiner Verdienste bekam Äskulap dann jedoch seinen Platz am Himmel zugewiesen, direkt neben dem Skorpion, aber weit genug von Orion entfernt, um weiteren Ärger zu vermeiden. Seit jener Zeit treffen Orion und der Skorpion niemals aufeinander, da sie sich an den entgegengesetzten Rändern unseres Sternenhimmels befinden.

Bester Beobachtungszeitpunkt:
Schlangenträger und *Skorpion*: Juli und August.
Sternenkarten 6 bis 9.

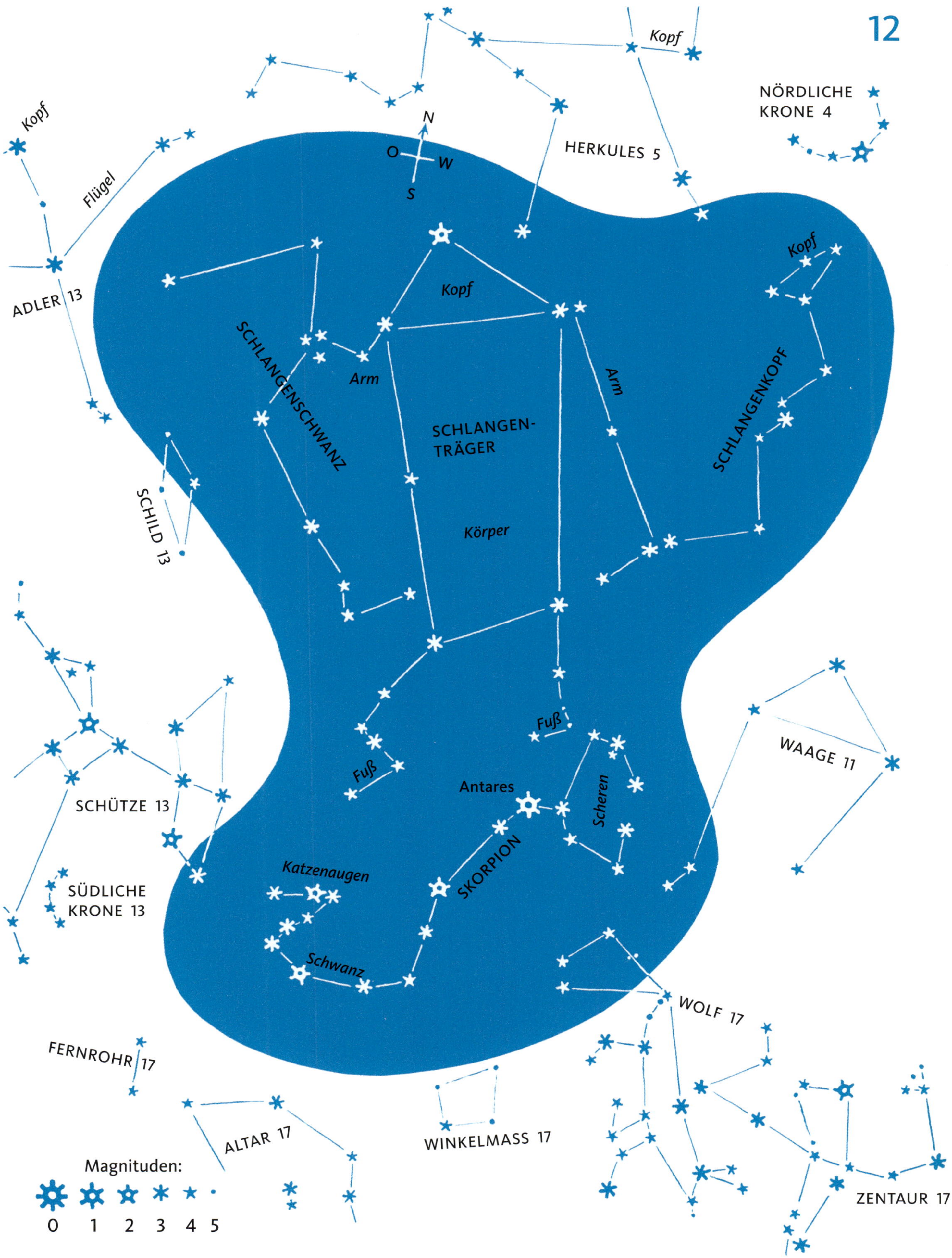

Kopf
NÖRDLICHE KRONE 4
HERKULES 5
N
O
W
S
Kopf
Flügel
ADLER 13
Kopf
Kopf
SCHLANGENSCHWANZ
Arm
Arm
SCHLANGEN-TRÄGER
SCHLANGENKOPF
SCHILD 13
Körper
Fuß
Fuß
WAAGE 11
Antares
Scheren
SCHÜTZE 13
SKORPION
Katzenaugen
SÜDLICHE KRONE 13
Schwanz
WOLF 17
FERNROHR 17
ALTAR 17
WINKELMASS 17
ZENTAUR 17
Magnituden:
0 1 2 3 4 5

Adler, Schütze, Pfeil, Delfin, Südliche Krone, Schild

Adler (Aquila): Wunderschönes Sternbild: diese Gestalt eines großen Vogels, der mit weit ausgebreiteten Flügeln den Himmel durchmisst, ist immer wieder beeindruckend. Sein aus drei in einer Reihe stehenden Sternen bestehender Kopf gehört zu den nicht zu übersehenden Wahrzeichen des sommerlichen und frühherbstlichen Himmels. Der hellste dieser drei, der gelblich weiße *Atair* (1. Größenklasse), ist der uns neben Alpha Centauri (Karte 17), Sirius und Procyon am nächsten gelegene unter den hellen Sternen. Er ist bloß gute 16 Lichtjahre entfernt* und kommt uns pro Minute noch knapp 1500 Kilometer entgegen. Atair, Wega (in der Leier) und Deneb (im Schwan) bilden ein riesiges rechtwinkliges Dreieck, das den Seeleuten schon seit Jahrtausenden den Weg weist (siehe Skizze). Der Adler fliegt dem Schwan entgegen, und es hat den Anschein, als würden die beiden sich in wenigen Augenblicken vor dem Hintergrund der Milchstraße begegnen.

* Der Durchmesser von Atair beträgt bloß das anderthalb- bis zweifache der Sonne, er leuchtet in etwa elfmal so hell wie diese, und wäre er nun zum Beispiel so weit entfernt wie Deneb (ca. 3200 Lichtjahre), nähmen wir ihn überhaupt nicht wahr.

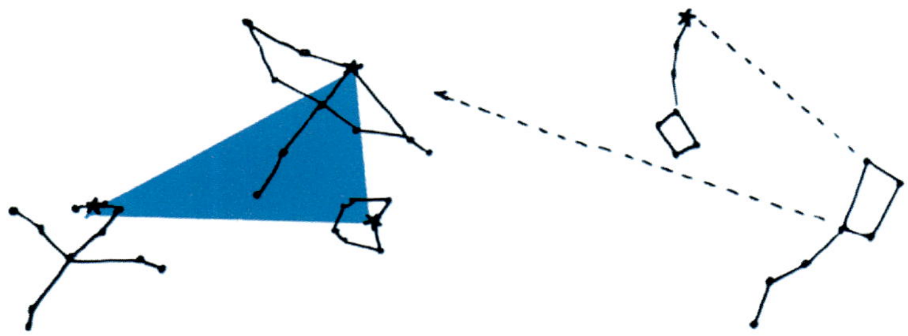

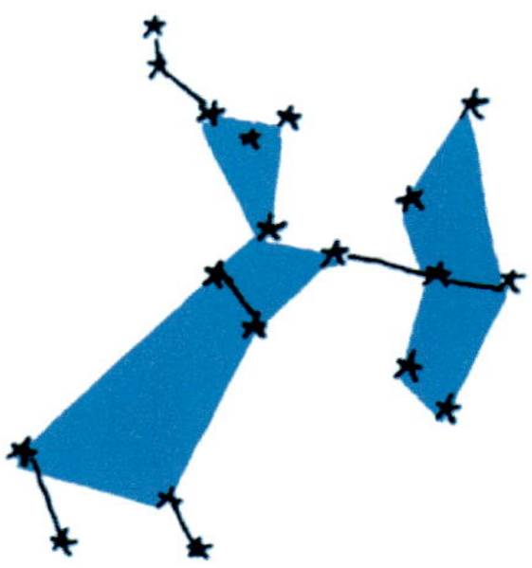

Schütze (Sagittarius): Die Schwanzfedern des Adlers weisen den Weg zu diesem beeindruckenden Sternbild. Wegen des Dunstes über der Horizontlinie sind die Sterne unter der Gürtellinie des Schützen bei uns kaum auszumachen, ganz im Gegensatz zum deutlich helleren Oberkörper, dem Kopf und dem Bogen. Wir fangen bei unserer Suche am besten mit dem Oberkörper an, einem aus vier relativ hellen Sternen gebildeten, auf einer Spitze stehenden Viereck (etwa ein Viertel so groß wie der Kasten des Großen Wagens). Am Kopf des Schützen steckt eine Feder, und sein Bogen hat er auf den Skorpion gerichtet, als wolle er Rache nehmen für Orions Tod.

Der Schütze befindet sich zum Teil auf der Milchstraße und gehört zu den Sternbildern im Tierkreis. Also: auf eventuell vorbeischauende Planeten achten.

Pfeil (Sagitta): Kleines, aber beeindruckendes Sternbild. Auf halbem Wege zwischen Adler- und Schwanenkopf. Befindet sich auf der Milchstraße.

Delfin (Delphinus): Sehr klein und nicht sehr hell. Die Sterne stehen aber so eng zusammen, dass die Figur in klaren, dunklen Nächten ohne große Schwierigkeiten gefunden werden kann. Wie er so am Rande der Milchstraße seine Bahn zieht, nicht weit entfernt vom Kopf des Adlers, gehört der Delfin zu den liebenswertesten Bildern an unserem Himmel.

Südliche Krone (Corona Australis): Bloß im äußersten Süden auszumachen, und auch dann nur, wenn der Schütze ganz hoch steht. Hier lohnt sich wieder mal ein Blick durchs Fernglas.

Schild (Scutum): Neuzeitliches Sternbild, klein und langweilig.

Bester Beobachtungszeitpunkt:
Adler: Juli bis Oktober.
Schütze: Juli und August.
Pfeil und *Delfin:* Juli bis November.
Sternenkarten 7 bis 11.

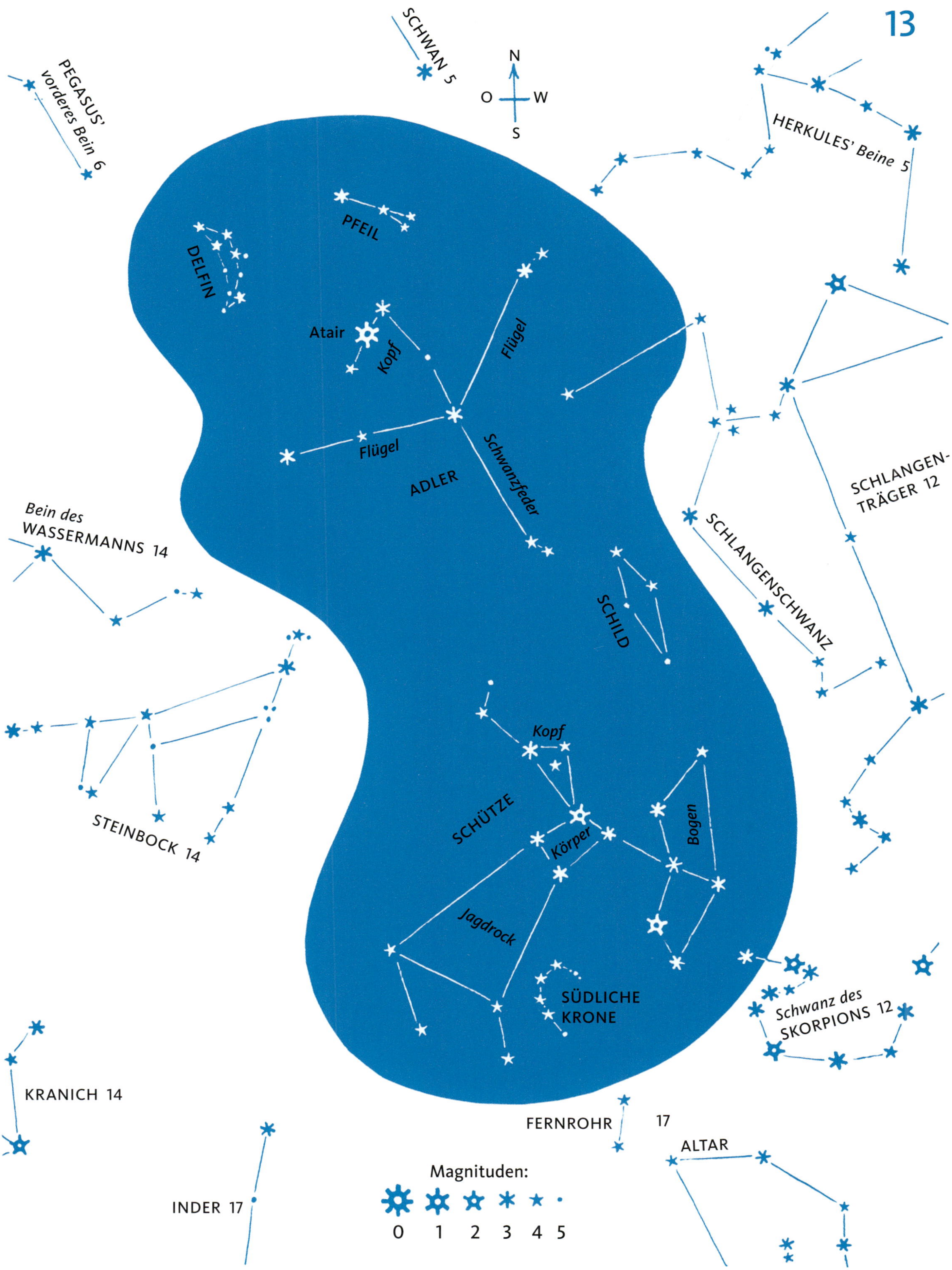
SCHWAN 5
PEGASUS' vorderes Bein 6
N
O
W
S
HERKULES' Beine 5
PFEIL
DELFIN
Atair
Kopf
Flügel
Flügel
ADLER
Schwanzfeder
SCHLANGEN-TRÄGER 12
SCHLANGENSCHWANZ
Bein des WASSERMANNS 14
SCHILD
STEINBOCK 14
Kopf
SCHÜTZE
Körper
Bogen
Jagdrock
SÜDLICHE KRONE
Schwanz des SKORPIONS 12
KRANICH 14
FERNROHR 17
ALTAR
INDER 17
Magnituden:
0 1 2 3 4 5

Steinbock, Wassermann, Füllen, Südlicher Fisch

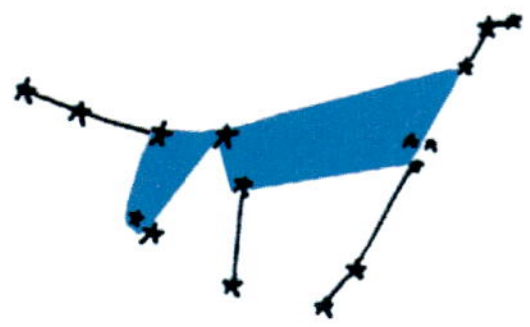

Steinbock (Capricornus): Schlecht auszumachendes Sternbild. Gehörte es nicht zur prominenten Schar der Sternbilder im Tierkreis, wir kennten wohl nicht mal seinen Namen. Ausschließlich knapp über dem südlichen Horizont auftauchend, kann man es in unseren Breiten bloß südlich der Mainlinie sehen, und auch das nur in sehr klaren Nächten. Die drei Kopfsterne des Adlers weisen auf das Hinterteil des Steinbocks – diese Körperregion ist durch die drei dicht beieinanderliegenden Sterne, aus denen dessen Schwanz besteht, auch am leichtesten zu erkennen. Zieht man eine Linie von Atair (im Adler) zu Fomalhaut (im südlichen Fisch), geht diese durch den vordersten, in der Spitze des Horns gelegenen Stern des Steinbocks. Vermeint man dagegen, in diesem Sternbild einen wirklich hellen Stern zu entdecken, dann handelt es sich dabei grundsätzlich um einen Planeten.

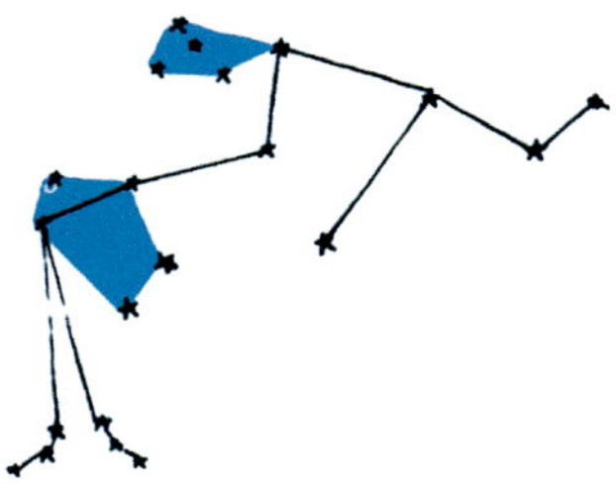

Wassermann (Aquarius): Schwer zu erkennen. So wie Krebs und Steinbock verdankt auch der Wassermann seine Bekanntheit vor allem der Tatsache, zu den Sternbildern im Tierkreis zu gehören. Er macht den Eindruck, als renne er vornübergebeugt durch den Himmel, einen Wasserbehälter vor sich hertragend, und das so ungestüm, dass dieser überschwappt. Das kleine Sterngrüppchen, das den Kopf des Wassermanns bildet, findet man, wenn man vom Kopf der Andromeda ausgehend eine Diagonale durch das *Herbstviereck* zieht und diese über das Hinterteil des geflügelten Pferdes hinaus verfolgt. Hat man diesen Teil des Wassermanns erst einmal im Visier, kann man auch den Rest dieses Sternbilds ausmachen, allerdings nur mit reichlich Geduld und unter perfekten Voraussetzungen.

Füllen (Equuleus): So klein und schwer zu erkennen, dass wir es am besten in Ruhe lassen. Vielleicht wächst es ja noch …

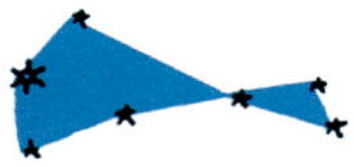

Südlicher Fisch (Piscus Austrinus): Entzieht sich hierzulande gemeinhin unseren Blicken. Nicht so jedoch der bläulich weiße *Fomalhaut* (arab.: Fischmaul), einer der 21 hellsten Sterne am Himmel und Hauptbestandteil des Südlichen Fisches. Als leuchtender Solitär ist er gut am südlichen Rand des Firmaments auszumachen. Man findet ihn, indem man die dem Pegasus zugewandte Seite des großen Quadrats in Richtung Wassermann verlängert. Sollte sich dort noch ein weiterer heller Stern blicken lassen, handelt es sich mit Sicherheit um einen Planeten, der gerade den Wassermann durchquert.

Fomalhaut gehört mit einer Entfernung von ca. 25 Lichtjahren zu unseren engeren Nachbarn. Er leuchtet 15-mal heller als die Sonne und kündigt den herannahenden Herbst an, wenn er um Mitte September herum zum ersten Mal am Horizont erscheint.

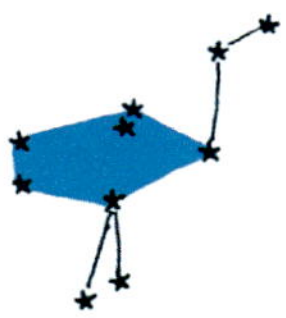

Südlich vom Südlichen Fisch ist der Aufenthaltsort des **Kranichs (Grus)** sowie des **Phoenix,** die uns jedoch, wenn überhaupt, nur den einen oder anderen Stern ihres jeweiligen Kopfes zeigen.

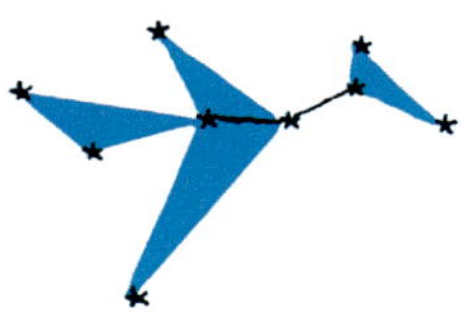

Anmerkung: Wassermann und Südlicher Fisch haben auf jeweils sehr unterschiedliche Art mit *Wasser* zu tun und gehören demzufolge beide zu jener Sternbild-Gruppierung, die wir im Zusammenhang mit dem Fluss Eridamus (Karte 9) auf den Namen »Wasserloch« getauft haben, einer relativ unscheinbaren Himmelsregion, der außerdem noch die Fische und der Walfisch angehören.

Bester Beobachtungszeitpunkt:
Steinbock und *Wassermann:* August bis Oktober.
Südlicher Fisch: September bis November.
Monatssternenkarten 8 bis 11.

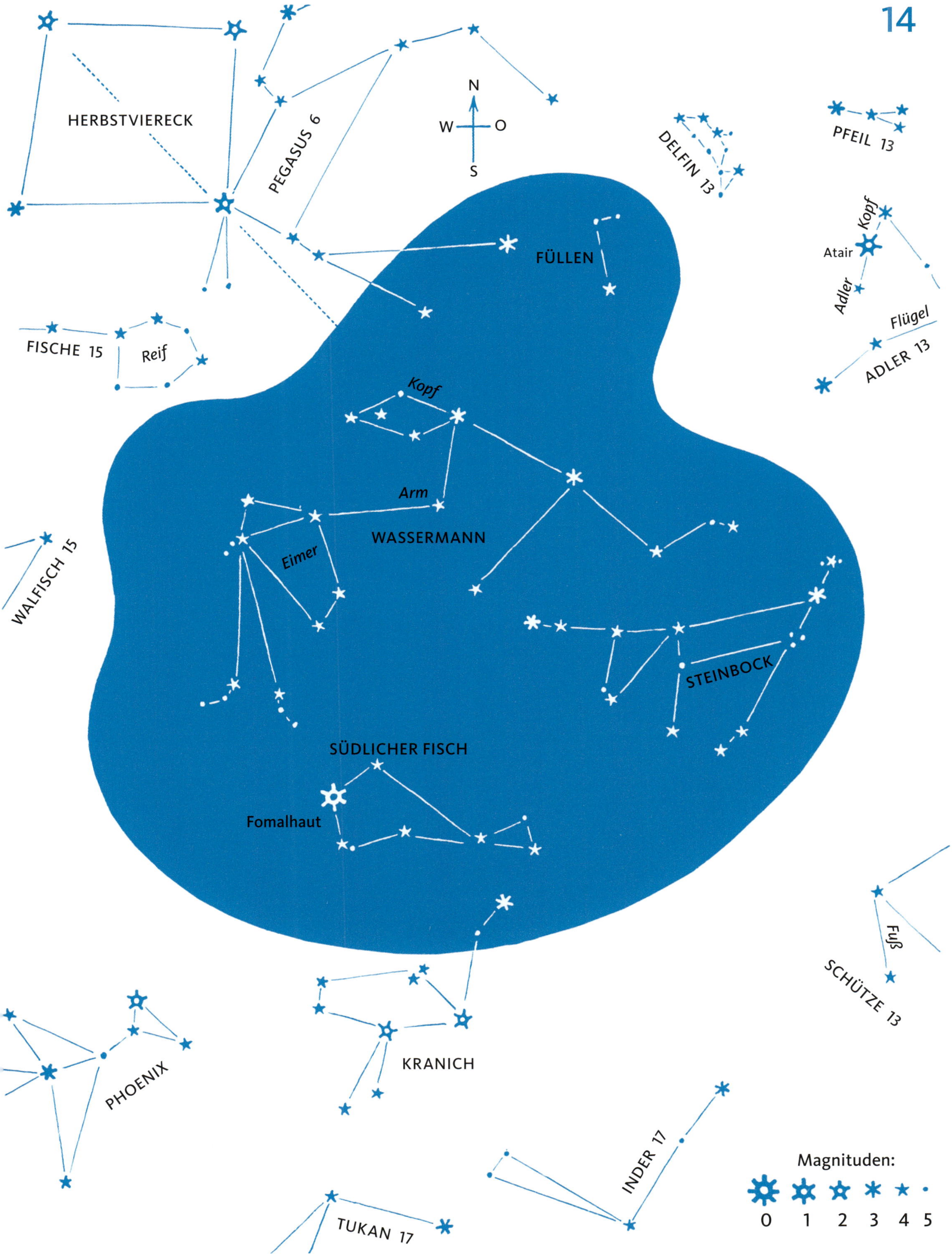

HERBSTVIERECK
PEGASUS 6
N
W
O
S
DELFIN 13
PFEIL 13
FÜLLEN
Kopf
Atair
Adler
Flügel
ADLER 13
FISCHE 15
Reif
Kopf
Arm
WASSERMANN
Eimer
WALFISCH 15
STEINBOCK
SÜDLICHER FISCH
Fomalhaut
Fuß
SCHÜTZE 13
KRANICH
PHOENIX
INDER 17
TUKAN 17
Magnituden:
0 1 2 3 4 5

Fische, Walfisch

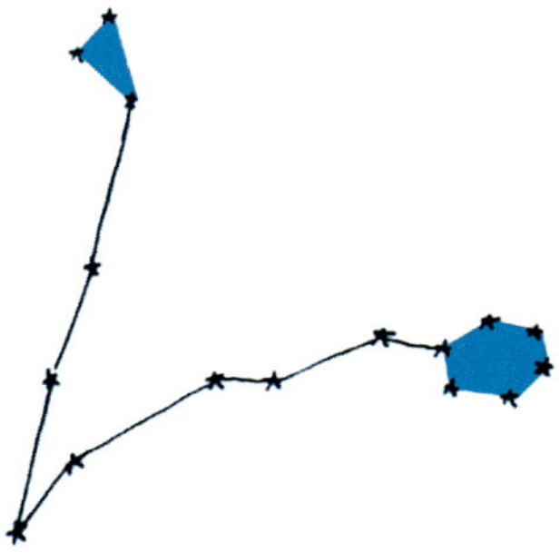

Fische (Pisces): Ebenso großes wie lichtschwaches Sternbild; direkt neben dem Krebs gelegen, dem schwächsten aller Sternbilder im Tierkreis. Das ganze ähnelt zwei Fischen, die an zwei Angelleinen hängen, die ihrerseits durch einen *Knoten* miteinander verbunden sind. Der *Nördliche Fisch* hat die Form eines Dreiecks und wird aus drei schwach schimmernden Sternen gebildet, die sich südlich von Andromedas Hüfte befinden. Der *Westliche Fisch* oder *Reif* ist etwas heller. Sein kreisförmiger Umriss ist in klaren Nächten leicht auszumachen, direkt unterhalb der südlichen Seite des großen Herbstvierecks. Um zum Knoten zu gelangen, zieht man am besten eine Linie vom helleren Fuß der Andromeda zum Kopf des Widders und geht von dort noch einmal genau so weit in dieselbe Richtung.

Das auf der Karte vermerkte γ, links vom Ring, gibt den *Frühlingspunkt* an (mehr dazu auf Seite 127, Abbildung 19). Auch der astronomische *Null(»Stunden«)meridian* (die himmlische Entsprechung des geographischen »Greenwich« oder Null(»Grad«)meridians (siehe Seite 119) läuft durch diesen Punkt beziehungsweise wird sogar durch diesen Punkt definiert. Er verläuft mehr oder weniger auf der Linie, die vom Polarstern über den letzten Stern des Kassiopeia-W, längs der östlichen Seite des Herbstvierecks auf die Schnauze des Walfischs trifft.

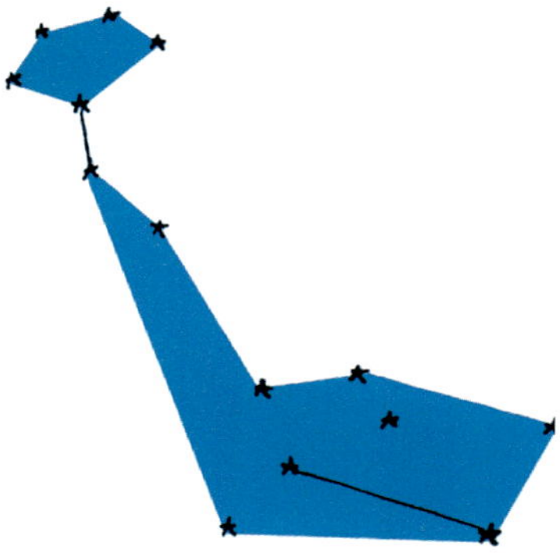

Walfisch (Cetus): Sehr weiträumiges, nur undeutlich sich abzeichnendes Sternbild. Von Neptun ausgesandt, um Andromeda zu verschlingen (siehe Anmerkung Karte 2), schwimmt der Wal südlich von diesem Sternbild am Himmel, wird jedoch durch die Fische daran gehindert, seinem angeketteten Opfer zu nahe zu kommen. Seine Nasenspitze liegt auf dem Nullmeridian (siehe oben) und ist schon allein deshalb leicht aufzuspüren, weil sich in ihrer Nähe so wenige Sterne befinden, dass selbst die etwas schwächeren sich bemerkbar machen. Ein Stern der 2. Größenklasse markiert das große Maul des Wals, ein kleines Stückchen unterhalb der Nase. Die Schwanzflosse deutet auf die Plejaden.

Der Wal beherbergt *Mira* (lat. wunderbar), einen berühmten Bedeckungs-veränderlichen. Dieser verwandelt sich über einen Zeitraum von 331 Tagen von einem Stern der zehnten Kategorie (dann ist er ohne Glas nicht zu erkennen!) in einen der 3. Größe und wieder zurück, was zur Folge hat, dass er sich unseren Blicken zumeist entzieht. Der Einzelstern der 4. Größenklasse unterhalb des Walfischs ist der einzige von uns aus sichtbare Hinweis auf das neuzeitliche Sternbild *Bildhauer,* dessen restliche Sterne schwach sind, und deshalb auf unserer Karte nicht verzeichnet sind.

Walfisch und Fische gehören zu den Sternbildern des »Wasserlochs« (siehe Anmerkung Karte 14). Da erscheint es nur als folgerichtig, dass sie ihren höchsten Stand an unserem Himmel ausgerechnet im November erreichen, dem Monat, der auch in unseren Breiten traditionell zu den verregneten gehört.

Der schwach leuchtende Stern im Mundwinkel des Walfischs ist *Tau Ceti,* der drittnächste Stern, den man hierzulande mit dem bloßen Auge erkennen kann (nur Sirius und Procyon sind noch näher). Er ist gerade mal zwölf Lichtjahre von uns entfernt und verfügt bloß über ein Drittel bis die Hälfte der Leuchtkraft unserer Sonne. Nachdem wir bis jetzt eigentlich ausschließlich über Sterne berichtet haben, deren Leuchtkraft diejenige der Sonne um ein Vielfaches übertreffen, ist es ja auch höchste Zeit, uns auch mal einen Stern vorzunehmen, bei dem das anders ist. Die hell leuchtenden Sterne werden von uns eh schon so sehr ins rechte Licht gerückt, dass der falsche Eindruck entstehen könnte, unsere Sonne gehöre zu den Versagern der Sternengesellschaft. Dabei ist sie durchaus guter Durchschnitt. Von den 20 Sternen, die weniger als 13 Lichtjahre von uns entfernt sind, leuchten bloß zwei heller (Sirius und Procyon) – alle anderen sind gleich hell (ein einziger) oder schwächer. Kein Grund also, nun auch noch an unserem Sonnensystem herumzunörgeln!

Bester Beobachtungszeitpunkt:
Walfisch und *Fische:* Oktober bis Januar.
Monatssternenkarten 1, 9, 10, 11 und 12.

PERSEUS 7
Algol
ANDROMEDA 6
N
O
W
S
DREIECK 6
NÖRDLICHER FISCH
Plejaden
WIDDER 7
HERBSTVIERECK
PEGASUS 6
FISCHE
Schwanz-
flosse
Knoten
Reif
WESTLICHER FISCH
γ
Mira
FLUSS
ERIDANUS 9
Tau Ceti
WALFISCH
WASSERMANN 14
Eimer
Fomalhaut
BILDHAUER
SÜDLICHER FISCH 14
PHOENIX 14
Magnituden:
0 1 2 3 4 5

Sternbilder des Südens 1

Die Sternbilder auf dieser und der nächsten Karte liegen in der Nähe des südlichen Himmelspols und befinden sich selbst um den 40. Breitengrad herum, das heißt auf der Höhe von Sardinien oder Thessaloniki noch außerhalb unserer Sichtweite. Erst südlich davon schieben sie sich nach und nach in unser Blickfeld, und jenseits des Äquators sind sie dann alle über eine gewisse Zeitspanne der Nacht hinweg zu beobachten.

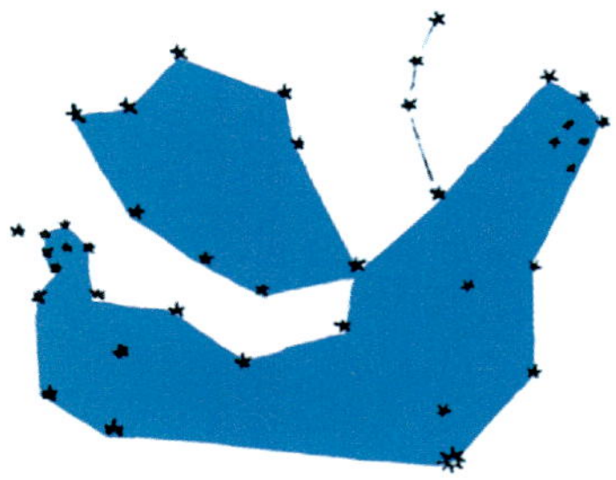

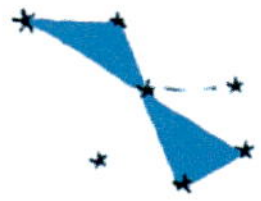

Schiff: Majestätische Gruppierung, die aus vier Sternbildern besteht: *Schiffskiel (Carina), Achterdeck (Puppis), Segel (Vela)* und *Kompass (Pyxis).* Eigentlich gehören sie natürlich zusammen: das Schiff Argo, mit dem sich der griechischen Sage zufolge Jason und die Argonauten nach Kolchis aufmachten, um das Goldene Vlies zu erobern. Wenn das Schiff hoch am Himmel steht, kann man es recht gut erkennen, und die Mühe lohnt sich. Sein hervorstechendster Punkt *Canopus* ist der nach Sirius zweithellste Stern am gesamten Himmel. Ungefähr 14 000-mal so leuchtstark wie die Sonne steht er gelblich weiß am Firmament, knapp über 300 Lichtjahre von uns entfernt und dient dementsprechend auch den irdischen Seeleuten schon seit Urzeiten als Navigationsstern. Offiziell hat das Schiff keinen Bug, aber der östliche Teil des Kiels hilft mit allem aus, sogar mit einer Galionsfigur. Im Heck markiert eine kleine Sternengruppe den Achtersteven, wohingegen der Kompass eher an eine riesige Ruderpinne erinnert. Vielleicht ist das auch der Grund dafür, dass die Argo sich rückwärts über den Himmel bewegt, von Ost nach West, so als habe sie es versäumt, sich nach Canopus auszurichten und versuche nun diesen Navigationsfehler auszugleichen. Die zentrale Gruppe der vier durch gestrichelte Linien miteinander verbundenen Sterne sieht dem benachbarten Kreuz des Südens sehr ähnlich, wird häufig mit diesem verwechselt und demzufolge auch *Falsches Kreuz* genannt.

Bis auf Zentaur, Schiff, Wolf und Altar handelt es sich bei ihnen ausschließlich um neuzeitliche Sternzeichen, und die meisten sind eher unscheinbar. Auf den Monatssternenkarten von Seite 78 bis Seite 101 kann man nachgucken, wann sie am besten zu beobachten sind. Sollte sich jemand südlich des 25. Breitengrads aufhalten, dann kann er sich anhand der Karten 14 bis 16 orientieren.

Zu den schwächeren Sternbildern in dieser Himmelsregion gehören zwei weitere Fische: *Fliegender Fisch (Volans)* und *Schwertfisch (Dorado);* ein Vogel: *Taube (Columba);* ein Reptil: *Kleine Wasserschlange (Hydrus),* schmächtiger männlicher Gefährte von Hydra; sowie vier Bilder aus dem Bereich des Gegenständlichen: die *Staffelei (Pictor*),* das für den Schwertfisch etwas zu klein geratene *Netz (Reticulum),* die *Pendeluhr (Horologium)* sowie der aus bloß einem einzigen Stern der 4. Größenklasse bestehende *Chemische Ofen (Fornax).* Schon interessanter ist *Achernar,* ein Stern der 1. Größenklasse ganz am südlichen Ende des *Fluss Eridanus.* So um die 140 Lichtjahre von uns entfernt, leuchtet er bläulich weiß mit 3000-facher Sonnenkraft.

Eine ganz spezielle Attraktion dieser Himmelsregion sind die beiden nach dem portugiesischen Seefahrer benannten *Magellan'schen Wolken,* die *Große* und die *Kleine.* Silbernen Flecken gleich, sehen sie aus wie versprengte Teile der Milchstraße. Es handelt sich dabei um Zwerggalaxien, die jeweils aus Millionen von Sternen bestehen. Kleine Begleiter unserer eigenen Galaxis oder Milchstraße (siehe ab Seite 161) – klein natürlich nur bezogen auf Galaxien: 25 000 Lichtjahre ausgedehnt die eine, 10 000 die andere und ca. 170 000 beziehungsweise 200 000 Lichtjahre von uns entfernt. Sie erheben sich bereits um den 15. nördlichen Breitengrad herum über den Horizont; um sie wirklich gut beobachten zu können, muss man allerdings den Äquator überqueren.

* Das lateinische Wort Pictor heißt Maler. Ursprünglich hieß das Sternbild Equuleus pictoris (Staffelei des Malers), und dieser Name – kurz Staffelei – passt eigentlich wesentlich besser zum dreieckigen Umriss dieser Konstellation.

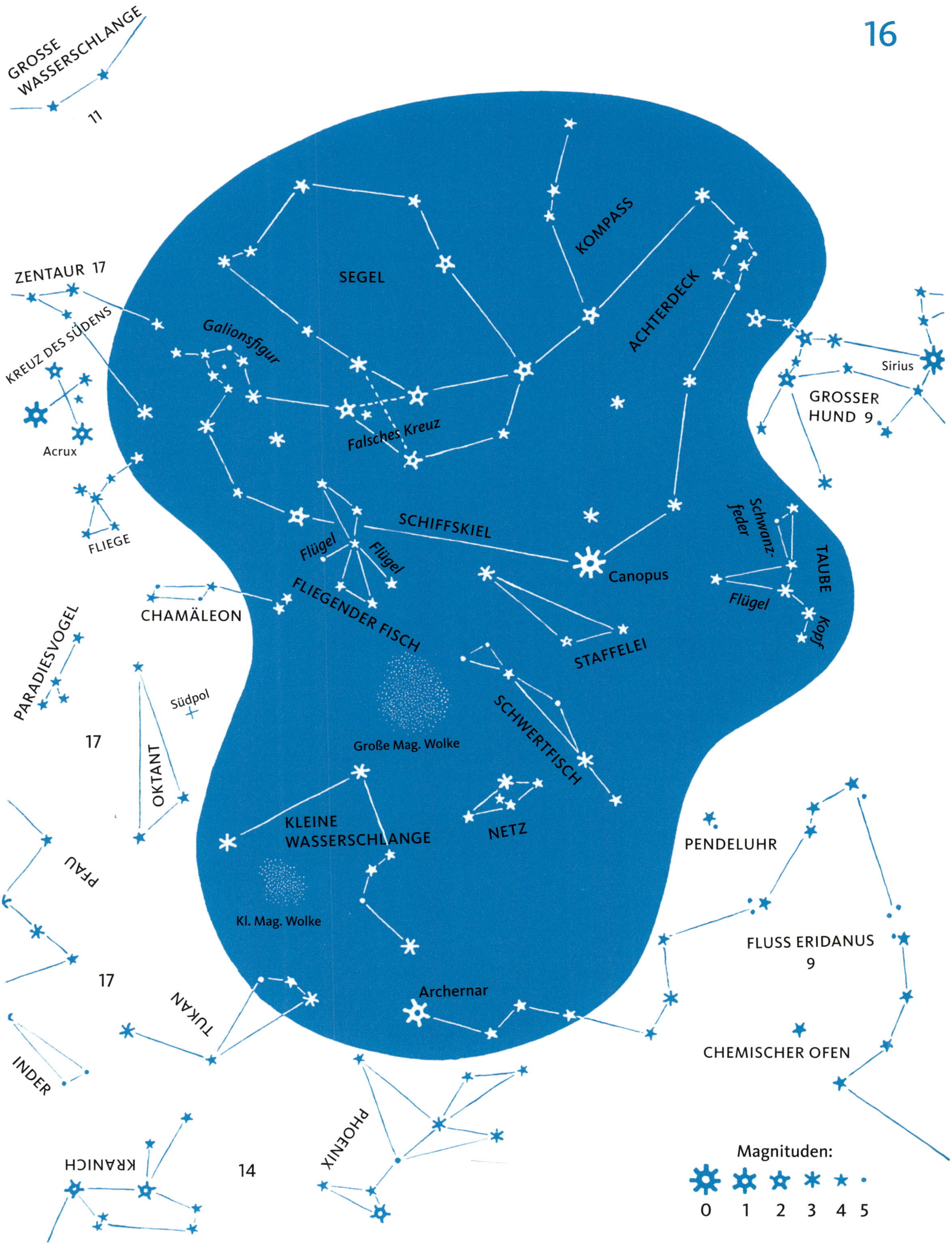
GROSSE WASSERSCHLANGE
11
ZENTAUR 17
KREUZ DES SÜDENS
Acrux
FLIEGE
CHAMÄLEON
PARADIESVOGEL
Südpol
17
OKTANT
PFAU
17
INDER
TUKAN
KRANICH
14
PHOENIX
SEGEL
KOMPASS
ACHTERDECK
Galionsfigur
Falsches Kreuz
SCHIFFSKIEL
Flügel
Flügel
FLIEGENDER FISCH
Canopus
STAFFELEI
Große Mag. Wolke
SCHWERTFISCH
KLEINE WASSERSCHLANGE
NETZ
Kl. Mag. Wolke
Archernar
Sirius
GROSSER HUND 9
Schwanz-feder
TAUBE
Flügel
Kopf
PENDELUHR
FLUSS ERIDANUS
9
CHEMISCHER OFEN
Magnituden:
0 1 2 3 4 5

Sternbilder des Südens 2

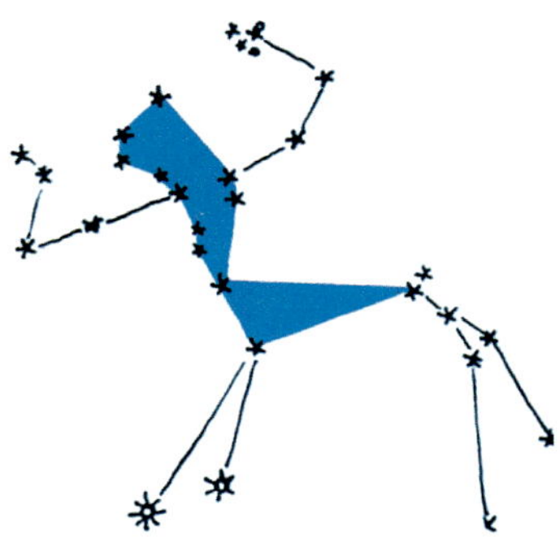

Zentaur (Centaurus): Ebenso großes wie beeindruckendes Sternbild. Bei weitem nicht so schwer zu erkennen, wie sein komplexer Umriss befürchten lässt. Halb Pferd, halb Mann soll es sich bei Zentaur um Cheiron handeln, den Lehrer des Argonauten Jason. Zwei Sterne der 1. Größenklasse markieren die Hufe seiner Vorderfüße: der gelblich orange leuchtende *Alpha Centauri**, der hellere der beiden und eigentlich ein Doppelstern, ist der dritthellste Stern an unserem Himmel, hat in etwa die anderthalbfache Leuchtkraft unserer Sonne, ist ca. 4,3 Lichtjahre entfernt und damit der uns am nächsten gelegene helle Stern am Firmament. Der bläulich scheinende *Beta Centauri* ist ein Doppelstern, ca. 50 000-mal so hell wie die Sonne und scheint uns bloß deshalb der dunklere zu sein, weil er sich mehr als 500 Lichtjahre weiter weg von uns befindet als sein Mitstreiter.

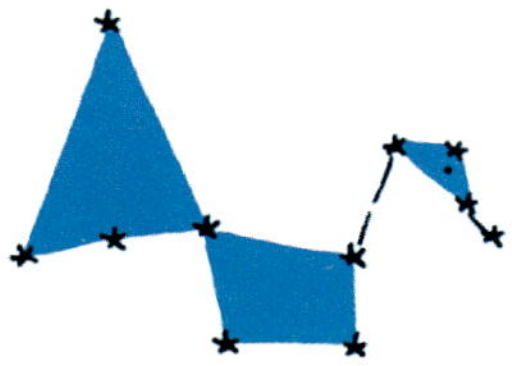

Kreuz (des Südens) (Crux): Klein**, aber berühmt. Sein längerer Balken weist ziemlich genau auf den Himmels-Südpol, der leider nicht, wie seine nördliche Entsprechung, durch einen gut sichtbaren Stern (Polaris) gekennzeichnet ist. Vorsicht vor dem *Falschen Kreuz* (siehe Seite 62), das allerdings etwas größer ist, weniger hell und auch nicht in Richtung Südpol deutet. Zwei Sterne des echten Kreuzes leuchten bläulich und gehören der 1. Größenklasse an: Alpha, der hellere der beiden, ist ein Mehrfachstern namens *Acrux* (Leuchtkraft: das insgesamt 16 000- bzw 25 000-fache der Sonne) und befindet sich ca. 320 Lichtjahre von uns entfernt. Der Stern Beta Crucis oder *Becrux** ist noch mal knapp 40 Lichtjahre weiter weg als Alpha. »Crux« ist das lateinische Wort für Kreuz. Dass es »südlich« ist, wird ursprünglich nicht erwähnt. Schließlich gibt es auch kein Kreuz des Nordens. Bei der Sternengruppe im Schwan, die von manchen so genannt wird, handelt es sich bloß um einen Asterismus oder ein Sternenmuster und nicht um ein Sternbild. Aber »Kreuz des Südens« hat solch einen romantischen Beigeschmack und ist so weit verbreitet, dass wir nicht daran rumkritteln wollen. Besucher aus nördlicheren Gefilden sind allerdings oftmals enttäuscht, wenn sie es das erste Mal am Himmel erspähen: es ist kleiner als erwartet und ähnelt einem kleinen Papierdrachen mehr als einem Kreuz.

Nur drei der restlichen Sternbilder in dieser Himmelsregion verfügen über Sterne, die zumindest der 2. Größenklasse angehören: der *Pfau (Pavo),* der vornehmlich aus einem quadratischen Körper und einem dreieckigen Schwanz besteht, das *Südliche Dreieck (Triangulum Australe),* größer und heller als sein nördlicher Namensvetter, und der *Wolf (Lupus).* Letzterer schnürt unter einem der Arme des Zentauren hindurch, und fast sieht es so aus, als wolle dieser ihn am Schopfe packen. Die *Fliege (Musca),* eine muntere kleine Gruppe in der Nähe des Kreuzes, ist das einzige Insekt am Himmel. Der *Oktant (Octans)* umfasst eigentlich auch den nicht durch einen Stern repräsentierten südlichen Himmelspol. Bei dem von mir gewählten Umriss steht dieser allerdings leicht im Abseits. In der Nähe des Dreiecks liegen noch zwei Utensilien eines technischen Zeichners: *Zirkel (Circinus)* und *Winkelmaß (Norma).* Der *Paradiesvogel (Apus)* kann es leider nicht im Mindesten mit der Pracht seines irdischen Verwandten aufnehmen. Ein eng beieinanderliegendes Sternenpaar markiert die Augen beziehungsweise den Kopf des *Chamäleons.* Der *Tukan (Tucana)* sollte einen mächtigen Schnabel haben, also habe ich ihm einen gegeben. Der *Inder (Indus)* outet sich als Freund der von Kolumbus an seiner statt entdeckten Indianer und zeigt sich als Tomahawk. Das aus zwei Sternen der 4. Größenklasse zusammengesetzte *Fernrohr (Telescopium)* liegt ein wenig verloren vor dem *Altar* herum, einem unregelmäßigen Fünfeck aus acht Sternen, von denen die zwei inneren das Flämmchen symbolisieren.

* Die Kleinbuchstaben des griechischen Alphabets gefolgt vom Genitiv des lateinischen Namens des Sternbilds dienen den Astronomen zur Kennzeichnung der Sterne dieser betreffenden Konstellation, und zwar mehr oder weniger ihrer Helligkeit nach. Daneben haben viele Sterne aber auch noch richtige Namen: Alpha Leonis, zum Beispiel – der Stern α im Löwen also –, heißt Regulus; Beta Cygni – β im Schwan – hört auf den Namen Albireo usw.

** Das Kreuz ist die kleinste aller auf dieser Karte versammelten Konstellationen. Wenn andere Sternbilder den Anschein erwecken, kleiner zu sein, so liegt das bloß daran, dass sie über weniger helle Sterne verfügen.

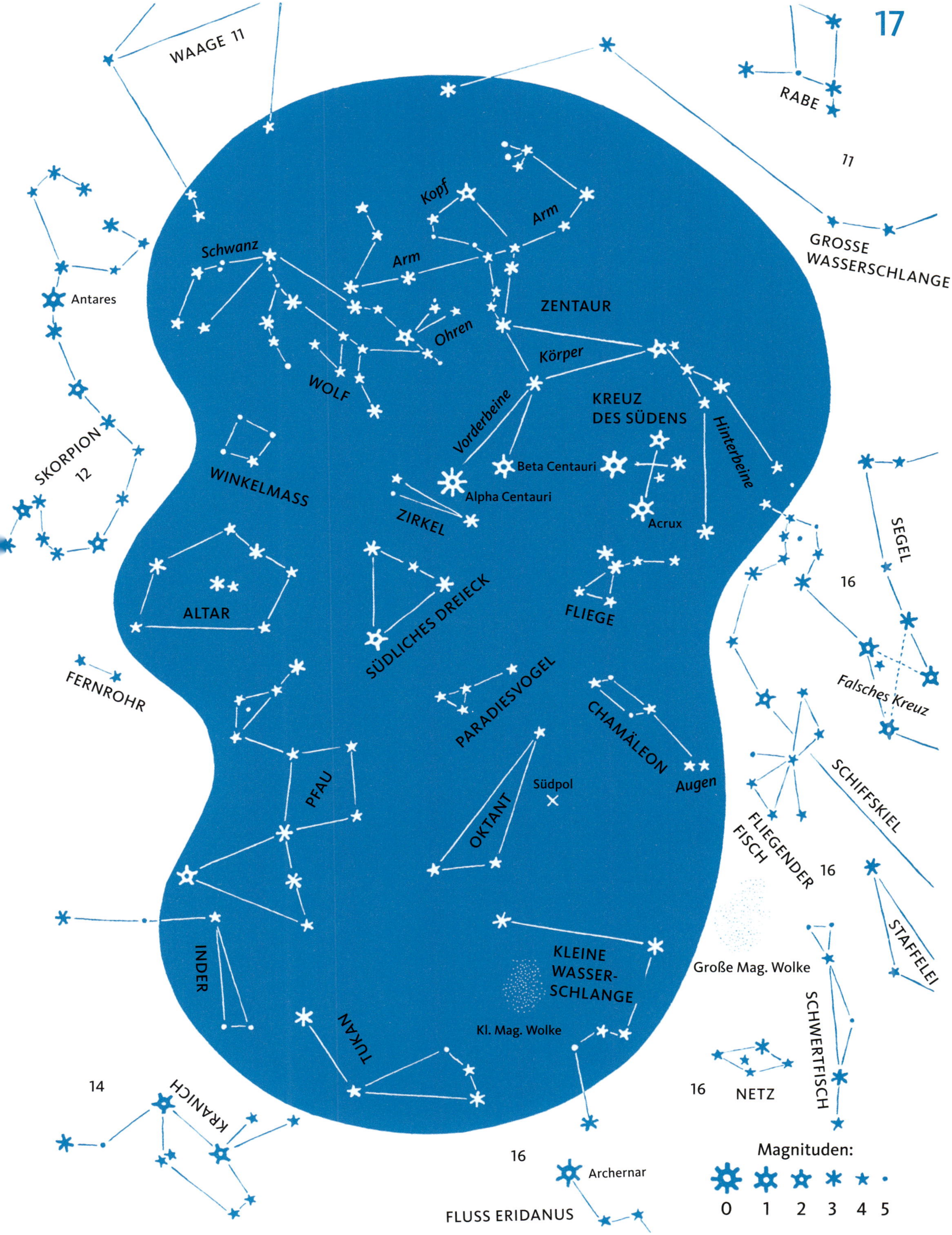
WAAGE 11
RABE
11
GROSSE WASSERSCHLANGE
Antares
SKORPION 12
Kopf
Arm
Arm
Schwanz
ZENTAUR
Ohren
WOLF
Körper
Vorderbeine
KREUZ DES SÜDENS
Hinterbeine
WINKELMASS
Beta Centauri
Alpha Centauri
ZIRKEL
Acrux
SEGEL
16
ALTAR
SÜDLICHES DREIECK
FLIEGE
FERNROHR
Falsches Kreuz
PARADIESVOGEL
CHAMÄLEON
PFAU
Südpol
Augen
SCHIFFSKIEL
OKTANT
FLIEGENDER FISCH
16
STAFFELEI
INDER
KLEINE WASSER-SCHLANGE
Große Mag. Wolke
TUKAN
Kl. Mag. Wolke
SCHWERTFISCH
14
KRANICH
16
NETZ
16
Archernar
Magnituden:
0 1 2 3 4 5
FLUSS ERIDANUS

Dritter Teil

Das Sternenjahr

Das Sternenjahr

Die zwölf **Sternkalenderblätter** auf den Seiten 78 bis 101 zeigen auf, wo und wann sich ein Sternbild im Verlaufe einer Nacht an unserem Himmel (er)blicken lässt, das gesamte Jahr hindurch und jedes Jahr wieder aufs Neue. Als Referenzstandort haben wir uns für den 50. Breitengrad Nord entschieden, der Deutschland auf der Höhe von Frankfurt am Main durchquert und in etwa die Mitte bildet zwischen Flensburg im Norden (55° Nord) und der Schweizer Grenze zu Italien im Süden (46° Nord). Wie es weiter nördlich, das heißt also in Skandinavien, Schottland oder Island aussieht, erfährt man auf den Seiten 102, einen Überblick über den Mittelmeerraum und Afrika kann man sich ab Seite 104 verschaffen.

Dass wir uns dabei nicht einfach mit einer einzigen Karte behelfen können, liegt daran, dass sich das, was wir an unserem Himmel jeweils sehen, fortwährend verändert, wenn auch nur sehr langsam, und zwar in dem Maße, in dem sich die Sterne um den Pol zu bewegen scheinen. Um sich dieser Bewegung bewusst zu werden, muss man bloß innerhalb von zwei, drei Stunden ab und zu mal zum Himmel schauen: Sterne, die man beim ersten Blick noch im Westen hat ausmachen können, sind zwei Stunden später bereits hinter dem Horizont verschwunden, Sterne, die anfangs im Zenit standen, haben sich ein beträchtliches Stück in Richtung Westen bewegt, und im Osten entdeckt man nach einer Weile Sterne, von denen kurz zuvor noch weit und breit nichts zu sehen war. So geht das pausenlos.

Und das, was wir am Himmel erblicken, verändert sich nicht bloß von Stunde zu Stunde – es verändert sich auch von Nacht zu Nacht, von Monat zu Monat, von Jahreszeit zu Jahreszeit. Der Himmel im Januar sieht anders aus als der im April, das Sterntheater eines lauen Sommerabends wird von einem anderen Sternenensemble aufgeführt als das in einer klaren Winternacht.

Woran das liegt? An gerade mal vier Minuten. Die scheinbare Kreisbewegung der Sterne um den Pol dauert nicht 24 Stunden, sondern nur 23 Stunden und 56 Minuten: vier Minuten weniger als ein Tag und eine Nacht also. Dementsprechend gehen die Sterne jeden Tag vier Minuten früher auf als am Tag zuvor.*

Gäbe es nicht diese Lücke von vier Minuten, dauerte die komplette Sternenrunde also genau 24 Stunden, sähen wir die Sterne zu einer bestimmten Stunde immer an genau derselben Stelle – Nacht für Nacht – und Sternegucken wäre die einfachste (vielleicht aber auch langweiligste) Sache der Welt.

* Wir wollen diese Tatsache (die jeder ohne große Schwierigkeiten nachprüfen kann) hier einfach mal so zur Kenntnis nehmen. Warum das so ist, erfahren Sie auf Seite 130.

Vier Minuten am Tag klingt eigentlich nicht nach viel, aber da läppert sich ganz schön schnell was zusammen: in einem Monat schon 30 mal vier Minuten, das heißt volle zwei Stunden. Mit anderen Worten: In nur einem Monat gehen die Sterne bereits zwei Stunden früher auf als heute. *Ein Monat später = zwei Stunden früher* lautet denn auch die einfache Formel, auf der unser gesamter Sternenfahrplan basiert.

Zwei Stunden pro Monat machen vierundzwanzig Stunden im Jahr – das heißt nach einem Jahr beginnt der Kreislauf von neuem, Jahr für Jahr für Jahr. Dieses Jahr am 12. November um 21 Uhr präsentiert sich der Sternenhimmel also exakt so wie am 12. November um 21 Uhr im letzten Jahr. Oder im nächsten.

Wenn wir einen bestimmten Stern, der am 7. April um 21 Uhr aufgeht und in derselben Nacht um 4 Uhr früh wieder untergeht, durch das Jahr begleiten, dann heißt das:

---

7. April: geht um 21 Uhr auf und um 4 Uhr früh unter.
Man sieht ihn die ganze Nacht lang.
7. Mai: geht um 19 Uhr (bei Tageslicht!) auf und um 2 Uhr früh unter.
7. Juni: geht um 17 Uhr auf und um Mitternacht unter.
7. Juli: geht um 15 Uhr auf und um 22 Uhr unter.
Man erhascht bloß noch einen kurzen Blick auf ihn.

Ab jetzt verliert der Stern den Kontakt zur Nacht, und man sieht ihn überhaupt nicht mehr:
7. August: geht um 13 Uhr auf und um 20 Uhr unter.
7. September: geht um 11 Uhr auf und um 18 Uhr unter.
7. Oktober: geht um 9 Uhr auf und um 16 Uhr unter.
7. November: geht um 7 Uhr auf und um 14 Uhr unter.

Sozusagen durch die Hintertür (der frühen Morgenstunden) taucht der Stern wieder am nächtlichen Himmel auf, wenn auch zunächst erst ganz kurz vor der Morgendämmerung:
7. Dezember: geht um 5 Uhr auf und um 12 Uhr mittags unter.
7. Januar: geht um 3 Uhr auf und um 10 Uhr unter.
7. Februar: geht um 1 Uhr auf und um 8 Uhr unter.
7. März: geht um 23 Uhr auf *(zu einer relativ zivilen Zeit also)* und um 6 Uhr unter.
7. April: geht um ... *(siehe oben!).*

Wie man sieht, ist dieser Stern am besten in den Monaten März, April und Mai zu beobachten, ein typischer Frühlingsstern also. Dementsprechend reden wir von Sommer-, Herbst- und Wintersternen beziehungsweise -sternbildern oder dem Frühlings-, Sommer-, Herbst- und Winterhimmel*.

Wenn wir von einem Frühlingsstern sprechen, bedeutet das nicht automatisch, dass er sich nicht auch zu anderen Jahreszeiten entdecken ließe. Allerdings nicht zu der uns angenehmsten Beobachtungszeit, das heißt in den Stunden vor Mitternacht. Sollte es also jemand im Januar gar nicht mehr erwarten können, ein bestimmtes Frühlingssternbild zu betrachten, dann muss er sich bloß statt bis um 23 Uhr (im März) bis 3 Uhr früh gedulden. Wenn jetzt noch der Himmel mitspielt und sich ohne Wolken oder Nebel präsentiert, dann wird unser Freund es schon im Winter genießen können – sein ersehntes Frühlingszeichen.

* Der Himmel ist im Winter noch beeindruckender als zu den anderen Jahreszeiten. Zum einen, weil kalte Luft trockener und demzufolge klarer ist als warme, zum anderen, weil sich uns am Winterhimmel die sternenreichste Himmelsregion offenbart. Die Sternbilder sind nicht gleichmäßig über den Himmel verteilt, und es gibt Regionen, die stärker bedacht sind, und solche, bei denen es in puncto Konstellationen eher mau aussieht.

Ewiger Sternkalender: Die Veränderungen, denen der Sternenhimmel im Verlaufe eines Kalenderjahrs unterworfen ist (Monat für Monat ebenso wie alle zwei Stunden im Verlauf einer jeden Nacht), kann man auf den Sternkalenderblättern 1 bis 12 nachverfolgen. Aus dem Ewigen Sternkalender auf Seite 76* erfährt man mit einem Blick, welches der monatlichen Sternkalenderblätter das jeweils richtige ist. Das hängt von der für das Beobachten gewählten Stunde ebenso ab wie vom Datum. Wenn wir die Sterne zum Beispiel am 15. Januar betrachten wollen und das schon um 20 Uhr, dann rät uns der Ewige Kalender, das Sternkalenderblatt 1 auszuwählen. Wollen wir mit dem Beobachten jedoch erst um 22 Uhr anfangen, müssen wir das zweite Blatt aufschlagen und um Mitternacht Blatt Nummer 3. Erfahrungsgemäß vergeht die Zeit beim Sternegucken sehr schnell, und so wird es sicher mehr als einmal nötig sein, im Verlaufe einer Nacht gleich mehrere Kalenderblätter zu Rate zu ziehen.

Die Sternkalenderblätter: Die Sternkalenderblätter auf den Seiten 78 bis 101 gibt es jeweils gleich zweimal: Links sieht man die Sterne so, wie sie sich am Himmel zeigen – rechts inklusive der Verbindungslinien, die sie zu Stern»bildern« machen. Zur Vorbereitung auf das eigentliche Beobachten im Freien hat es sich als sinnvoll erwiesen, die rechts markierten Sternbilder zunächst einmal auch auf der linken Seite ausfindig zu machen. Das sollte man über einen längeren Zeitraum betreiben, wann immer man eine freie Minute dafür findet. Auch wenn sich das anfänglich nicht ganz einfach umsetzen lässt – für das spätere Auffinden der Sterne und Bilder am »richtigen« Himmel ist diese Übung Gold wert. Außerdem macht dieses Suchspielchen schon nach kurzer Zeit ziemlich viel Spaß, zumal einem das Wetter dabei nie einen Strich durch die Rechnung ziehen kann.

Welche Sterne man im Freien sieht, hängt natürlich nicht bloß von Datum und Uhrzeit ab, sondern auch vom Breitengrad, von dem aus man die Sterne beobachtet. Da sich der für dieses Buch maßgebliche deutschsprachige Raum jedoch in nord-südlicher Richtung gerade mal über eine vergleichsweise kleine Strecke von gut 1000

* Der Ewige Sternkalender bezieht sich bloß auf die Sternkalenderblätter 1 bis 12. Die Kalenderblätter 13 bis 16 zeigen den Jahresverlauf des Sternenhimmels aus der Sicht der dort ausgewählten Breitengrade nur in jeweils vier Phasen und verfügen jeweils über einen eigenen Kalender.

Kilometern hinzieht (das entspricht den neun Breitengraden vom 46. im Süden der Schweiz bis zum 55. an der Grenze zu Dänemark) und eine Abweichung von bis zu fünf Grad für das Beobachten mit dem bloßen Auge keine allzu große Rolle spielt, kann man sich bei den ersten zwölf Kalenderblättern an dem Ausschnitt orientieren, der sich dem Betrachter vom 50. Breitengrad Nord aus bietet. Das entspricht im weitesten Sinne der auch in anderen Zusammenhängen gern zitierten Mainlinie. Wer sich nun mehr als 250 Kilometer nördlich dieser Linie befindet, muss beim Gebrauch unserer Kalenderblätter höchstens mal damit rechnen, dass einer der beschriebenen Sterne (sollte er denn sehr weit im Süden stehen) nicht so recht aus dem direkt über dem Horizont hockenden Dunstwall herauskommt und sich den Blicken eventuell entzieht. Das Gleiche kann natürlich auch passieren, wenn man sich entsprechend weit südlich der Mainlinie aufhält – bloß dass es dann die Sterne ganz im Norden unseres jeweiligen Monatsblattes sind, die sich von Zeit zu Zeit rar machen.

Nun aber ab nach draußen: Der Norden (sprich der Polarstern) sollte ausgehend vom Großen Wagen schnell gefunden sein. Die Sternbilder, die den Polarstern umkreisen, tun dieses das ganze Jahr über, sodass wir uns sehr schnell an sie gewöhnen werden. Dann widmen wir uns zunächst dem westlichen Teil des Himmels (da die Sterne im Osten aufgehen und sich unseren Blicken im Westen wieder entziehen, könnte es uns sonst nämlich passieren, dass einige Sterne schon untergegangen sind, wenn wir ihnen unsere Aufmerksamkeit schenken wollen), danach dem Süden und zuletzt dem Osten. Das Buch (das jeweilige Sternkalenderblatt) sollten wir dabei so vor uns in den Händen halten, dass wir die außerhalb des Kartenrunds markierten Worte »*Westen*«, »*Osten*«, »*Norden*« und »*Süden*« jeweils dann lesen können, wenn wir in die entsprechende Himmelsrichtung blicken. Dann präsentieren sich die Sternbilder auf den Kalenderblättern nämlich genau so, wie wir sie auch über uns am Himmel erkennen können. Am besten, man hält immer zuerst nach den hellsten Sternen Ausschau (sie sind der Einfachheit halber im Text unter jeder Karte noch einmal erwähnt) und wendet sich dann den deutlich sichtbaren Sternbildern zu. Der dadurch gewonnene Überblick hilft einem sehr, auch die undeutlicher sich abzeichnenden Sternbilder aufzuspüren. Die Nummern unter dem Namen der Sternbilder verweisen auf die entsprechenden Sternenkarten, auf denen man sich die ausführliche Beschreibung des jeweiligen Sternbildes bei Bedarf noch mal zu Gemüte führen kann. Übrigens führt es zu besseren Ergebnissen, wenn man sich beim Beobachten der Sterne hinsetzt oder -legt. Außerdem strengt es wesentlich weniger an. Dementsprechend sinnvoll kann es sein, einen Klappstuhl oder eine Decke mitzunehmen. Schaut man längere Zeit im Stehen zum Himmel, kann einem schon sehr bald schwindlig werden, und am nächsten Morgen wacht man mit einem ordentlichen Muskelkater im Nacken auf. Mit Sternbildern, die sich nur knapp über dem Horizont befinden, sollte man sich nicht allzu lange aufhalten: Die Atmosphäre ist in der Nähe der Erdoberfläche sehr viel dichter als weiter oben, was in der Regel dazu führt, dass der Bodendunst die lichtschwächeren Sterne selbst in klaren Nächten einfach von der Bildfläche wischt und die sogar helleren verblassen lässt.

Abbildung 9: Wirkung der Atmosphäre

Was man beachten sollte: Sonne und Mond sehen in der Nähe des Horizonts wesentlich größer aus, als wenn sie im Zenit stehen. Das hängt mit dem Phänomen der sogenannten Mondtäuschung* zusammen und trifft gleichermaßen auf unsere Wahrnehmung der Sternbilder zu. Auch diese scheinen in dem Masse kleiner zu werden, indem sie sich vom Horizont weg in Richtung Zenit bewegen. Nehmen wir zum Beispiel Kassiopeia im August: Wenn sie bei hereinbrechender Nacht über dem Horizont auftaucht, nehmen wir sie als wesentlich größeres W wahr als um Mitternacht, wenn sie sich auf halber Höhe befindet. Noch einmal kleiner erscheint sie uns dann kurz vor der Dämmerung, wenn sie vor ihrem Verblassen fast den Zenit erreicht. Dementsprechend scheinen Sterne im unteren Himmelssegment auch höher zu stehen, als eine Messung ergeben würde. So scheint der Polarstern am Mittelmeer (das heißt so um den 40. Breitengrad herum) genau auf halber Höhe des Himmels zu stehen, obwohl er dem Horizont dort zehn Grad näher ist als dem Zenit.

Manch einer, der gerade erst mit dem Sternegucken anfängt, ist überrascht von den Kapriolen, die die Sternbilder am nächtlichen Himmel zu schlagen scheinen. Genauso wie der Große Wagen auf dem Regenschirm (Seite 24) mal Kopf steht, dann wieder auf den Rädern und zwischendrin aussieht wie an die Wand gelehnt, so zeigen er und die anderen Sternbilder sich uns auch am richtigen Himmel in den unterschiedlichsten Positionen. Um das zu verdeutlichen, blättern wir uns schnell mal durch die Sternkalenderblätter und verfolgen dort den Verlauf eines bestimmten Sternbildes (ein bisschen wie beim Daumenkino): Die Jungfrau, zum Beispiel, zeigt uns auf ihrem (auf den Kalenderkarten 2 bis 7 dokumentierten) Weg über das Firmament zunächst den Kopf, macht es sich dann rücklings am Himmel bequem, bevor sie uns mit in die Luft gestreckten Füßen wieder verlässt. Oder die Zwillinge: Wie auf einem Tandem-Skateboard rutschen sie auf Blatt 11 und 12 ins Bild, umrunden die Himmelsmitte auf den Blättern 1 bis 4 wie in einer Halfpipe und fliegen – Skateboard und Füße voran – aus dem fünften Blatt wieder in ihren Wartestand jenseits des Horizonts. Solche Kunststückchen resultieren allein aus der Tatsache, dass der Himmel sich vor unseren Augen um seine leicht verschobene Himmelsachse dreht.

* Es handelt sich hierbei tatsächlich um eine Täuschung. Misst oder fotografiert man den Mond, so stellt sich heraus, dass er immer die gleiche (scheinbare) Größe hat, egal ob er nun direkt über dem Horizont oder hoch am Himmel steht. Unser Gehirn ist daran gewöhnt, Objekte, die sich zwischen uns und dem Horizont befinden, in ein über die Jahre gelerntes Größenschema zu stecken. Dieses Schema sowie die auf der Erdoberfläche befindlichen Vergleichsobjekte (Baumwipfel, Häusergiebel, Kirchtürme etc.) fehlen, wenn wir den Mond hoch oben am Himmel beobachten. Das ist eine (von mehreren) psychologischen Erklärungen dafür, dass uns Dinge, zu deren Beobachtung wir den Blick gen Himmel heben müssen (nicht bloß der Mond also), kleiner erscheinen als solche in Bodennähe.

Und noch etwas: Wie sie sich so am Himmel präsentieren, scheinen alle Sterne die gleiche Größe zu haben. Egal, ob wir sie mit bloßem Auge betrachten, mit einem Fernglas oder durch ein Teleskop – immer sehen sie aus wie ein Lichtpünktchen. Unterscheiden tun sie sich nur, was ihre Helligkeit anbelangt: manche leuchten sehr hell, andere kommen eher schummerig daher. Auf Himmelskarten benutzt man verschieden große Symbole, um die unterschiedliche Helligkeit der Sterne anzudeuten. Dabei ist jedoch selbst das kleinste Symbol noch erheblich größer, als der hellste von uns aus zu sehende Stern sich in natura am Himmel zeigt. Daraus folgt unter anderem, dass die Sterne auf den Sternkarten wesentlich enger beieinanderzustehen scheinen als draußen am Himmel. Besonders deutlich kann man das am Gürtel des Orion erkennen oder an den drei Sternen, die den Kopf des Adlers markieren.

Planeten: Sollte man einen hellen Stern am Himmel entdecken, der nicht auf der Karte vermerkt ist, handelt es sich dabei aller Wahrscheinlichkeit nach um einen Planeten. Es gibt einen einfachen Grund dafür, Planeten nicht auf den Kalenderblättern und Sternkarten zu verzeichnen: sie haben keinen festen Platz am Himmel, sondern wandern unaufhörlich zwischen den Sternbildern herum.

Von den acht Planeten, die die Sonne umkreisen, können wir fünf mit bloßem Auge erkennen: Merkur, Venus, Mars, Jupiter und Saturn. Merkur ist der Sonne jedoch so nah (ein Drittel der Erdentfernung), dass wir ihn nur wenige Wochen im Jahr für kurze Zeit in der Abenddämmerung verfolgen können. Vom restlichen Quartett ist jedoch eigentlich immer zumindest einer irgendwo zu entdecken, oft auch zwei, drei oder – auch das kommt vor – alle vier.

Zum Glück bewegen sich die Planeten ausschließlich auf »ausgetretenen« Pfaden, und zwar immer durch die Sternbilder des Tierkreises. Dabei entfernen sie sich nie allzu sehr von der Ekliptik. Aus diesem Grund haben wir diese auch auf allen Sternkalenderblättern als gestrichelte weiße Linie vermerkt. Oberhalb und unterhalb dieser Linie lohnt es sich also stets, nach nicht in der Karte verzeichneten hellen Sternen Ausschau zu halten.

Der bei weitem hellste unserer Planeten ist die *Venus* – heller noch als alle Fixsterne. Das erleichtert die Suche nach ihr natürlich in ganz erfreulichem Maße. Zumal sie sich bei ihrer Exkursion über unseren Himmel nie sehr weit vom Horizont entfernt. Sie leuchtet dort entweder im Westen als Abendstern, direkt nach Sonnenuntergang, oder sie zeigt sich, bevor die Sonne aufgeht, als Morgenstern im Osten. Mitten in der Nacht nach der Venus zu suchen ist also zwecklos. Nicht ganz so brillant, aber immer noch heller als jeder Fixstern, präsentiert sich *Jupiter*. Ihn kann man überall finden, hoch am Himmel oder dicht über dem Horizont, im Osten, Süden oder Westen und zu jedem beliebigen Zeitpunkt – beschränkt bloß durch seine Nähe zur Ekliptik. Das gilt genauso für *Mars* und *Saturn*. Dabei strahlt Saturn zwar nie so hell wie Jupiter, entspricht, was seine scheinbare Helligkeit anbelangt, jedoch stets einem Stern der 1. Größenklasse. Im Gegensatz dazu ist die Helligkeit des Planeten Mars starken Schwankungen unterworfen, je nachdem, wie weit von der Erde er sich gerade aufhält*: oft heller als Saturn, stellt er von Zeit zu Zeit sogar Jupiter in den Schatten, bloß um dann wieder lange Zeit zu einem Lichtpunkt zweiter Größe zu verblassen. Unabhängig von seiner jeweiligen Leuchtkraft ist der Mars jedoch immer an seiner roten Färbung zu erkennen. Dabei verraten er sowie

* Die Entfernung zwischen dem Mars und uns variiert im Verhältnis sehr viel stärker als die zwischen der Erde und den anderen Planeten, und zwar von knapp 55 Millionen Kilometern an seinem uns nächsten (und demzufolge hellsten) Platz bis knapp 400 Millionen an seinem erdfernsten Punkt. Jupiters Entfernung von der Erde dagegen schwankt bloß zwischen 589 Millionen und 963 Millionen, diejenige von uns zum Saturn zwischen knapp 1,2 Milliarden und gut 1,6 Milliarden Kilometern.

die restlichen Planeten sich auch dadurch, dass sie erheblich weniger flimmern als die Fixsterne.

Der Anfänger mag die Tatsache, dass die Planeten sich immer auf der Reise befinden, zunächst für einen Nachteil halten. Weiß man jedoch, in welchem der Tierkreis-Sternbilder sie sich jeweils gerade aufhalten, ist die Suche nach den Planeten mit großem Spaß verbunden. Der Planetenkalender auf Seite 48 gibt über ihren jeweiligen Aufenthalt Auskunft. Weitere nützliche Informationen zu den Planeten – ihrer Größe, Entfernung sowie ihren Umlaufzeiten – findet man auf den Seiten 140 und 147

Die *Milchstraße* ist auf unseren Sternkarten als ein aus weißen Pünktchen gerastertes, unregelmäßiges Band gekennzeichnet. Am Himmel danach Ausschau zu halten lohnt sich eigentlich nur in besonders klaren und dunklen Nächten. Schon der geringste Anflug von Dunst beziehungsweise einigermaßen ungebremstes Mondlicht sorgen dafür, dass sie sich unseren Blicken entzieht. Das gilt natürlich erst recht bei Restlicht- und Smogverhältnissen, wie wir sie heutzutage in fast allen größeren Städten vorfinden. Aber wenn sich die Milchstraße am nächtlichen Himmel einmal zeigt, dann setzt sie der Pracht und Herrlichkeit des Firmaments nicht nur die Krone auf, nein, sie hilft uns darüber hinaus ganz wesentlich bei der Suche nach den Sternbildern, die sich auf ihr befinden oder rechts und links von ihr. Mehr über die Milchstraße, beziehungsweise unsere Galaxis auf Seite 161.

Auf die eventuell aufkommende Frage: Kann ich diese Karten bloß hier bei uns im deutschen Sprachraum beziehungsweise in Mitteleuropa benutzen?, gibt es folgende Antwort: Man kann sich dem für uns maßgeblichen Ausschnitt der Sternkalenderblätter überall bedienen, egal ob wir uns in Europa befinden, im Nahen und Fernen Osten oder in Amerika. Das Einzige, was zählt, ist der jeweilige Breitengrad. Das heißt, dass man mit dem für uns maßgeblichen Ausschnitt der zwölf Hauptkarten nicht bloß in Mainz gut bedient ist, sondern auch im Süden Englands und in Teilen der Mongolei, hoch im Norden Japans oder in Kanada. Die Sterne zeigen sich dort ebenso wie bei uns, und zwar jeweils zur gleichen Ortszeit.

So, das sollte erst einmal reichen. Und jetzt: Viel Spaß beim Sternegucken!

Ewiger Sternkalender zum Auffinden des richtigen Sternkalenderblatts

	17 – 18 h	18 – 19 h	19 – 20 h	20 – 21 h	20 – 21 h	22 – 23 h	23 – 0 h
1. Januar	11	11	12	12	1	1	2
16. Januar	11	11	12	1	1	2	2
1. Februar	12	12	1	1	2	2	3
16. Februar		1	1	2	2	3	3
1. März		1	2	2	3	3	4
16. März			2	3	3	4	4
1. April			3	3	4	4	5
16. April			3	4	4	5	5
1. Mai				4	5	5	6
16. Mai				5	5	6	6
1. Juni				5	6	6	7
16. Juni				6	6	7	7
1. Juli				6	7	7	8
16. Juli			6	7	7	8	8
1. August			7	7	8	8	9
16. August			7	8	8	9	9
1. September			8	8	9	9	10
16. September		8	8	9	9	10	10
1. Oktober		8	9	9	10	10	11
16. Oktober		9	9	10	10	11	11
1. Novemer	9	9	10	10	11	11	12
16. November	9	10	10	11	11	12	12
1. Dezember	10	10	11	11	12	12	1
16. Dezember	10	11	11	12	12	1	1

17 – 18 h 18 – 19 h 19 – 20 h 20 – 21 h 20 – 21 h 22 – 23 h 23 – 0 h

Tageslicht oder Dämmerung
keine Sterne sichtbar

Die Zahlen in den blauen Feldern zeigen an, welches Sternkalenderblatt man zu welcher Stunde an welchem Tag benutzen kann (muss) – egal in welchem Jahr.

0–1 h	1–2 h	2–3 h	3–4 h	4–5 h	5–6 h	6–7 h	
2	3	3	4	4	5	5	1. Januar
3	3	4	4	5	5	6	16. Januar
3	4	4	5	5	6	6	1. Februar
4	4	5	5	6	6		16. Februar
4	5	5	6	6	7		1. März
5	5	6	6	7	7		16. März
5	6	6	7	7			1. April
6	6	7	7	8			16. April
6	7	7	8	8			1. Mai
7	7	8	8				16. Mai
7	8	8	9				1. Juni
8	8	9	9				16. Juni
8	9	9	10				1. Juli
9	9	10	10				16. Juli
9	10	10	11				1. August
10	10	11	11	12			16. August
10	11	11	12	12			1. September
11	11	12	12	1			16. September
11	12	12	1	1	2		1. Oktober
12	12	1	1	2	2		16. Oktober
12	1	1	2	2	3		1. Novemer
1	1	2	2	3	3	4	16. November
1	2	2	3	3	4	4	1. Dezember
2	2	3	4	4	4	5	16. Dezember

0–1 h 1–2 h 2–3 h 3–4 h 4–5 h 5–6 h 6–7 h

Tageslicht oder Dämmerung
keine Sterne sichtbar

Alle Stundenangaben in Standardzeit. Während der Sommerzeit eine Stunde abziehen.

Immer auf die Datumszeile zurückgreifen, die dem Beobachtungszeitpunkt am nächsten kommt. Am 24. April um 21.45 Uhr zum Beispiel, guckt man in der Spalte 21.00 – 22.00 in der Zeile für den 1. Mai und sieht: Es gilt das Sternkalenderblatt Nummer 5.

Achtung: Die blauen Felder in dieser Tabelle markieren die ungefähre Länge der Nachtzeiten auf dem 40. nördlichen Breitengrad. Bei uns – also um den 50. Breitengrad herum - sind die längsten Tage sowie die längsten Nächte etwa eine Stunde länger in der Nähe des 30. nördlichen Breitengrads um circa die gleiche Zeitspanne kürzer als in der Tabelle angegeben. Für die Sternkalenderblätter dreizehn bis sechzehn kann man auf die dort angegebenen Zeiten zurückgreifen.

Der Sternenhimmel – Tage und Stunden

1. Jan.	21.00 – 23.00
1. Jan.	20.00 – 22.00
1. Febr.	19.00 – 21.00
15. Febr.	18.00 – 20.00
1. März	Abenddämmerung
16. Sept.	Morgendämmerung

Magnituden:

0 1 2 3 4 5

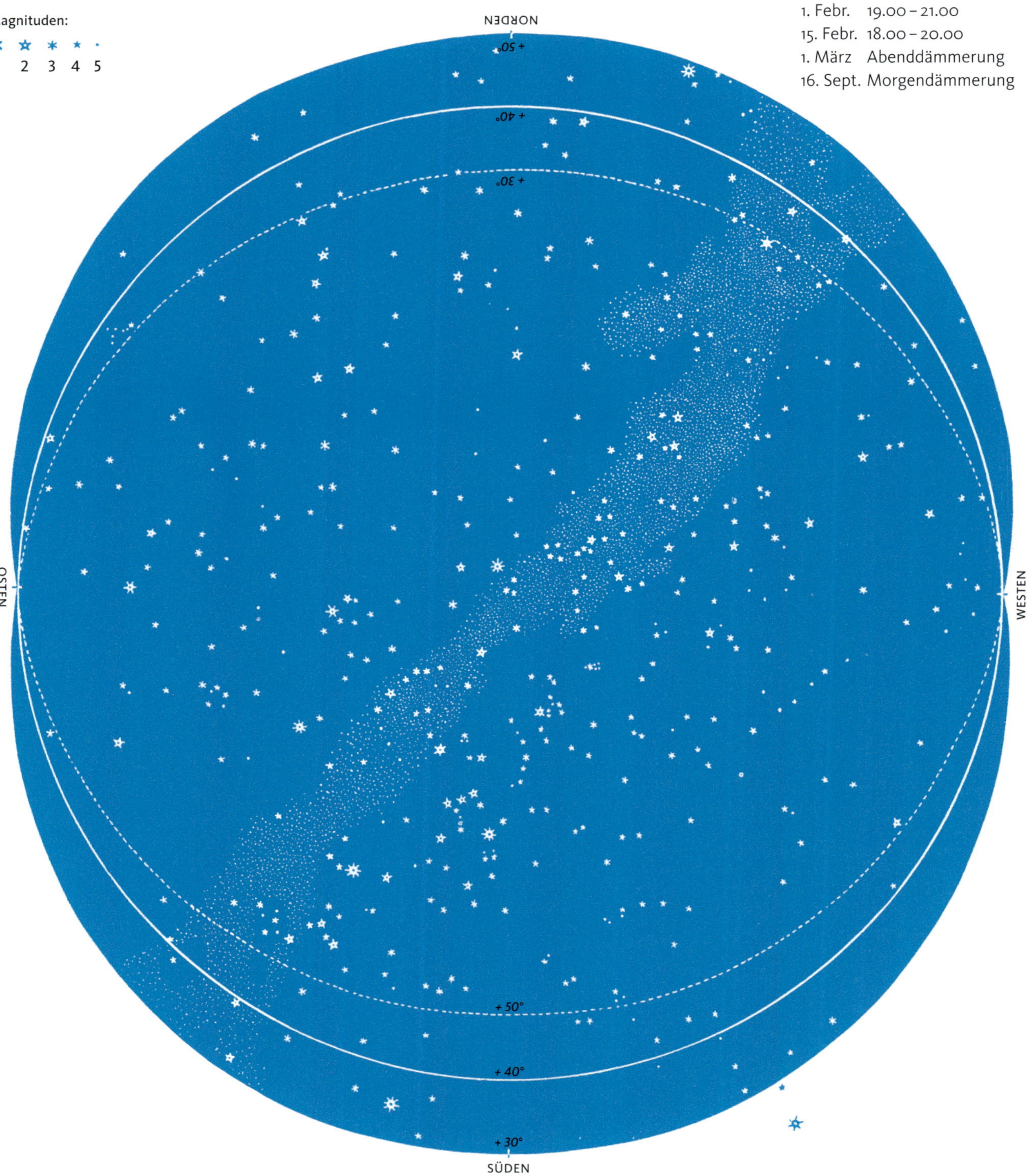

Zu sehen sind zehn Sterne der 1. Größenklasse. In der Reihenfolge ihrer Helligkeit sind das: Sirius im Großen Hund – der hellste aller Sterne, bläulich, erster Stern, der in der Abenddämmerung auszumachen ist (bis auf eventuell sich zeigende Planeten in der Nähe der Ekliptik – siehe den Planetenkalender auf Seite 148/149), und zwar im Südosten; Capella im Fuhrmann – gelblich, zentral über uns gelegen, Rigel im Orion – bläulich weiß, südlich; Procyon im Kleinen Hund – gelblich weiß, im Südosten; Beteigeuze im Orion – rötlich, südsüdöstlich; Aldebaran im Stier – orangefarben, hoch im Süden; Pollux in den Zwillingen – gelblich, im hohen Südosten; Deneb im Schwan – weiß, geht im Nordwesten unter; Regulus im Löwen – bläulich weiß, geht im Osten auf. Im Nordnordwesten bekommt man gerade noch die untergehende Wega in der Leier mit. Das Herbstviereck geht im Westen unter, in klaren Nächten

1. Okt. 3.00 – 5.00
16. Okt. 2.00 – 4.00
1. Nov. 1.00 – 3.00
16. Nov. Mittern. – 2.00
1. Dez. 23.00 – 1.00
16. Dez. 22.00 – Mittern.

Kalenderblatt 1

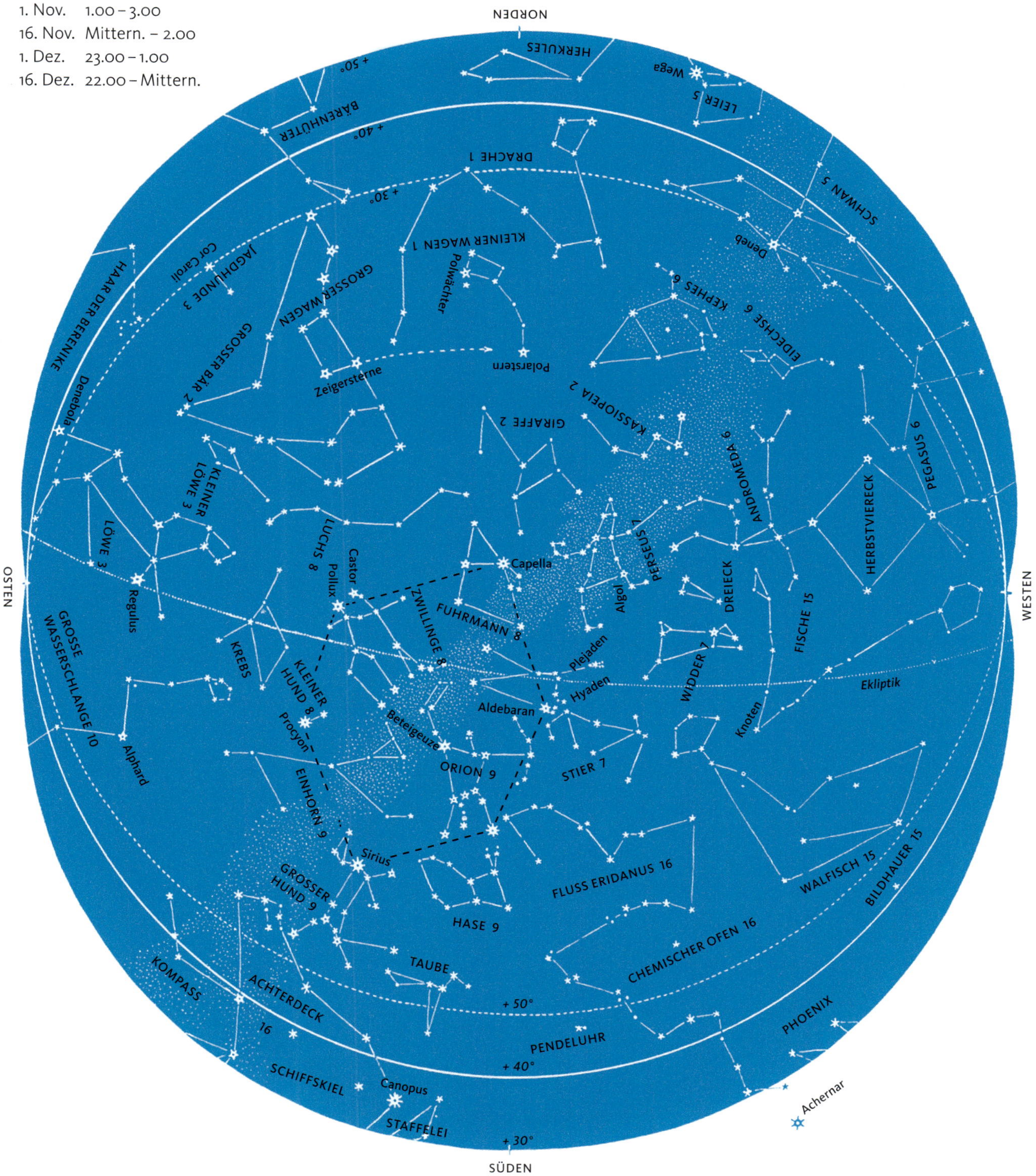

lohnt es sich, nach dem Andromedanebel Ausschau zu halten. Der Hase sitzt leicht kopflastig unterhalb von Orion. Wenn man sich ebenfalls hinsetzt und in südlicher Richtung steil nach oben schaut, kann man versuchen die Umrisse des Stiers zu verfolgen, von den Plejaden über Aldebaran zu den Hyaden. Der Rest ist nicht so einfach, lohnt aber den Aufwand. Einen ausführlichen Blick verdient auch das auf der Karte verzeichnete Wintersechseck aus sechs der oben erwähnten Sterne. Capella, Pollux, Procyon, Sirius, Aldebaran bilden den Umriss, Beteigeuze den Mittelpunkt. Dies ist die sternenreichste Gegend des Winterhimmels, gegen die das westlich davon gelegene »Wasserloch« mit dem untergehenden Fluss Eridanus, dem Walfisch und den Fischen (alle drei verabschieden sich bis zum nächsten Herbst) eher bescheiden daherkommt.

Der Sternenhimmel – Tage und Stunden

15. Febr.	20.00 – 22.00
1. März	19.00 – 21.00
16. März	Abenddämmerung
1. Okt.	Morgendämmerung
16. Okt.	4.00 – 6.00
1. Nov.	3.00 – 5.00

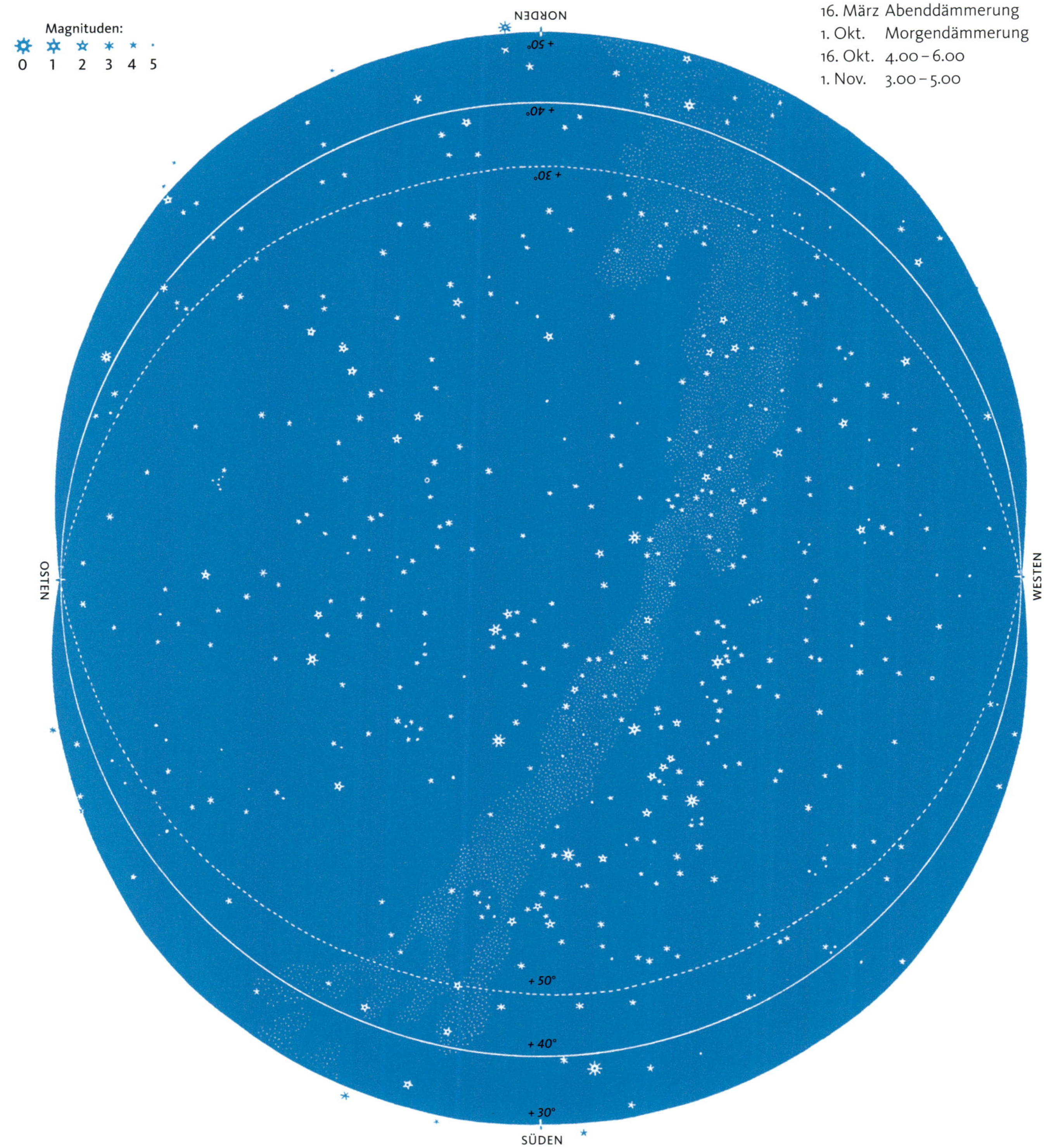

Zu sehen sind zehn Sterne der 1. Größenklasse. In der Reihenfolge ihrer Helligkeit sind das: Sirius im Großen Hund – bei weitem am hellsten; bläulich; erster Stern, der in der Abenddämmerung auszumachen ist (bis auf eventuell sich zeigende Planeten in der Nähe der Ekliptik – siehe den Planetenkalender auf Seite 148), und zwar halbhoch über dem südlichen Horizont; Capella im Fuhrmann – gelblich, im westlich über uns gelegen; Rigel im Orion – bläulich weiß, südwestlich, Procyon im Kleinen Hund – gelblich weiß, im Südsüdosten; Beteigeuze im Orion – rötlich; Aldebaran im Stier – orangefarben, hoch im südlichen Westen; Pollux in den Zwillingen – gelblich, hoch im Süden; Regulus im Löwen – bläulich

Kalenderblatt 2

16. Nov.	2.00 – 4.00
1. Dez.	1.00 – 3.00
16. Dez.	Mittern. – 2.00
1. Jan.	23.00 – 1.00
16. Jan.	22.00 – Mittern.

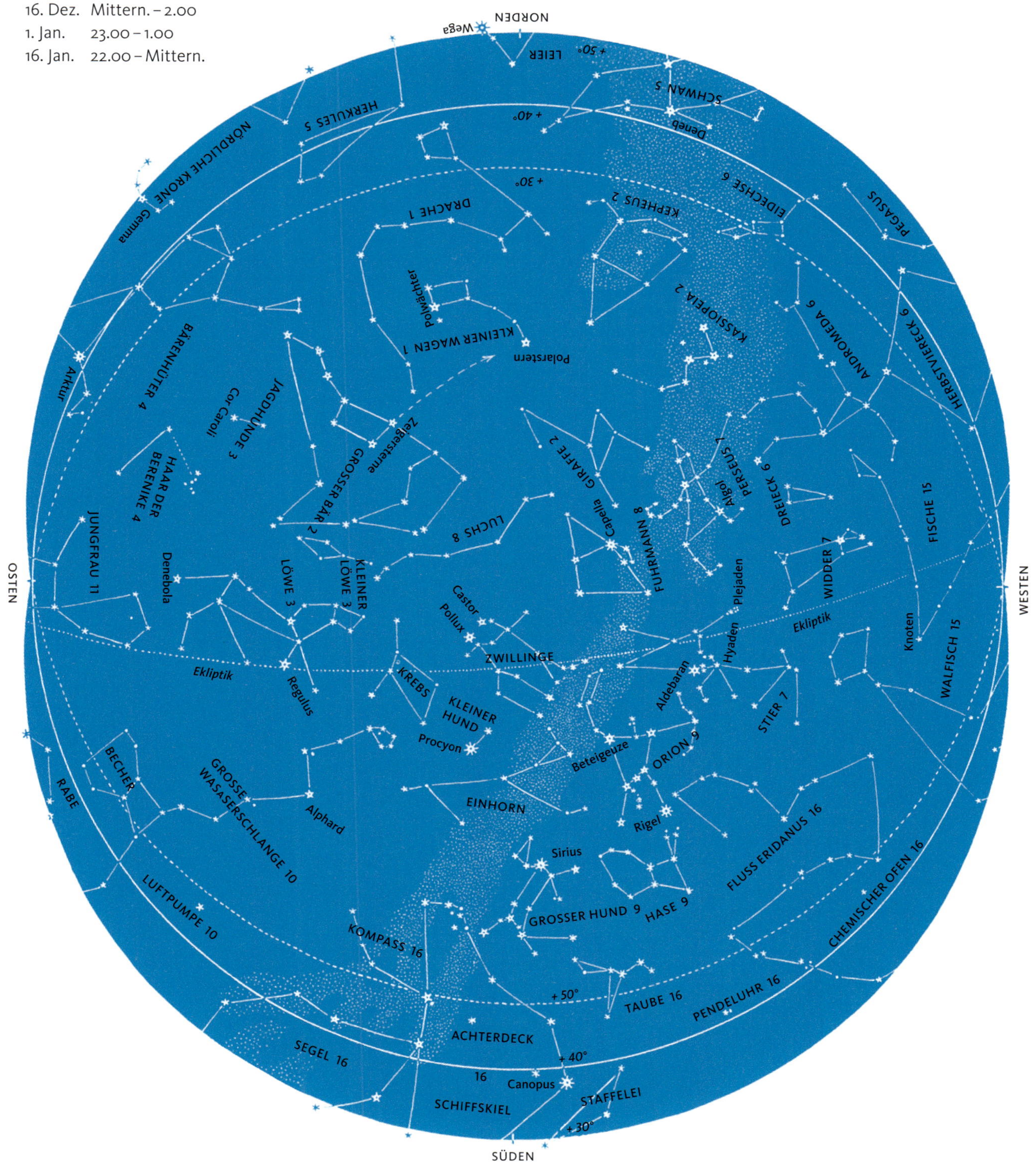

weiß; halbe Höhe Ostsüdost. Im Nordosten lohnt es sich, nach dem aufgehenden Arktur im Bärenhüter Ausschau zu halten, und im Nordnordosten zeigt sich noch Deneb. Das aus sieben der einundzwanzig hellsten Sterne des Himmels geformte und auf Kalenderblatt 1 eingezeichnete Wintersechseck verdient nach wie vor eine ausführliche Betrachtung.

Die östlichen und westlichen Himmelsregionen sind verglichen damit eher unspektakulär. Eine Ausnahme machen die Plejaden. Die Zwillinge sind beinahe im Zenit: Wenn man sich hinsetzt und in Richtung Süden schaut, sieht man sie vor (und über) sich.

Der Sternenhimmel – Tage und Stunden

1. März	21.00 – 23.00
16. März	20.00 – 22.00
1. Apr.	19.00 – 21.00
16. Apr.	Abenddämmerung
1. Nov.	Morgendämmerung
16. Nov.	4.00 – 6.00

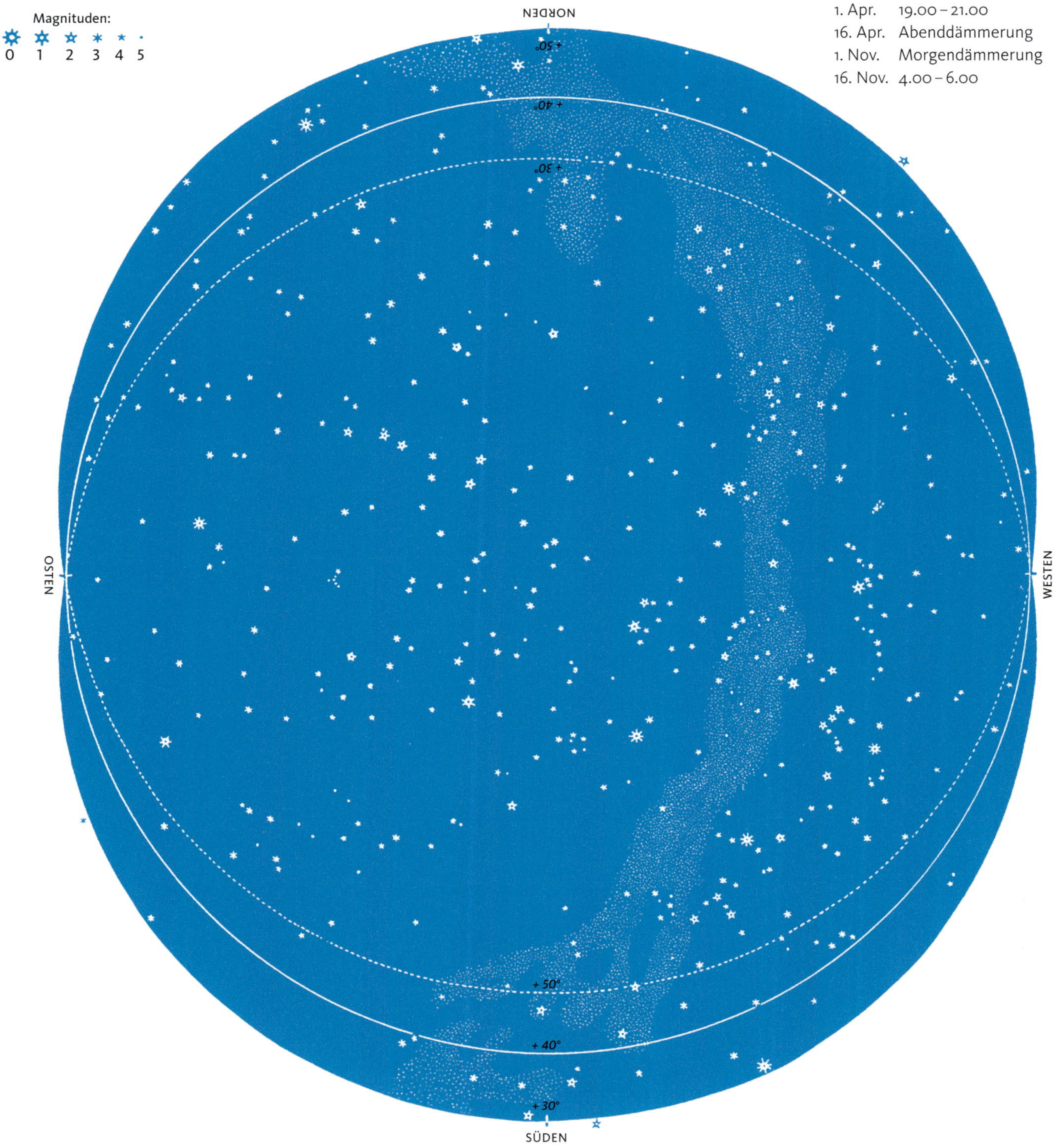

Zu sehen sind zwölf Sterne der 1. Größenklasse. In der Reihenfolge ihrer Helligkeit sind das: Sirius im Großen Hund – bei weitem am hellsten; bläulich; südwestlich; erster Stern, der in der Abenddämmerung auszumachen ist (bis auf eventuell sich zeigende Planeten in der Nähe der Ekliptik – siehe den Planetenkalender auf Seite 148); Arktur im Bärenhüter – orangefarben, halbhoch im Osten; Wega in der Leier – bläulich weiß, über dem nordöstlichen Horizont; Capella im Fuhrmann – hoch im Westen, gelblich; Rigel im Orion – bläulich weiß, untergehend im Südwesten; Procyon im Kleinen Hund – gelblich weiß, halbhoch im Südwesten; Beteigeuze im Orion – rötlich, westsüdwestlich; Spica in der Jungfrau – bläulich, geht im Südosten auf; Aldebaran im Stier – orangefarben, im Westen; Pollux in den

1. Dez.	3.00 – 5.00
16. Dez.	2.00 – 4.00
1. Jan.	1.00 – 3.00
16. Jan.	Mittern. – 2.00
1. Febr.	23.00 – 1.00
15. Febr.	22.00 – Mittern.

Kalenderblatt 3

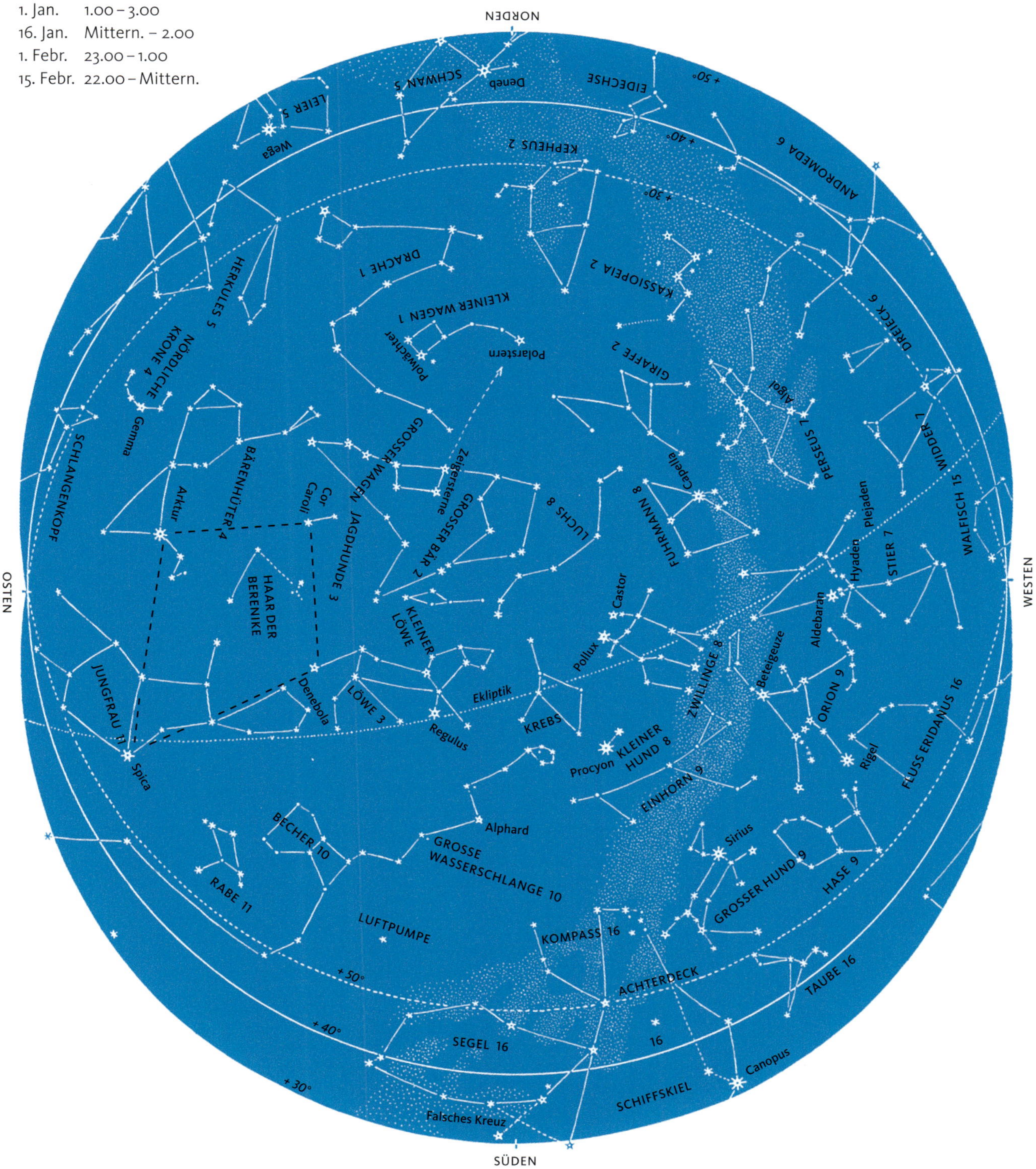

Zwillingen – gelblich, hoch im Westsüdwesten, fast über uns; Deneb im Schwan – erhebt sich über dem nördlichen Horizont; Regulus im Löwen – bläulich weiß, hoch im Südsüdosten. Arktur und Spica bilden zusammen mit den nicht ganz so hellen Cor Caroli und Denebola (im Schwanz des Löwen) den auf der Karte eingezeichneten Diamanten der Jungfrau. Den Löwen kann man hoch am Himmel finden, fast genau im Süden, ganz in der Nähe vom Kopf der Wasserschlange und vom Bienenstock im Krebs, die sich westlich von ihm erstrecken. Das Wintersechseck verabschiedet sich langsam und wird so schnell nicht wiederkommen (Kalenderblatt 11).

Der Sternenhimmel – Tage und Stunden

1. Apr.	21.00 – 23.00
16. Apr.	20.00 – 22.00
1. Mai	Abenddämmerung
16. Nov.	Morgendämmerung
1. Dez.	5.00 – 7.00
16. Dez.	4.00 – 6.00

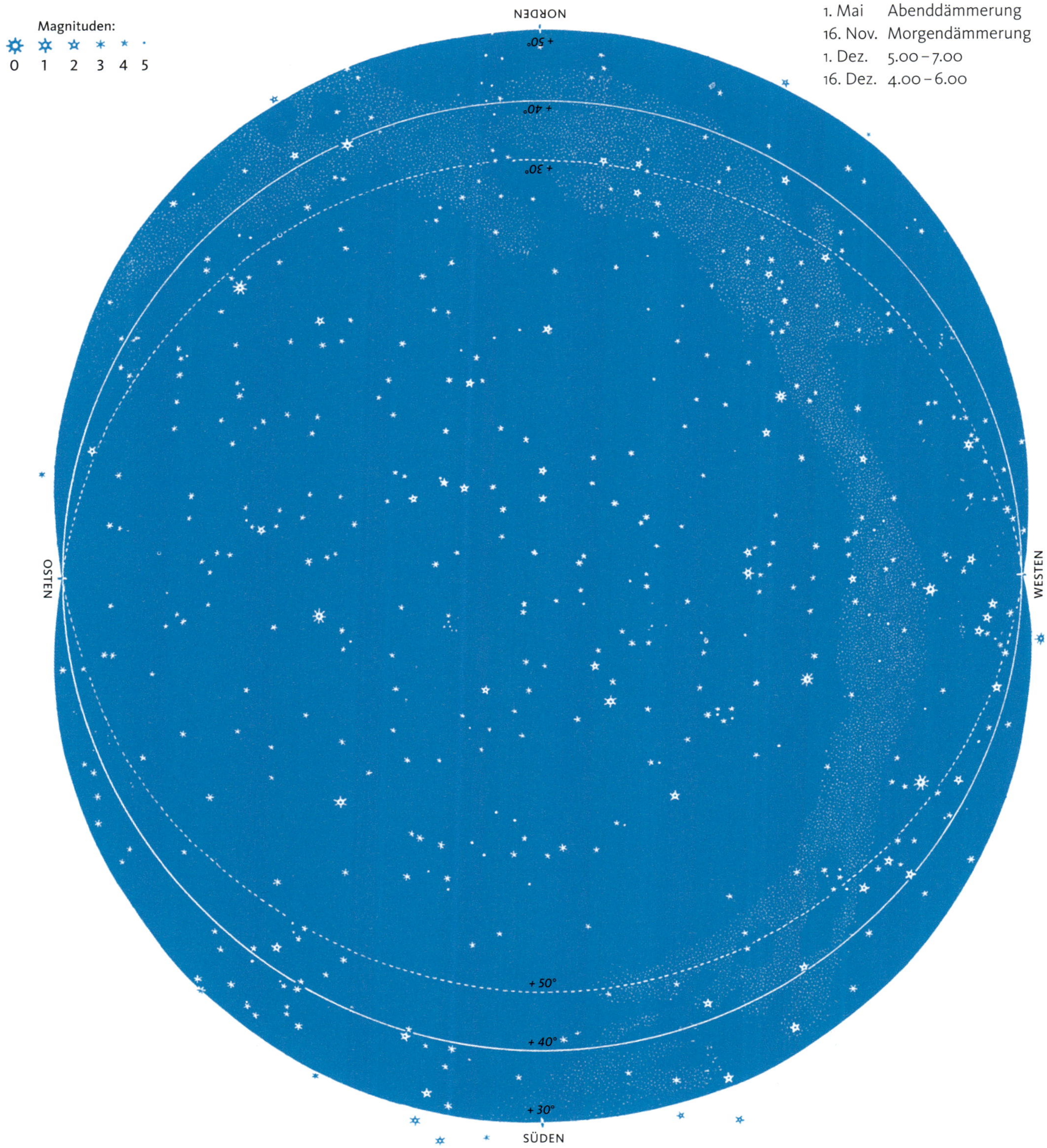

Zu sehen sind elf Sterne der 1. Größenklasse. In der Reihenfolge ihrer Helligkeit sind das: Sirius im Großen Hund – geht im Südwesten unter und verliert durch die Trübung der Atmosphäre viel von seinem Glanz; Arktur im Bärenhüter – orangefarben, ziemlich hoch im Osten; Wega in der Leier – bläulich weiß, nordöstlich, Capella im Fuhrmann – im Nordwesten, gelblich; Procyon im Kleinen Hund – gelblich weiß, geht westsüdwestlich unter; Beteigeuze im Orion – rötlich, tief im Westen; Spica in der Jungfrau – bläulich, im Südosten; Aldebaran im Stier – orangefarben, geht im Nordwesten unter; Pollux in den Zwillingen – gelblich, halbhoch im Westen, fast über uns; Deneb im Schwan – im Nordosten; Regulus im Löwen – bläulich weiß, hoch im Süden. Die Zwillinge erkennt man halbhoch im Westen

1. Jan. 3.00 – 5.00
16. Jan. 2.00 – 4.00
1. Febr. 1.00 – 3.00
15. Febr. Mittern. – 2.00
1. März 23.00 – 1.00
16. März 22.00 – Mittern.

Kalenderblatt 4

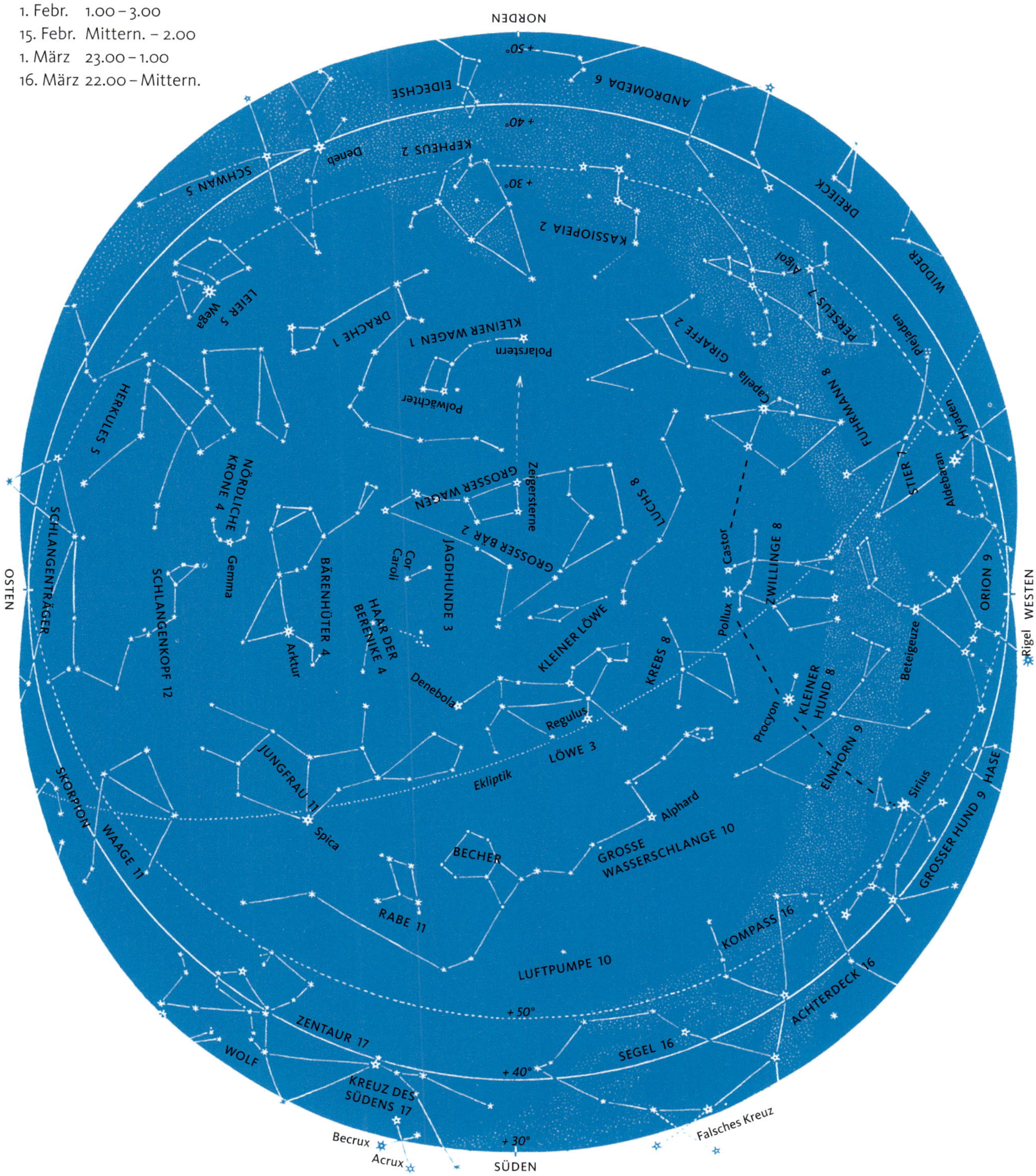

mit Castor und Pollux, die die Mitte einer großen Sichel bilden, deren linkes Ende durch Procyon und Sirius festgelegt wird. Rechts reicht diese Sichel bis zu Capella und dem hellen Stern in der Kappe des Fuhrmanns. Im Osten grüßt immer noch der jungfräuliche Diamant (siehe Kalenderblatt 3). Die Fleischfresser-Ecke (siehe Sternenkarte 3) hat ihren besten Platz am Himmel eingenommen: Großer Bär, Löwe, Kleiner Löwe und Luchs so gut wie im Zenit, und der Drache auf dem Weg dahin. Um die Umrisse des Großen Bären ausmachen zu können, sollte man sich hinsetzen oder -legen – die Füße in Richtung Norden. Nach der Milchstraße Ausschau zu halten ist wenig sinnvoll, da sie sich direkt über dem Horizont befindet und entsprechend eingetrübt ist.

Der Sternenhimmel – Tage und Stunden

1. Mai	21.00 – 23.00
16. Mai	20.00 – 22.00
1. Juni	Abenddämmerung
16. Dez.	Morgendämmerung
1. Jan.	5.00 – 7.00
16. Jan.	4.00 – 6.00

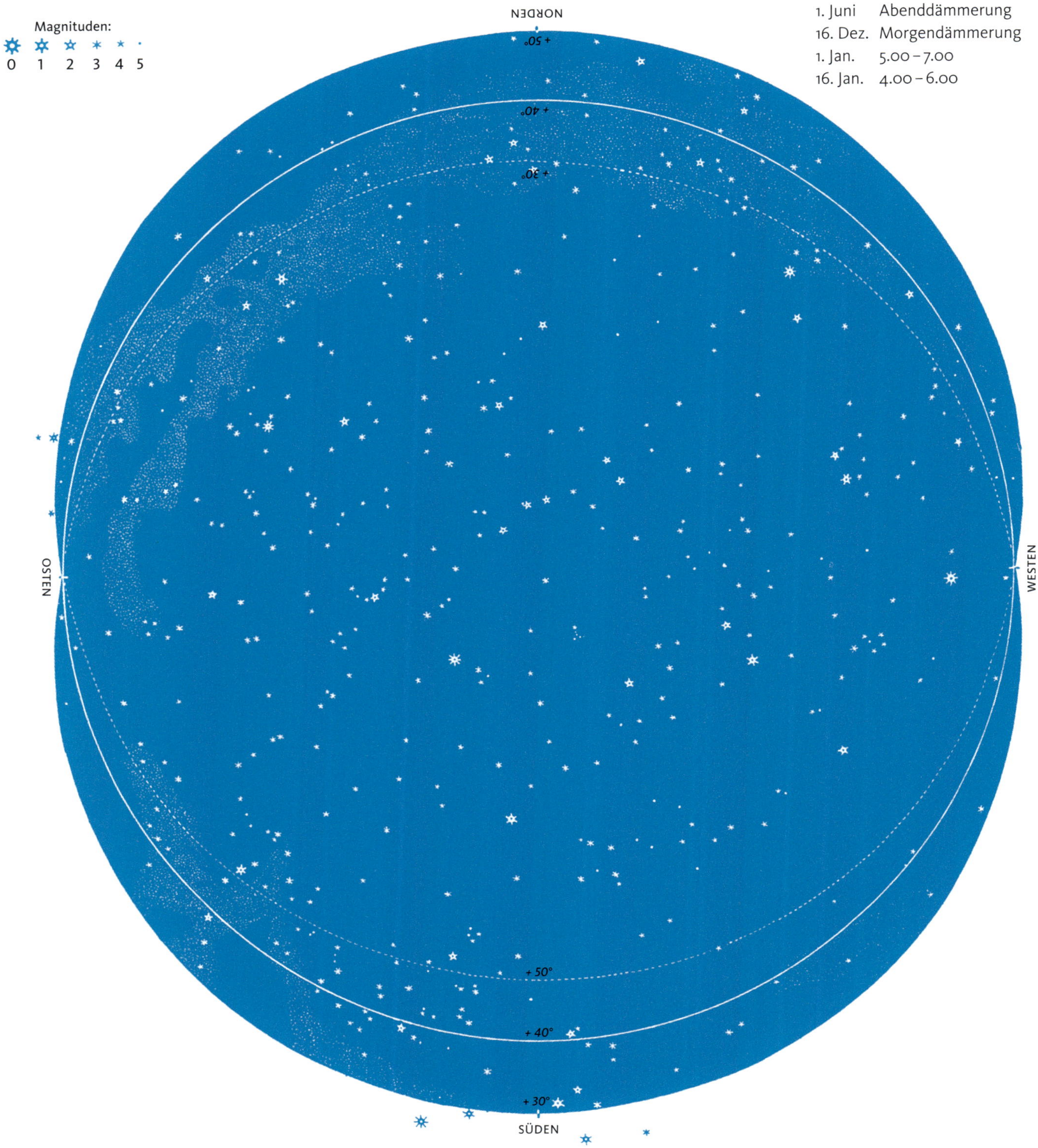

Zu sehen sind zehn Sterne der 1. Größenklasse. In der Reihenfolge ihrer Helligkeit sind das: Arktur im Bärenhüter – orangefarben, erster Stern, der in der Abenddämmerung auszumachen ist (bis auf eventuell sich zeigende Planeten in der Nähe der Ekliptik – siehe den Planetenkalender auf Seite 148/149), und zwar hoch über dem südlichen Horizont; Wega in der Leier – bläulich weiß, halbhoch im Osten; Capella im Fuhrmann – gelblich, über dem nordwestlichen Horizont; Procyon im Kleinen Hund – gelblich weiß, geht im Westen unter; Pollux in den Zwillingen – gelblich, westnordwestlich; Spica in der Jungfrau – bläulich, halbhoch im Süden; Atair im Adler – weiß, geht im Osten auf; Antares im Skorpion – rötlich, geht im Südosten auf; Deneb im Schwan – weiß, nordöstlich; Regulus im Löwen –

1. Febr. 3.00 – 5.00
15. Febr. 2.00 – 4.00
1. März 1.00 – 3.00
16. März Mittern. – 2.00
1. Apr. 23.00 – 1.00
16. Apr. 22.00 – Mittern.

Kalenderblatt 5

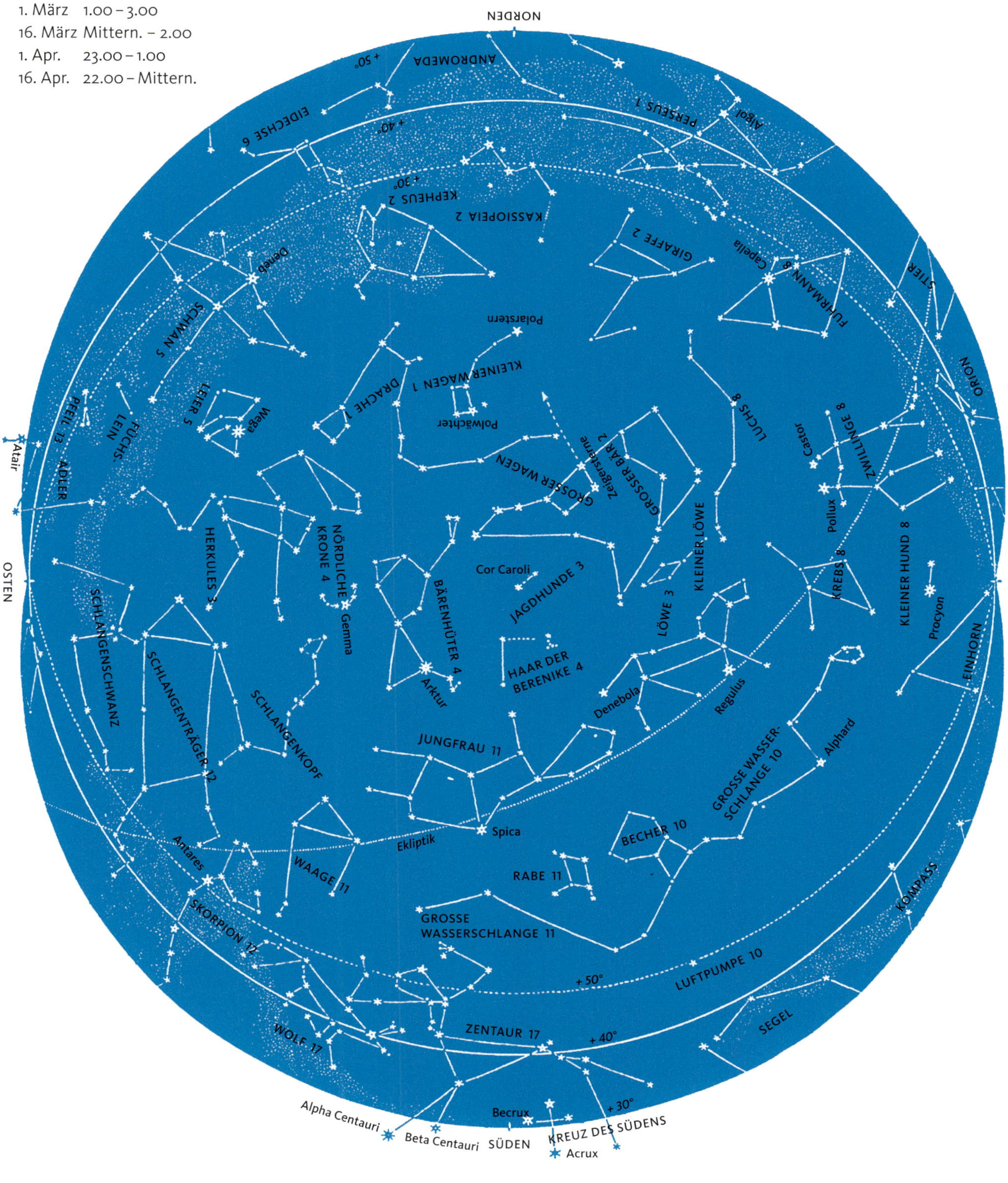

bläulich weiß, halbe Höhe Westsüdwest. Die Fleischfresser-Ecke befindet sich immer noch hoch am Himmel, allerdings bereits deutlich in westlicher Richtung verschoben. In klaren Nächten lohnt es sich (sitzend oder liegend), nach dem Haar der Berenike Ausschau zu halten: ein nicht allzu deutlich sich abzeichnendes Grüppchen lichtschwacher Sterne, ziemlich direkt über uns. Nach wie vor nicht der Moment, nach der Milchstraße gucken zu wollen, die immer noch mit den optischen Störungen direkt oberhalb der Horizontlinie zu kämpfen hat.
Im Süden, unterhalb der Jungfrau, zeigt sich der Rabe – je südlicher man sich selbst befindet, desto besser.

Der Sternenhimmel – Tage und Stunden

1. Juni	21.00 – 23.00
16. Juni	20.00 – 22.00
1. Juli	Abenddämmerung
16. Jan.	Morgendämmerung
1. Febr.	5.00 – 7.00
15. Febr.	4.00 – 6.00

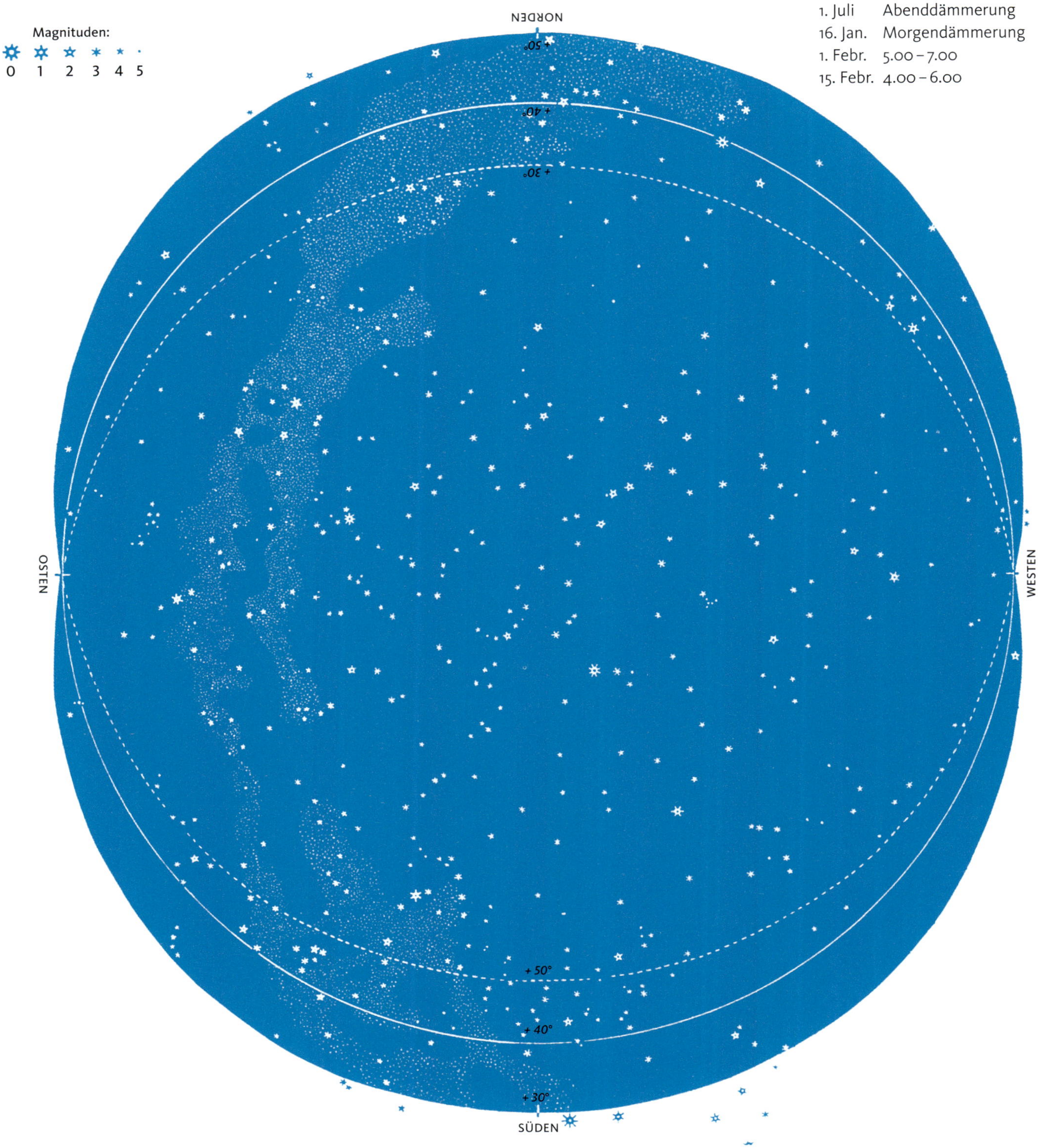

Zu sehen sind neun Sterne der 1. Größenklasse. In der Reihenfolge ihrer Helligkeit sind das: Arktur im Bärenhüter – orangefarben, hat sich ziemlich hoch am südlichen Himmel in Richtung Westen aufgemacht; Wega in der Leier – bläulich weiß, halbhoch im Osten; Capella im Fuhrmann – gelblich, verabschiedet sich im Nordnordwesten; Pollux in den Zwillingen – gelblich, verabschiedet sich ebenfalls, allerdings ein ganzes Stück weiter westlich; Spica in der Jungfrau – bläulich, hat im Südwesten deutlich an Höhe verloren; Atair im Adler – weiß, erhebt sich im Osten; Antares im Skorpion – rötlich, gewinnt im Südsüdosten an Höhe; Deneb im Schwan – weiß, halbhoch und fast schon im Osten; Regulus im Löwen – bläulich weiß, geht im Westen unter. Die Wega und Arktur eröffnen gemeinsam den Reigen

1. März 3.00 – 5.00
16. März 2.00 – 4.00
1. Apr. 1.00 – 3.00
16. Apr. Mittern. – 2.00
1. Mai 23.00 – 1.00
16. Mai 22.00 – Mittern.

Kalenderblatt 6

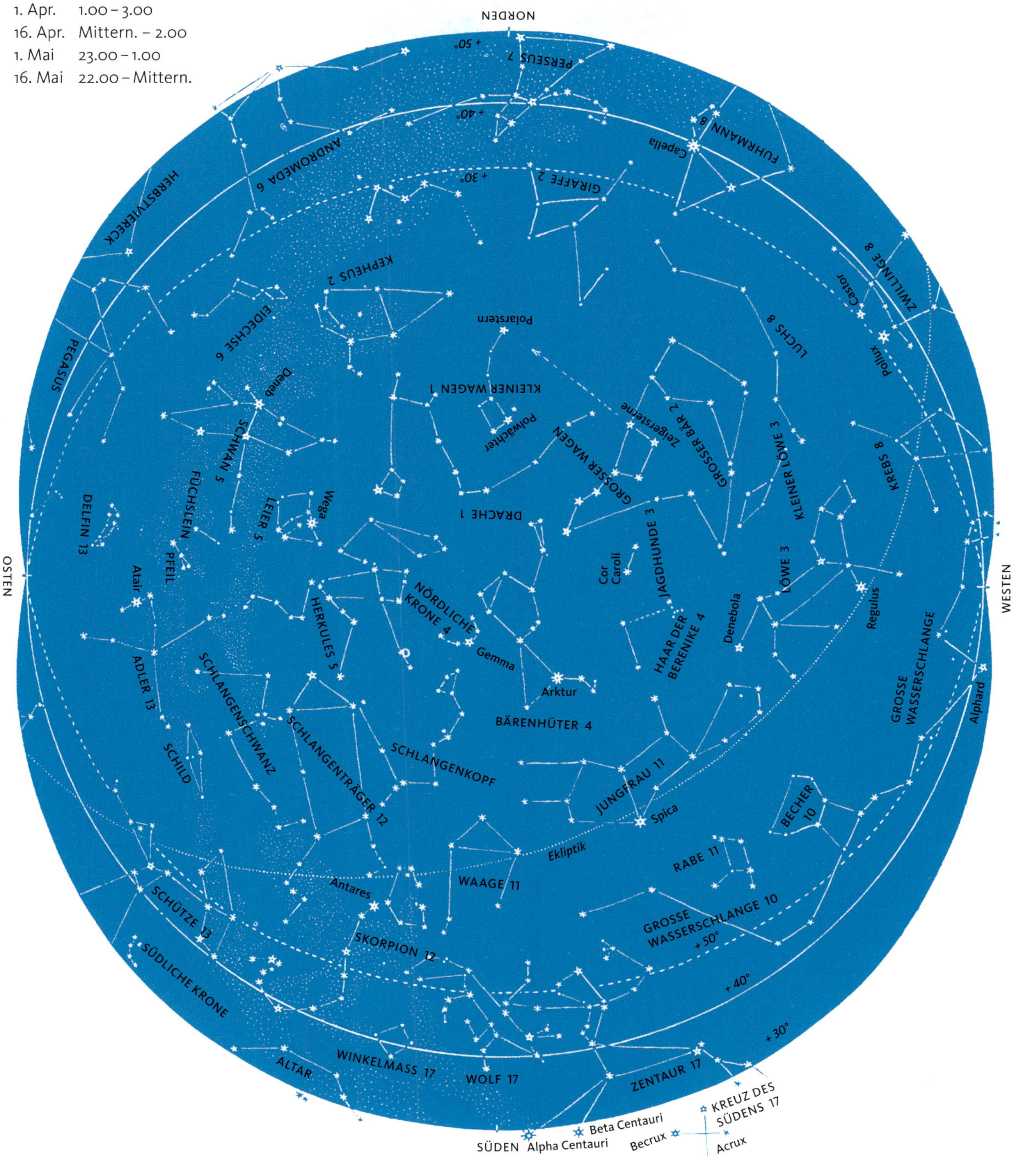

in der Abenddämmerung und kündigen den Sommer an. Guter Moment, den Herkules zu beobachten, der seine Keule hoch im Osten schwingt, fast im Zenit. Südlich von ihm funkelt die Nördliche Krone. Auf halber Höhe hebt sich deutlich das Sommerdreieck ab, bestehend aus Deneb, Wega und Atair im Kopf des Adlers, der fast im Osten steht. Der Skorpion erhebt sich mit seinem vorderen Teil über den südlichen Horizont – mit etwas Glück sieht man weiter östlich auch seinen Stachel mit den Katzenaugen. In klaren Nächten können wir sehen, dass die Milchstraße sich dazu entschlossen hat, ihr zeitweiliges Exil längs der Horizontlinie zu verlassen und sich zurückzumelden.

Der Sternenhimmel – Tage und Stunden

1. Juli	21.00 – 23.00
16. Juli	20.00 – 22.00
1. Aug.	19.00 – 21.00
16. Aug.	Abenddämmerung
1. März	Morgendämmerung
16. März	4.00 – 6.00

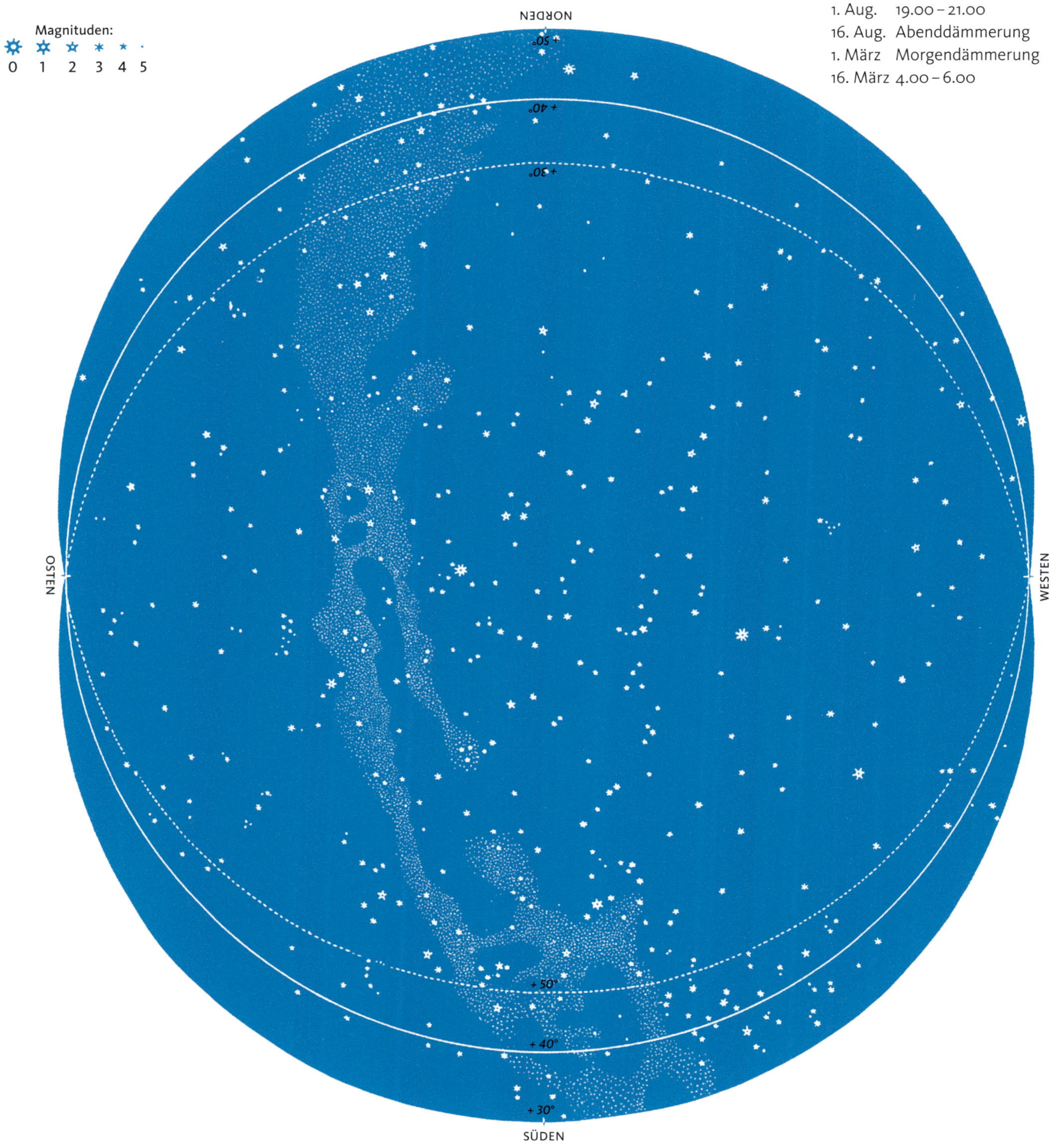

Bloß noch sieben Sterne der 1. Größenklasse lassen sich blicken. In der Reihenfolge ihrer Helligkeit sind das: Arktur im Bärenhüter – orangefarben, immer noch ziemlich hoch im Westen; Wega in der Leier – bläulich weiß, über uns, fast im Zenit, ist sie die Erste, die in der Abenddämmerung zu sehen ist (bis auf eventuell sich zeigende Planeten); Capella im Fuhrmann – gelblich, ist gerade noch im Norden zu sehen (wenn man nicht zu lange wartet); Spica in der Jungfrau – bläulich, verabschiedet sich im Südwesten, Atair im Adler – weiß, hat sich im Südosten bereits auf halbe Höhe hochgearbeitet; Antares im Skorpion – rötlich, erreicht im Süden bereits fast seine größte Höhe, bleibt dabei dem Horizont jedoch wesentlich näher als dem Zenit; Deneb im Schwan – weiß, hoch im Osten. Über dem südlichen Horizont kommt nun östlich vom Skorpion auch der Schütze ins Bild. Man sollte sich wirklich die Mühe machen,

1. Apr.	3.00 – 5.00
16. Apr.	2.00 – 4.00
1. Mai	1.00 – 3.00
16. Mai	Mittern. – 2.00
1. Juni	23.00 – 1.00
16. Juni	22.00 – Mittern.

Kalenderblatt 7

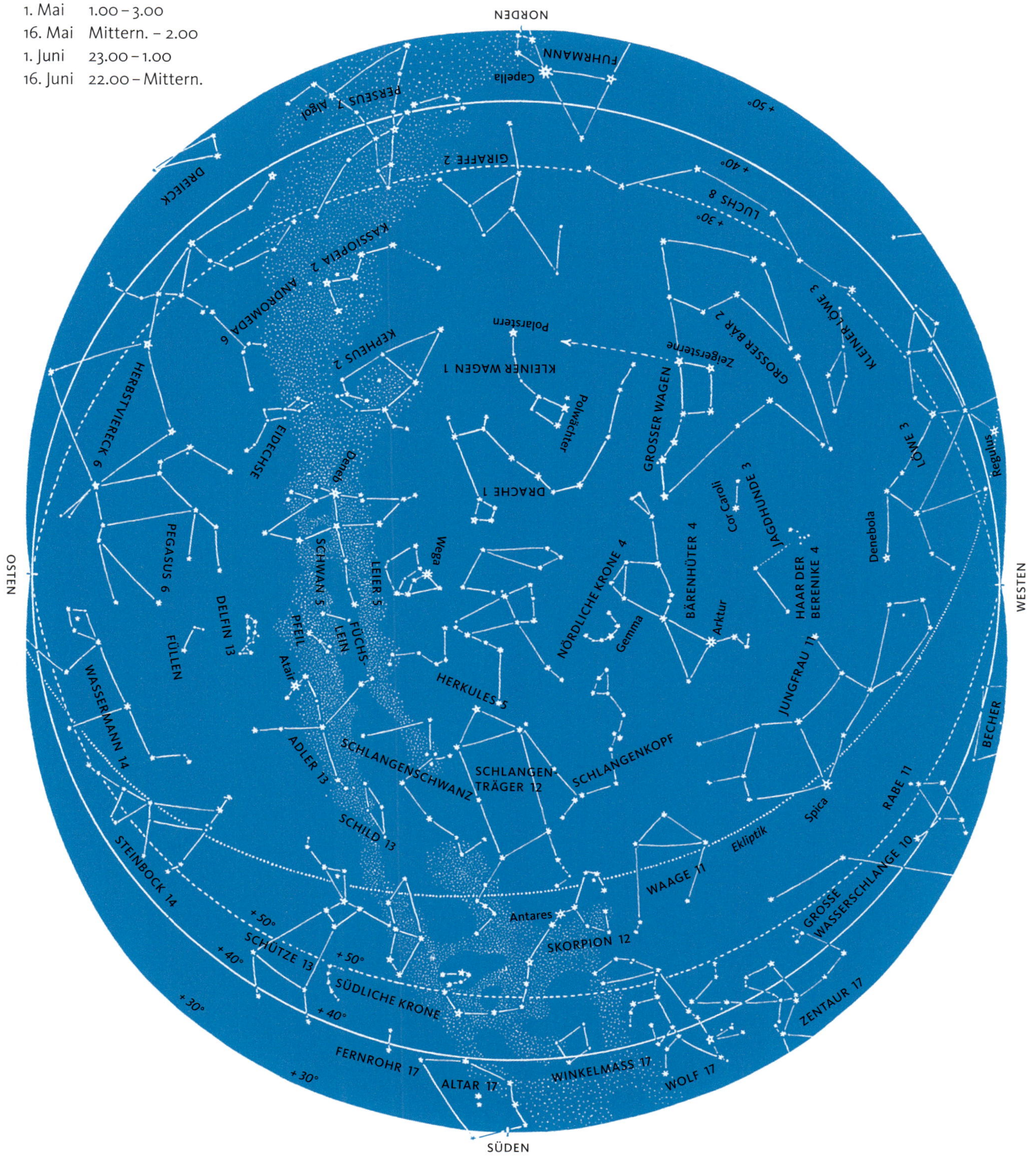

die Katzenaugen im Stachel des Skorpions zu suchen (zu finden!). Der Schlangenträger steht oberhalb des Skorpions und nimmt viel Raum am Himmel ein. Wer ihn komplett, das heißt inklusive der beiden Schlangenteile, ausmachen kann, hat unser Lob verdient (und offenbar einen guten Beobachtungsplatz). Die Milchstraße befindet sich jetzt hoch in der östlichen Himmelshälfte, mit dem Schwan fast über uns und dem Adler ein Stück weiter südlich. In der Nähe der drei Sterne des Adlerkopfs schwirrt der Pfeil und – ein ganz klein wenig von der Milchstraße entfernt – findet man den ebenso kleinen wie liebenswerten Delfin: wer ihn einmal gesehen hat, wird ihn so schnell nicht mehr vergessen. Das Sommerdreieck aus Wega, Atair und Deneb macht mehr denn je klar, warum es Seeleuten seit Generationen schon als »Navi« dient.

Der Sternenhimmel – Tage und Stunden

1. Aug.	21.00 – 23.00
16. Aug.	20.00 – 22.00
1. Sept.	19.00 – 21.00
16. Sept.	18.00 – 20.00
1. Okt.	Abenddämmerung
16. Apr.	Morgendämmerung

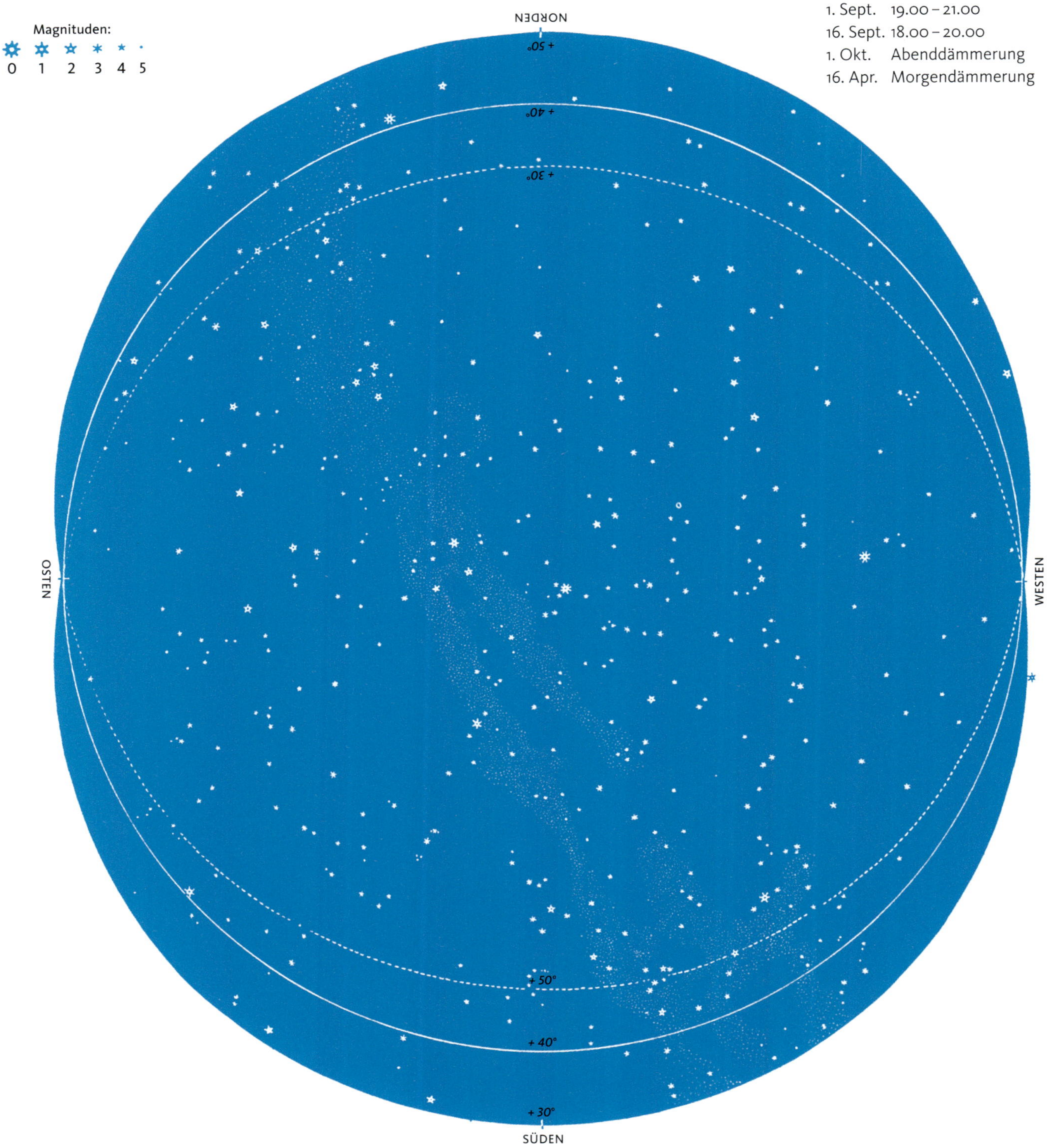

Jetzt sind bloß noch sechs Sterne der 1. Größenklasse zu sehen. In der Reihenfolge ihrer Helligkeit sind das: Arktur im Bärenhüter – orangefarben, im Westen; Wega in der Leier – bläulich weiß, über uns, immer noch fast im Zenit, ist sie die Erste, die in der Abenddämmerung zu sehen ist (bis auf eventuell sich zeigende Planeten); Atair im Adler – weiß, ziemlich hoch im Süden; Capella im Fuhrmann – gelblich, hält im tiefen Nordnordosten seine Stellung; Antares im Skorpion – rötlich, bereitet sich im Südwesten auf seinen Abgang vor; Deneb im Schwan – weiß, über uns im Zenit. Tief im Süden bietet sich jetzt die Chance, fast den gesamten Schützen mitzukriegen, inklusive der Südlichen Krone (südlich der Mainlinie).

1. Mai	3.00 – 5.00
16. Mai	2.00 – 4.00
1. Juni	1.00 – 3.00
16. Juni	Mittern. – 2.00
1. Juli	23.00 – 1.00
16. Juli	22.00 – Mittern.

Kalenderblatt 8

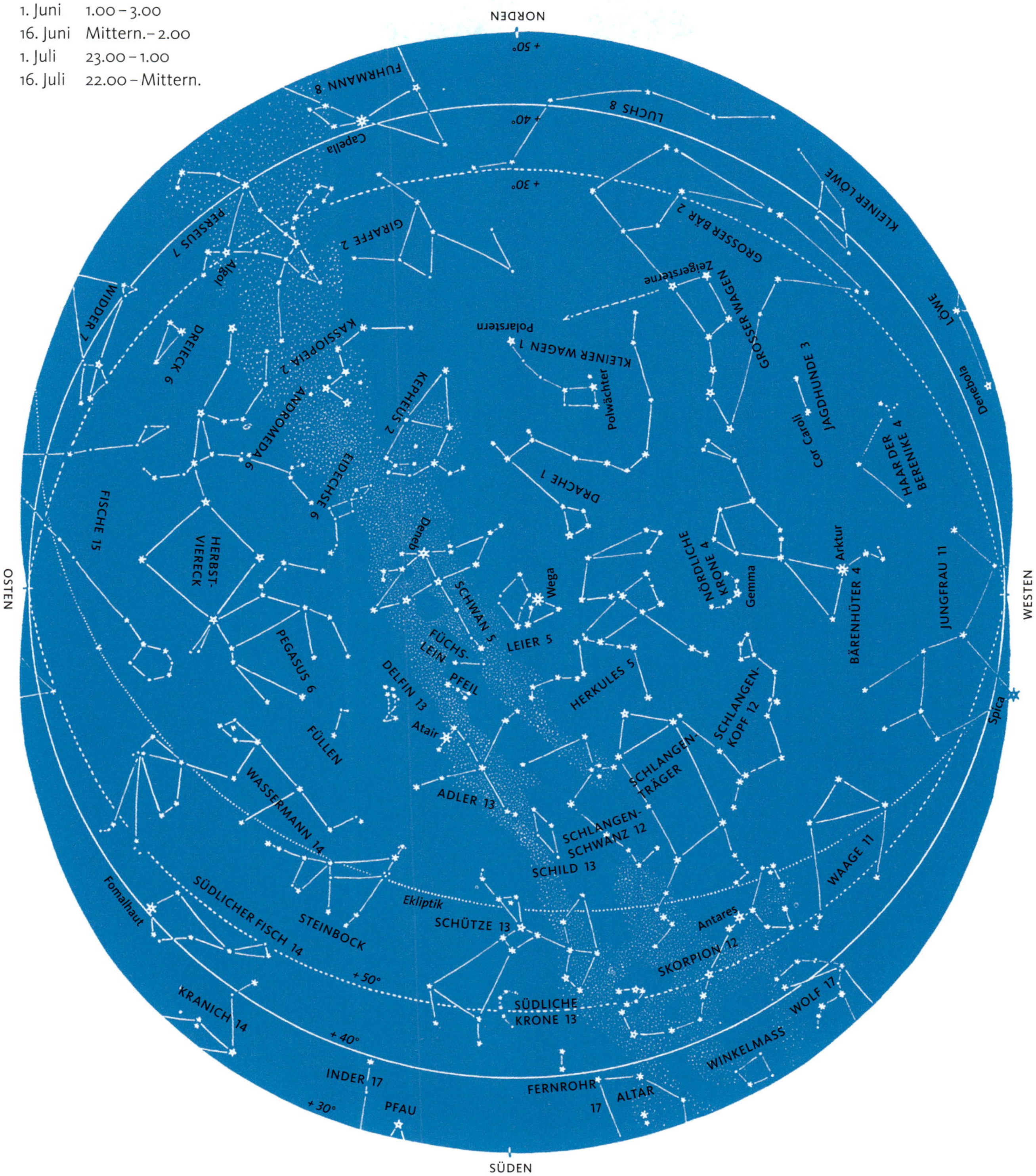

Wir können dem Skorpion und den Katzenaugen in seinem Schwanz einen letzten Blick hinterherwerfen. Während der Große Wagen sinkt und Kassiopeia steigt, tritt die Königssuite in Erscheinung: Perseus geht im Nordosten auf, Andromeda, Pegasus sowie das zwischen ihnen gelegene Herbstviereck sieht man über dem östlichen Horizont. Unter günstigen Bedingungen erblickt man sogar den 2,7 Millionen Lichtjahre entfernt liegenden Andromedanebel. Das Sommerdreieck ist immer noch präsent, doch der im Südosten aufgehende Steinbock sowie Wassermann und Fische aus dem »Wasserloch« geben einen Vorgeschmack auf den Herbst.

Der Sternenhimmel – Tage und Stunden

1. Sept.	21.00 – 23.00
16. Sept.	20.00 – 22.00
1. Okt.	19.00 – 21.00
16. Okt.	18.00 – 20.00
1. Nov.	17.00 – 19.00
16. Nov.	Abenddämmerung

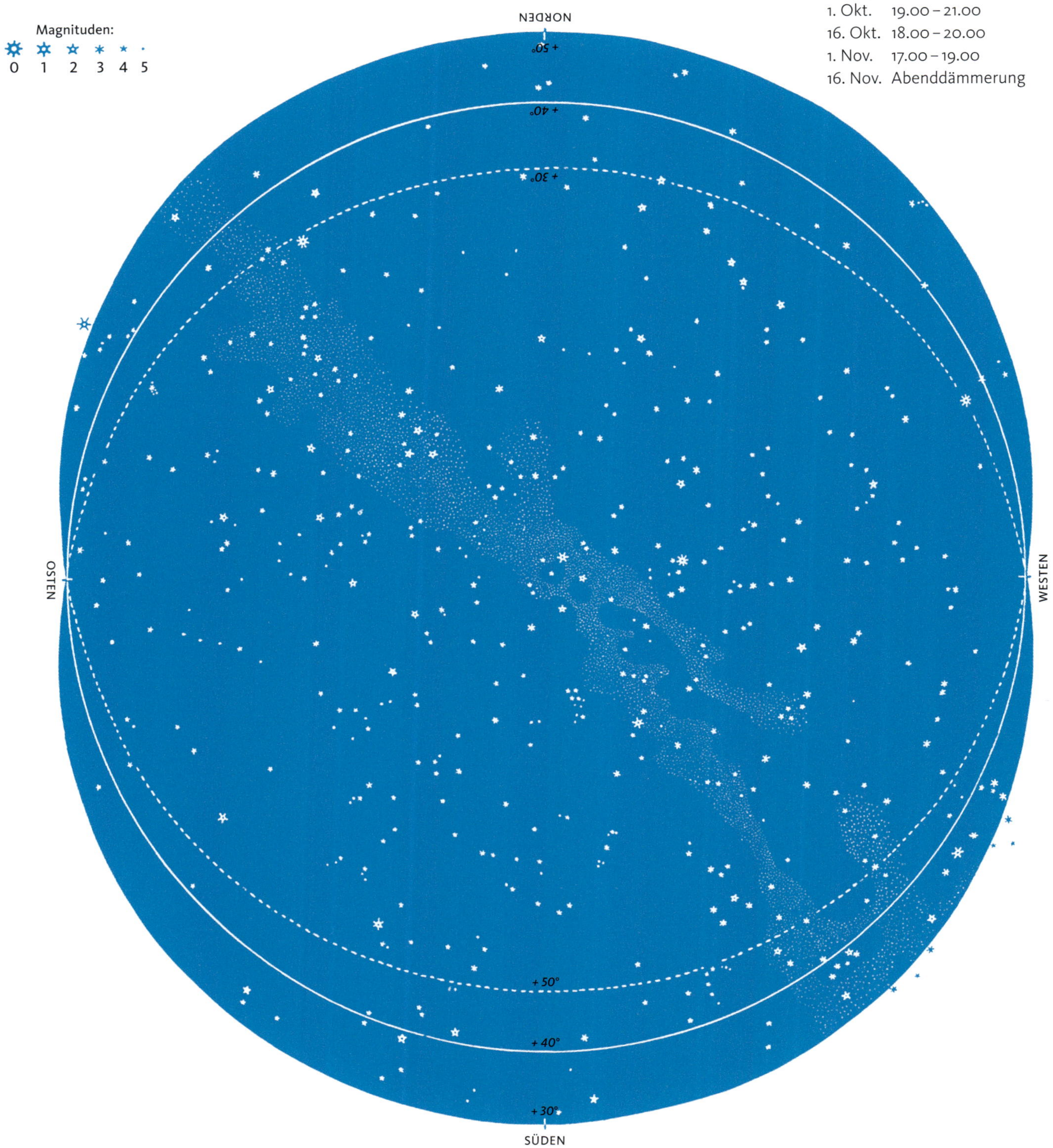

Die dunkle Zeit beginnt: wieder nur sechs Sterne der 1. Größenklasse am Himmel. In der Reihenfolge ihrer Helligkeit sind das: Arktur im Bärenhüter – orangefarben, versinkt im Nordwesten; Wega in der Leier – bläulich weiß, hoch im Westen ist sie wieder mal die Erste, die sich am Abend blicken lässt (bis auf eventuell sich zeigende Planeten); Atair im Adler – weiß, halbhoch im Südwesten; Capella im Fuhrmann – gelblich, gewinnt im Nordosten erneut an Höhe; Fomalhaut im Südlichen Fisch – oberhalb des südsüdöstlichen Horizonts; Deneb im Schwan – weiß, immer noch über uns im Zenit, jetzt aber im hohen Westen. Wenn man des Nachts Fomalhaut sehen kann (auch in nördlichen Breiten), steht der Herbst vor der Tür oder ist bereits eingetreten. Immer größere Teile des »Wasserlochs« breiten sich über den Himmel aus: der mittlerweile so hoch wie nie wieder stehende Wassermann, der Südliche

1. Juni	Morgendämmerung
16. Juni	2.00 – 4.00
1. Juli	1.00 – 3.00
16. Juli	Mittern. – 2.00
1. Aug.	23.00 – 1.00
16. Aug.	22.00 – Mittern.

Kalenderblatt 9

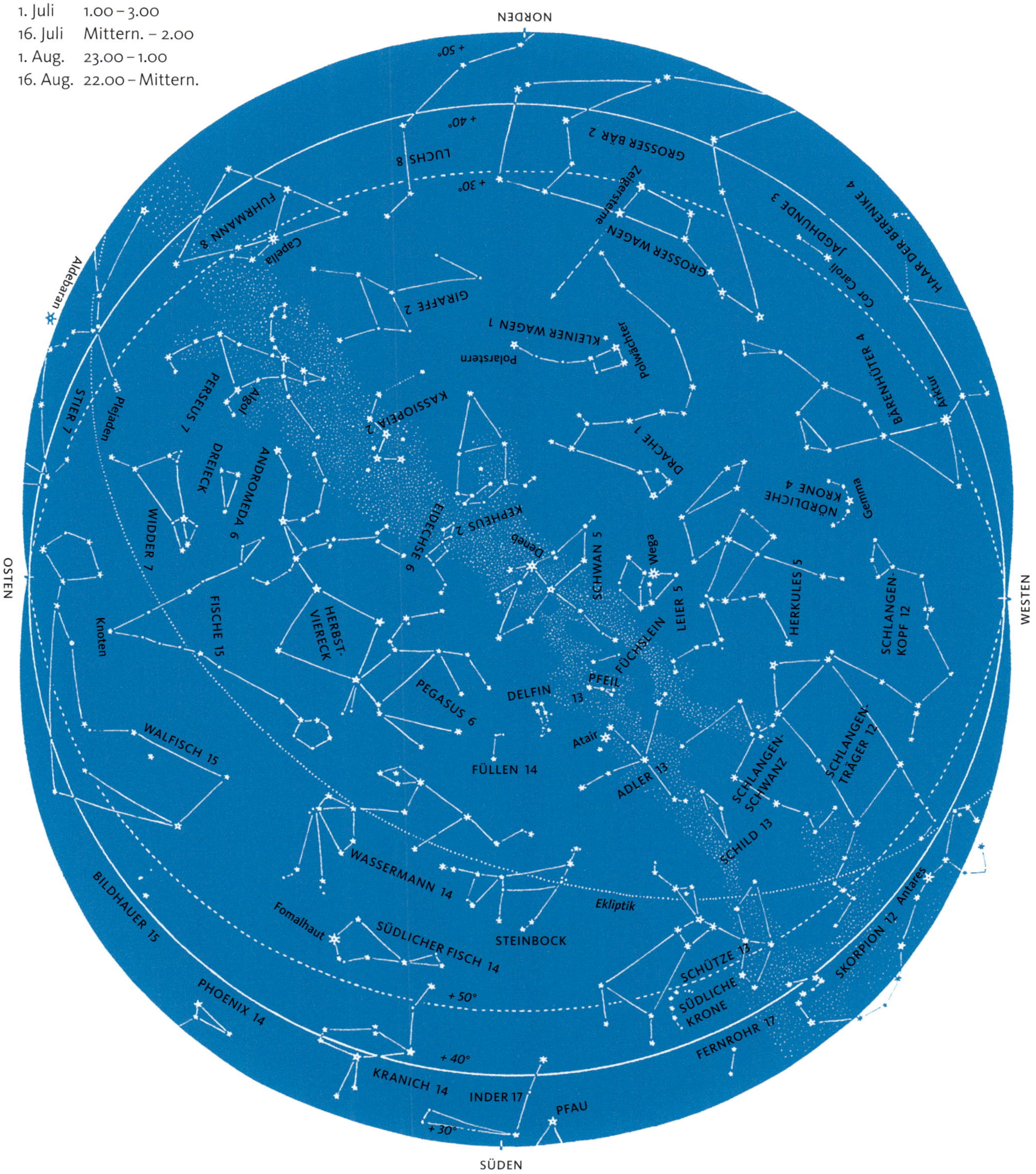

Fisch (erkennbar jedoch ausschließlich an seinem hellsten Stern Fomalhaut), die Fische und der Walfisch im Osten beziehungsweise Südosten. Unterhalb des Wassermanns befindet sich der Steinbock an seinem höchsten Platz, ist jedoch so lichtschwach, dass man ihn nicht leicht ausmachen kann. Wer sich früh genug nach draußen begibt, kann dem Aufgang der Plejaden beiwohnen sowie (ca. eine Stunde später) auch dem von Aldebaran (als siebten Stern der 1. Größe) und den Hyaden. Das Sommerdreieck hält sich trotz des eintretenden Herbstes immer noch hoch am westlichen Himmel. Die dunklen Flecken in der Milchstraße – ganz in der Nähe von Deneb – sind keine Löcher, sondern riesige Zusammenballungen kosmischen Staubes: man nennt sie Dunkelwolken, und sie verbergen Unmengen von Sternen hinter sich. Der Andromedanebel lässt grüßen, hoch im Osten.

Der Sternenhimmel – Tage und Stunden

1. Okt.	21.00 – 23.00
16. Okt.	20.00 – 22.00
1. Nov.	19.00 – 21.00
16. Nov.	18.00 – 20.00
1. Dez.	17.00 – 19.00
16. Dez.	Abenddämmerung

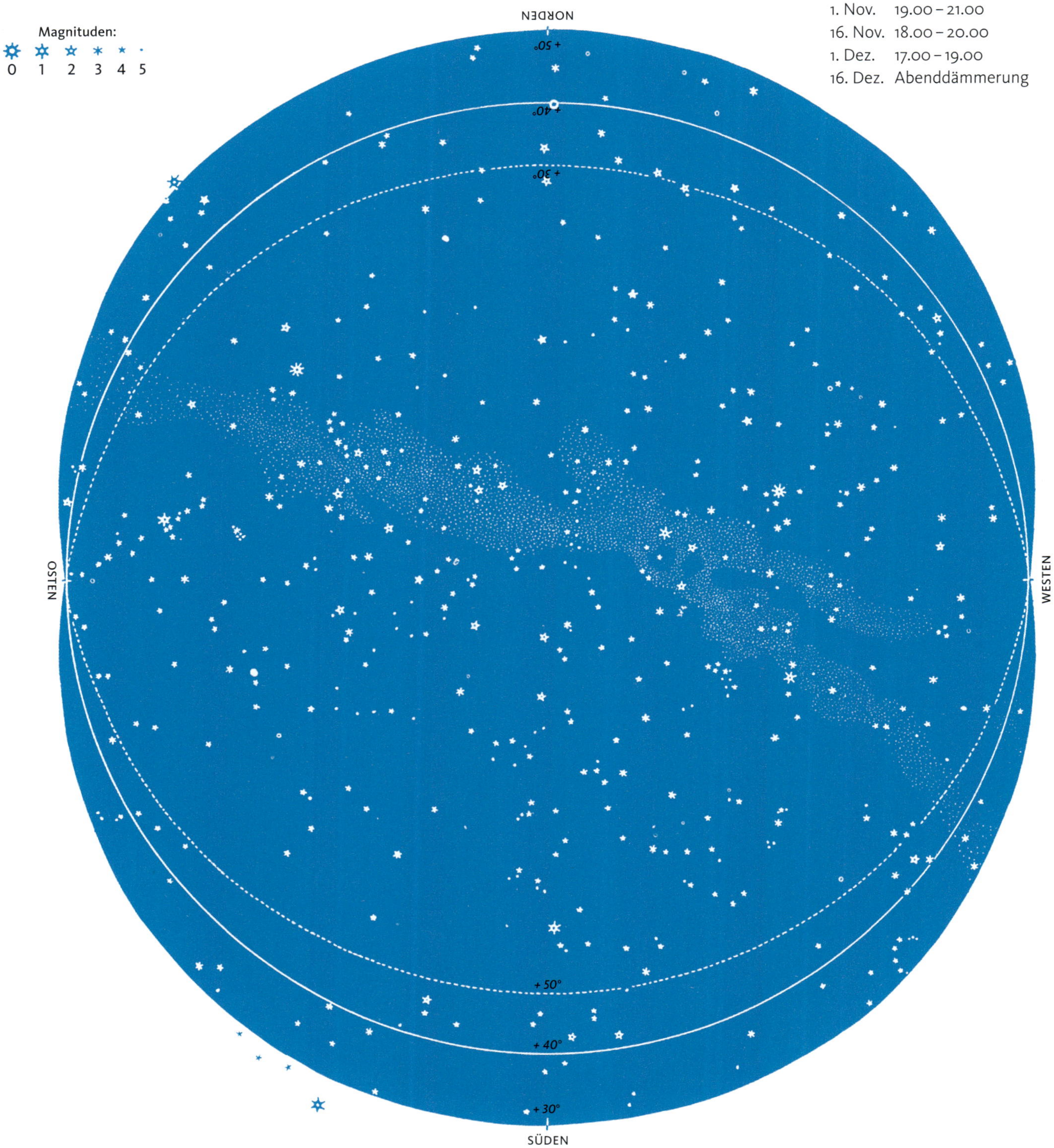

Die dunkle Zeit nimmt ihren Fortgang: nach wie vor stehen nur sechs Sterne der 1. Größenklasse am Himmel. In der Reihenfolge ihrer Helligkeit sind das: Wega in der Leier – bläulich weiß, halbhoch im Westen ist sie immer noch die Erste, die sich am Abend blicken lässt (bis auf eventuell sich zeigende Planeten); Aldebaran im Stier – steht über dem östlichen Horizont; Atair im Adler – weiß, westsüdwestlich; Capella im Fuhrmann – gelblich, halbhoch im Nordosten; Fomalhaut im Südlichen Fisch – tief im Süden; Deneb im Schwan – weiß, hoch im Westen. Das Sommerdreieck steht noch gut sichtbar im Westen, bereitet sich aber auf seinen bevorstehenden Abgang vor – der Herbst drückt dem Himmel mit dem »Wasserloch« aus Wassermann, dem bloß durch Fomalhaut präsenten Südlichen Fisch, den Fischen

1. Juli	Morgendämmerung
16. Juli	2.00 – 4.00
1. Aug.	1.00 – 3.00
16. Aug.	Mittern. – 2.00
1. Sept.	23.00 – 1.00
16. Sept.	22.00 – Mittern.

Kalenderblatt 10

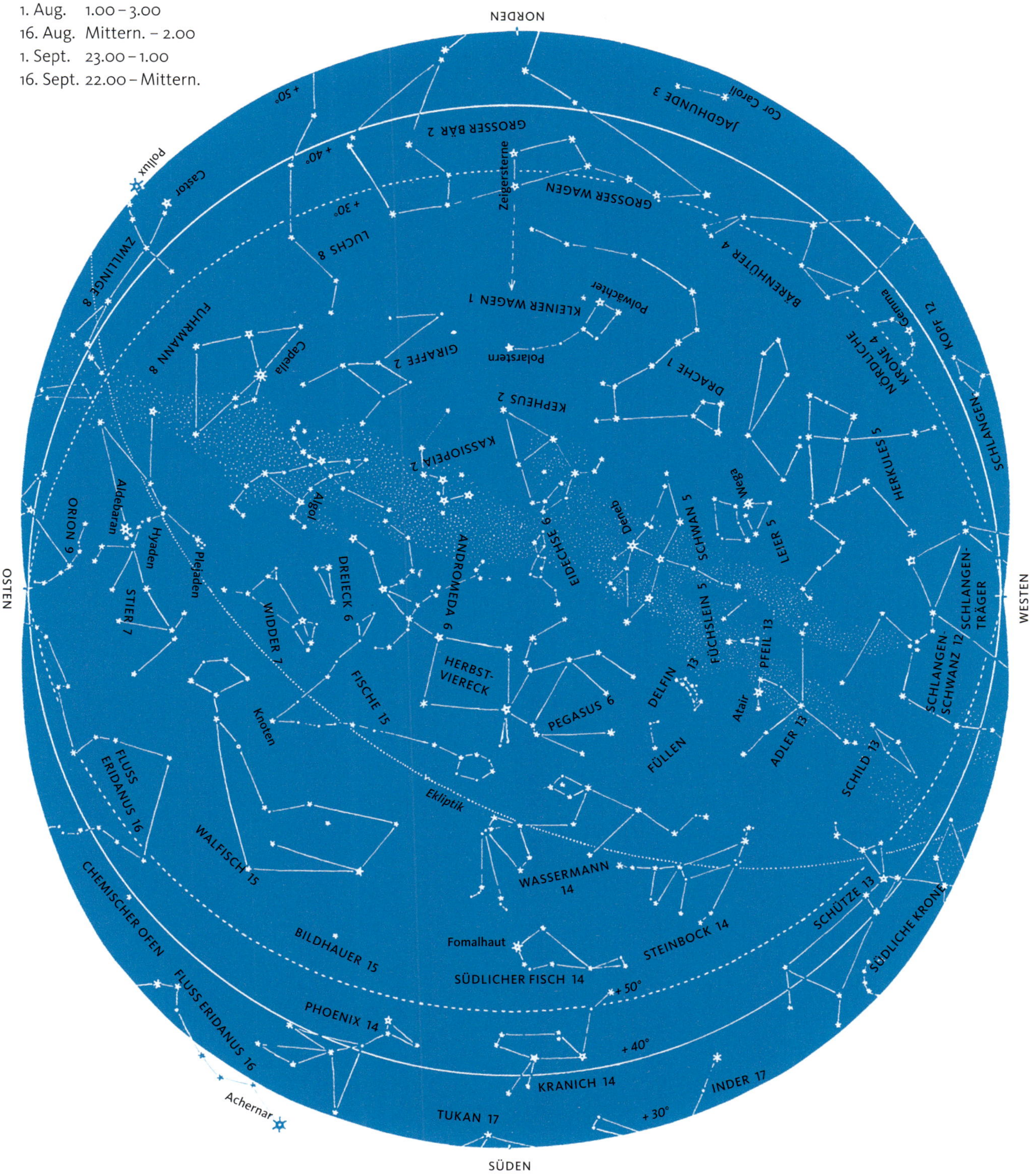

samt Wal sowie dem Fluss Eridanus seinen wenig attraktiven Stempel auf. Pegasus, Herbstviereck und Andromeda haben sich dem Zenit angenähert. Wenn der Boden noch nicht zu kühl ist, kann man im Liegen nach dem Andromedanebel Ausschau halten und darüber nachsinnen, wie es sich in unserer Nachbargalaxis, 2,7 Millionen Lichtjahre von uns entfernt, wohl leben ließe. Die gedachte (und den Himmel fast mittig durchlaufende) Linie vom Polarstern durch den ersten Stern des Kassiopeia-M, an der östlichen Seite des Herbstvierecks entlang zur Nase des Walfischs markiert in etwa den Nullstundenmeridian, und das kleine v auf der Ekliptik, gleich rechts von dieser gedachten Linie, zeigt, wo sich der Frühlingspunkt befindet. Nicht die Plejaden vergessen, gleich oberhalb von Aldebaran.

Der Sternenhimmel – Tage und Stunden

1. Nov.	21.00 – 23.00
16. Nov.	20.00 – 22.00
1. Dez.	19.00 – 21.00
16. Dez.	18.00 – 20.00
1. Jan.	17.00 – 19.00
16. Jan.	Abenddämmerung

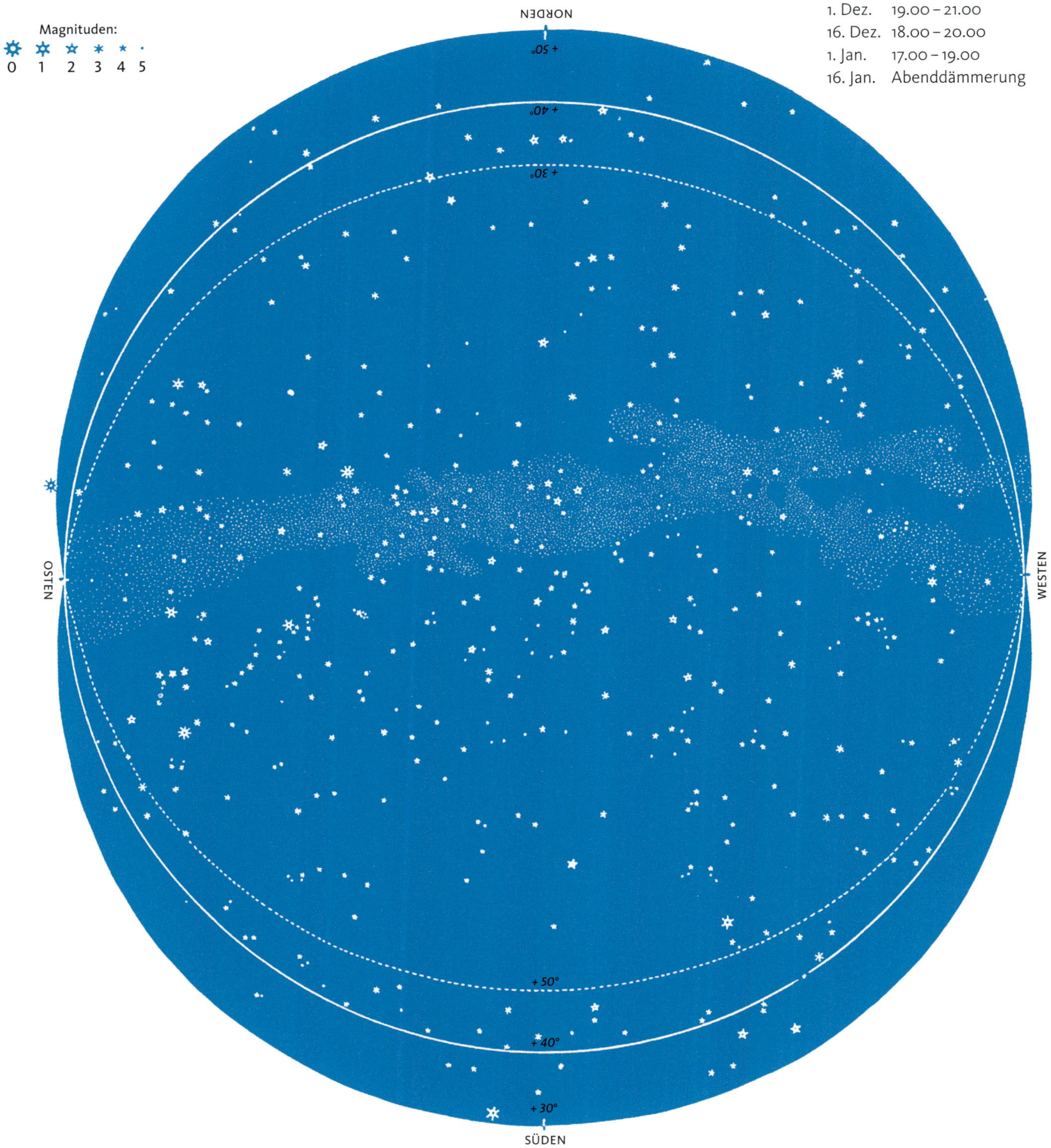

Zu sehen sind jetzt wieder zehn Sterne der 1. Größe. In der Reihenfolge ihrer Helligkeit sind das: Wega in der Leier – bläulich weiß, als erster Stern in der Abenddämmerung auszumachen (bis auf eventuell sich zeigende Planeten in der Nähe der Ekliptik – siehe den Planetenkalender Seite 148/149), bereitet sich im Nordwesten langsam auf seinen Abgang vor; Capella im Fuhrmann – gelblich, halbhoch im Osten; Rigel im Orion – bläulich weiß, steigt in den südöstlichen Himmel; Procyon im Kleinen Hund – gelblich weiß, geht im Osten auf; Atair im Adler – gelblich weiß, verabschiedet sich im Westen; Beteigeuze im Orion – rötlich, steht über dem östlichen Horizont; Aldebaran im Stier – orangefarben, steht über Rigel und Beteigeuze; Pollux in den Zwillingen – gelblich, nordnordöstlich; Fomalhaut im Südlichen Fisch – weiß, geht im Südwesten unter; Deneb im Schwan – halbhoch im nördlichen Westen. Das etwas trübe

1. Aug. Morgendämmerung
16. Aug. 2.00 – 4.00
1. Sept. 1.00 – 3.00
16. Sept. Mittern. – 2.00
1. Okt. 23.00 – 1.00
16. Okt. 22.00 – Mittern.

Kalenderblatt 11

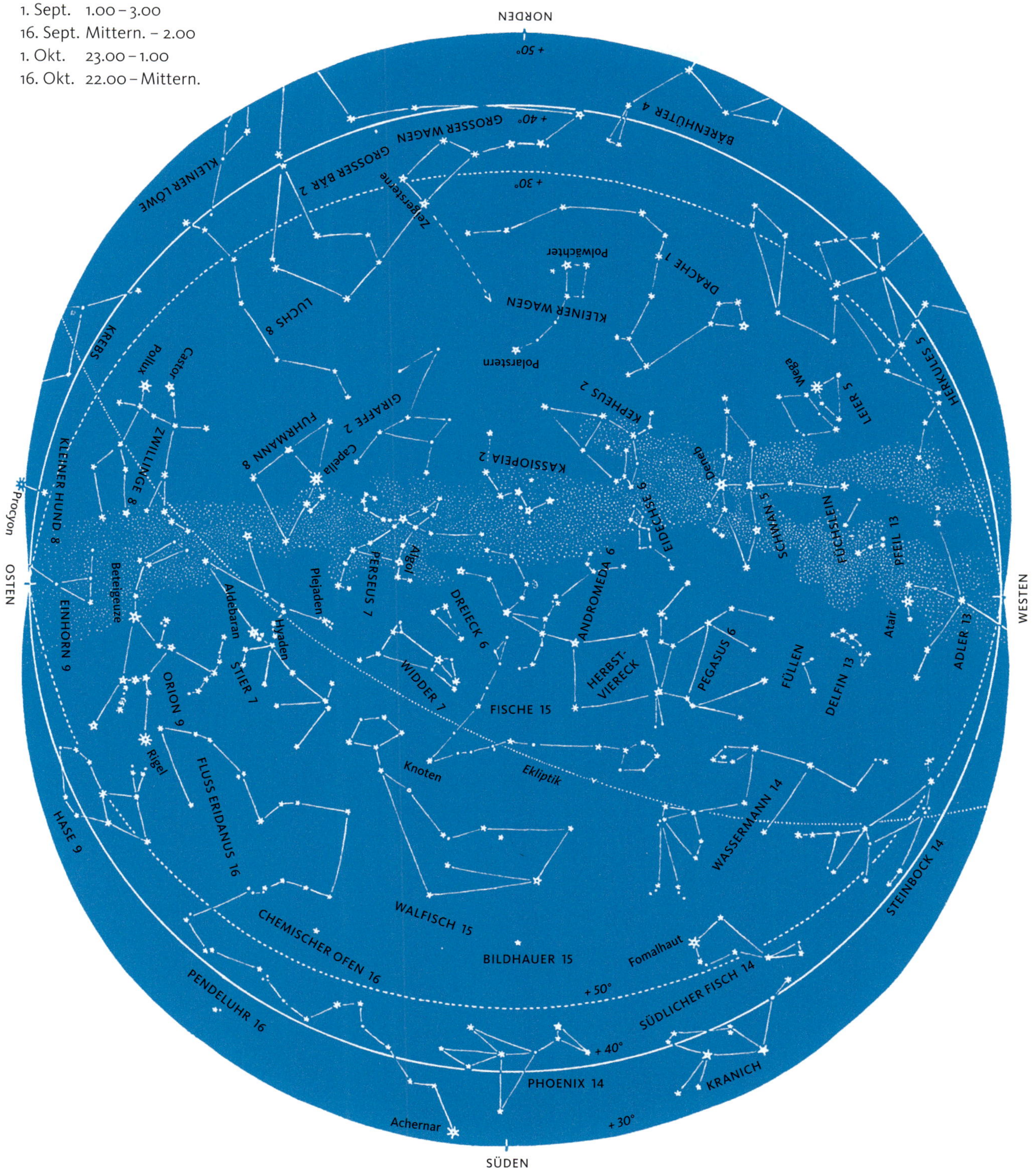

»Wasserloch« mit Wassermann, dem bloß durch Fomalhaut präsenten Südlichen Fisch, den Fischen samt Wal sowie dem Fluss Eridanus nimmt den größten Teil der südlichen Himmelshälfte ein. Und noch mehr steht zu Erwarten: Im Osten geht zunächst Procyon auf und, ca. 40 Minuten später, etwas weiter im Süden auch Sirius. Wem es bisher noch nicht gelungen ist, Kepheus oder die Eidechse zu entdecken, sollte es jetzt noch mal versuchen, solang sie hoch am Himmel stehen. Das Sommerdreieck verdrückt sich im Nordwesten. Ein Stuhl wirkt Wunder und verhilft uns zur nötigen Muße, die wir zur Beobachtung von Pegasus und Andromeda brauchen, inklusive des Nebels, der sich fast im Zenit befindet, sowie vom Widder und den Fischen. Der flunderförmige westliche Fisch zumindest ist auf seinem Platz südlich vom Herbstviereck leicht zu finden.

Der Sternenhimmel – Tage und Stunden

1. Dez.	21.00 – 23.00
16. Dez.	20.00 – 22.00
1. Jan.	19.00 – 21.00
16. Jan.	18.00 – 20.00
1. Febr.	Abenddämmerung
16. Aug.	Morgendämmerung

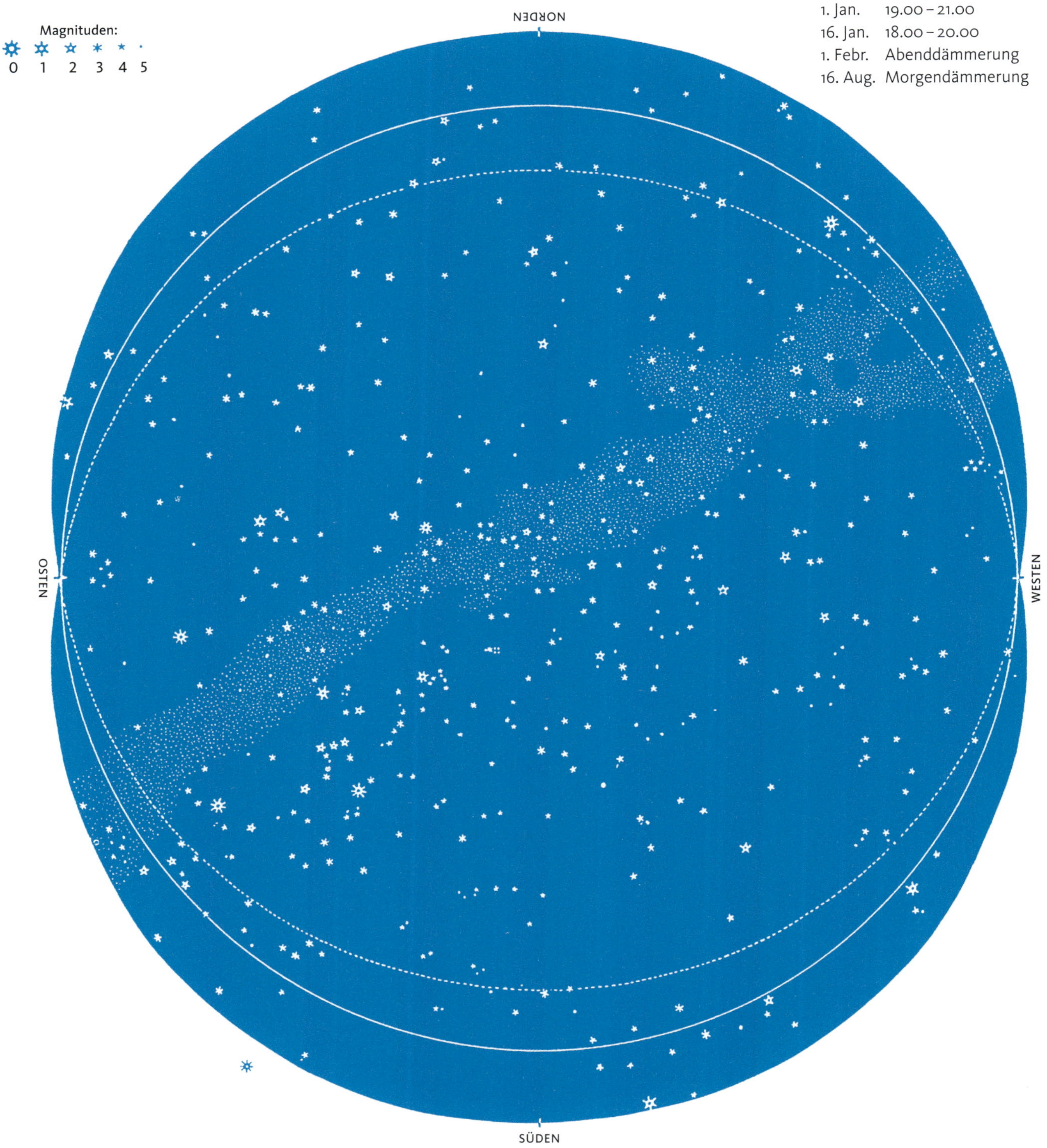

Der Winterhimmel präsentiert zehn Sterne der 1. Größenklasse. In der Reihenfolge ihrer Helligkeit sind das: Sirius im Großen Hund – der hellste unserer Sterne, bläulich, geht im Südosten auf und ist der Erste, der sich in der Abenddämmerung zeigt (bis auf eventuell sich zeigende Planeten in der Nähe der Ekliptik – siehe den Planetenkalender Seite 148/149). Wega in der Leier – bläulich weiß, tritt im Nordwesten ab; Capella im Fuhrmann – gelblich, fast im Zenit; Rigel im Orion – bläulich weiß, ziemlich genau im Südosten; Procyon im Kleinen Hund – gelblich weiß, Ostsüdost; Beteigeuze im Orion – rötlich, halbhoch im Südosten; Aldebaran im Stier – orangefarben, steht über Rigel und Beteigeuze fast schon

1. Sept. 3.00 – 5.00
16. Sept. 2.00 – 4.00
1. Okt. 1.00 – 3.00
16. Okt. Mittern. – 2.00
1. Nov. 23.00 – 1.00
16. Nov. 22.00 – Mittern.

Kalenderblatt 12

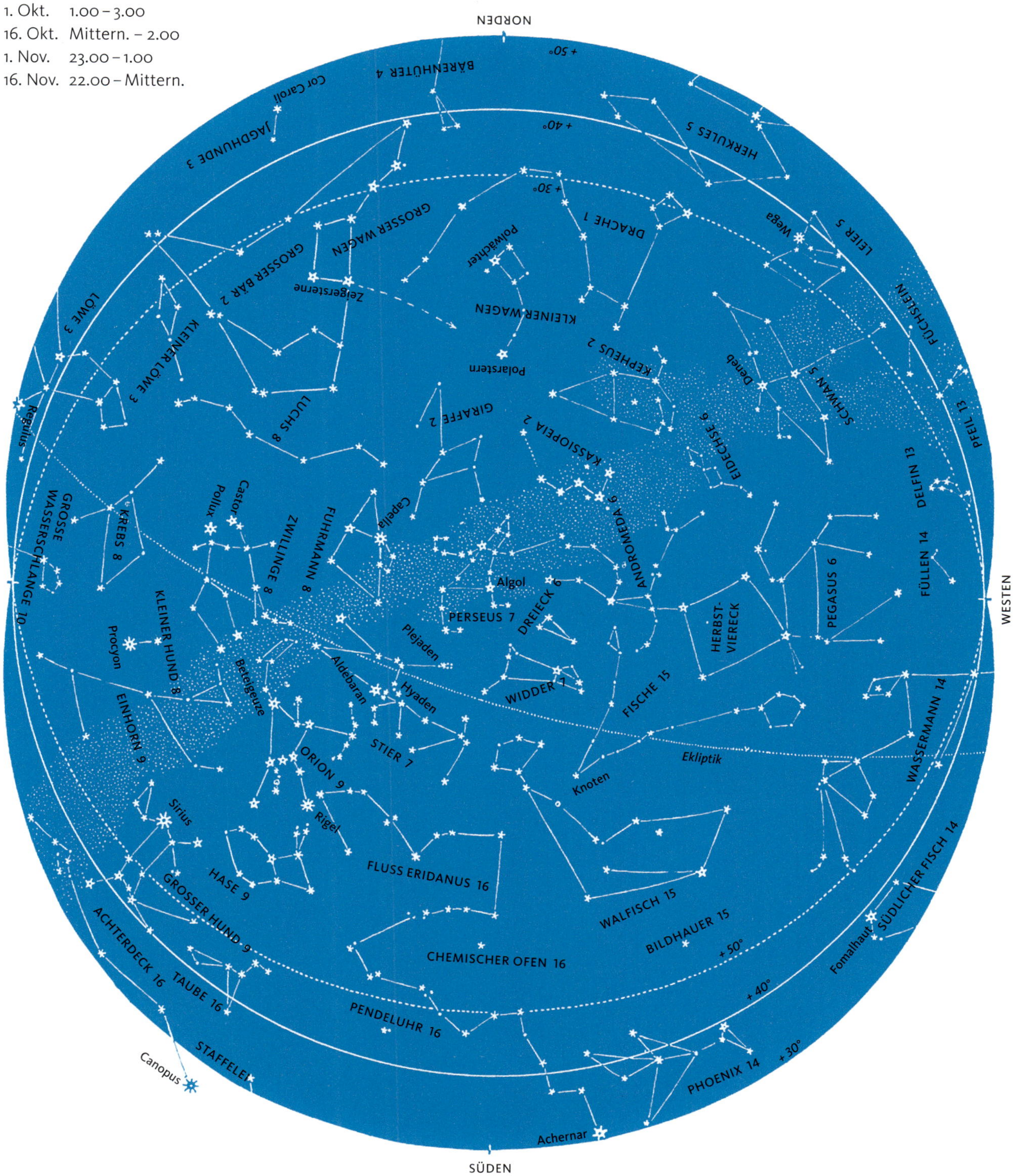

im Süden; Pollux in den Zwillingen – gelblich, halbe Höhe östlich; Deneb im Schwan – halbhoch im Nordwesten; Regulus im Löwen – bläulich weiß, geht im etwas nördlich vom Osten auf. Das tümpelige »Wasserloch« nimmt nach wie vor einen Großteil der südlichen Himmelshälfte ein. Das aus sieben der hellsten Sterne des Himmels geformte und auf Kalenderblatt 1 eingezeichnete Wintersechseck bildet dazu das beeindruckende Kontrastprogramm im Osten: Capella, Pollux, Procyon, Sirius, Rigel, Aldebaran bilden den Umriss, Beteigeuze den Mittelpunkt. Und mit genügend Stehvermögen oder Sitzfleisch kann man sich dazu noch den langsamen Aufgang von Regulus genehmigen.

Der Himmel, wie er sich zwischen dem 50. und 70. Breitengrad Nord präsentiert

Beobachtungsdatum mit den Tag-/Stundentabellen abstimmen.

Beispiel: Wir beobachten den Himmel am 5. Dezember um 22 Uhr. Die dem am nächsten kommende Zeile auf den *Tag-/Stundentabellen* ist 1. Dez.: 8 Uhr auf Tabelle D, sodass wir auf Karte D sehen können, wie sich der Himmel über uns im weitesten Sinne präsentiert. Dabei sollten wir aber nicht vergessen, dass die Sterne ganz im Westen um 22 Uhr bereits untergegangen sein werden und stattdessen schon der eine oder andere Stern aus dem Zentrum von Karte A zu sehen sein wird.

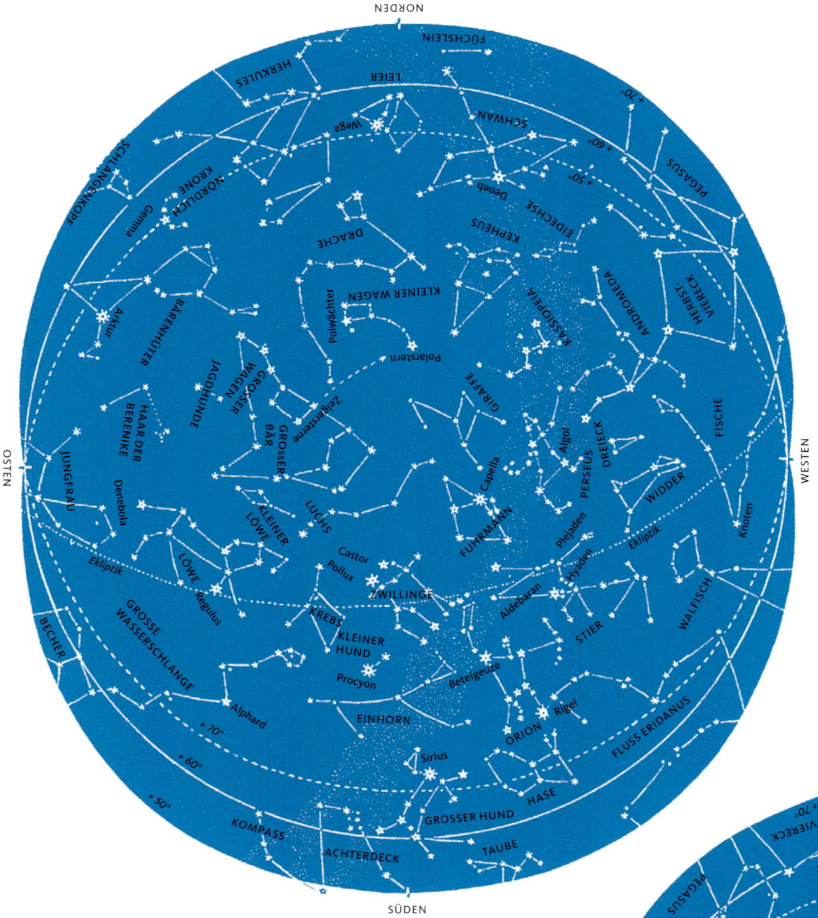

A

1. Jan.	Mittern.	1. Okt.	6.00
16. Jan.	23.00	16. Okt.	5.00
1. Febr.	22.00	1. Nov.	4.00
15. Febr.	21.00	16. Nov.	3.00
1. März	20.00	1. Dez.	2.00
16. März	19.00	16. Dez.	1.00

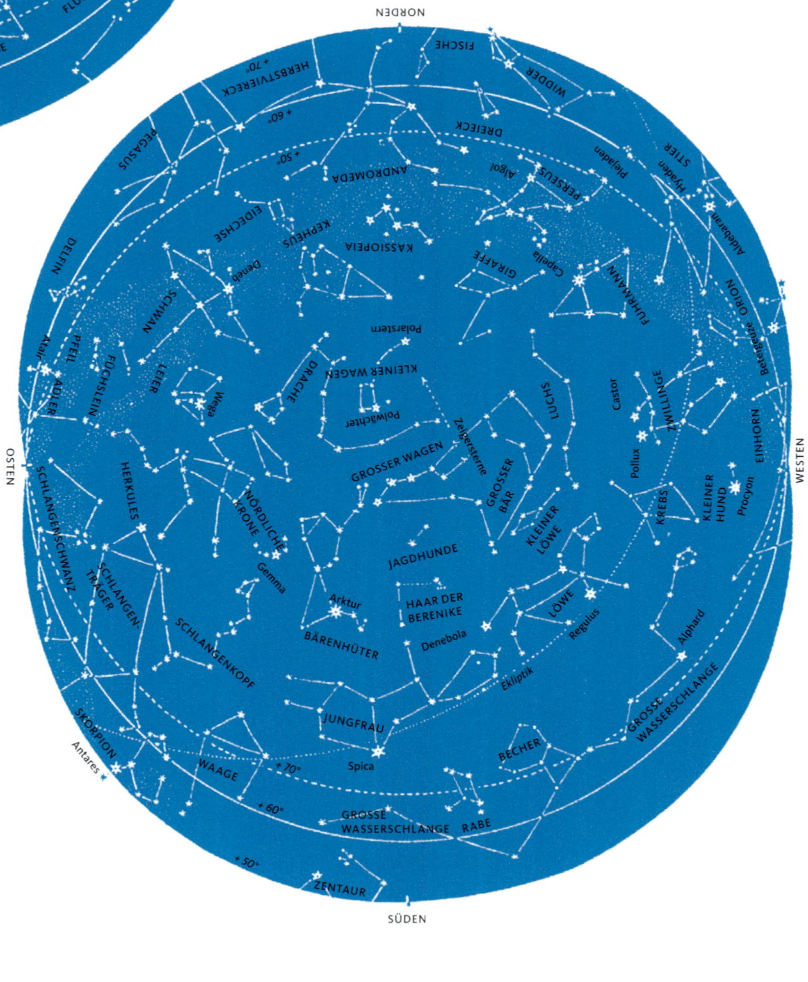

B

1. Apr.	Mittern.	1. Jan.	6.00
16. Apr.	23.00	16. Jan.	5.00
1. Mai	22.00	1. Febr.	4.00
16. Mai	21.00	15. Febr.	3.00
1. Juni	20.00	1. März	2.00
16. Juni	19.00	16. März	1.00

So präsentiert sich der Himmel in Alaska und großen Teilen Kanadas, auf den Britischen Inseln, in Holland, Belgien und Norddeutschland, in Skandinavien, Polen und Russland. Je weiter nördlich man kommt, desto weniger verändert dieser sich im Wechsel der Jahreszeiten (am Nordpol schließlich bleibt er das gesamte Jahr über unverändert). Am südlichen Rand dieser Zone wird es zwischen Mitte Juni und Anfang Juli nie so richtig dunkel (um genau zu sein jenseits von 48,5° Nord), sodass bloß die helleren Sterne auszumachen sind. Nördlich vom Polarkreis (66,5° Nord) kommt es während dieser beiden Wochen zum Phänomen der Mitternachtssonne. Am Nordpol schließlich geht die Sonne im Frühjahr und Sommer überhaupt nicht unter, nur um für den Rest des Jahres zu verschwinden.

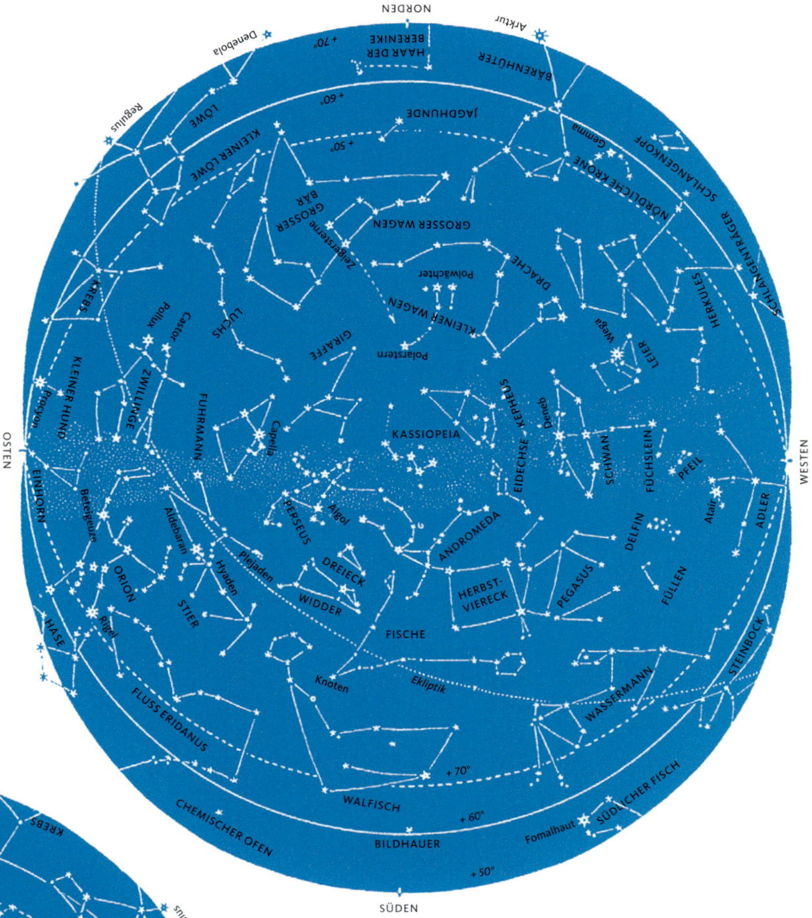

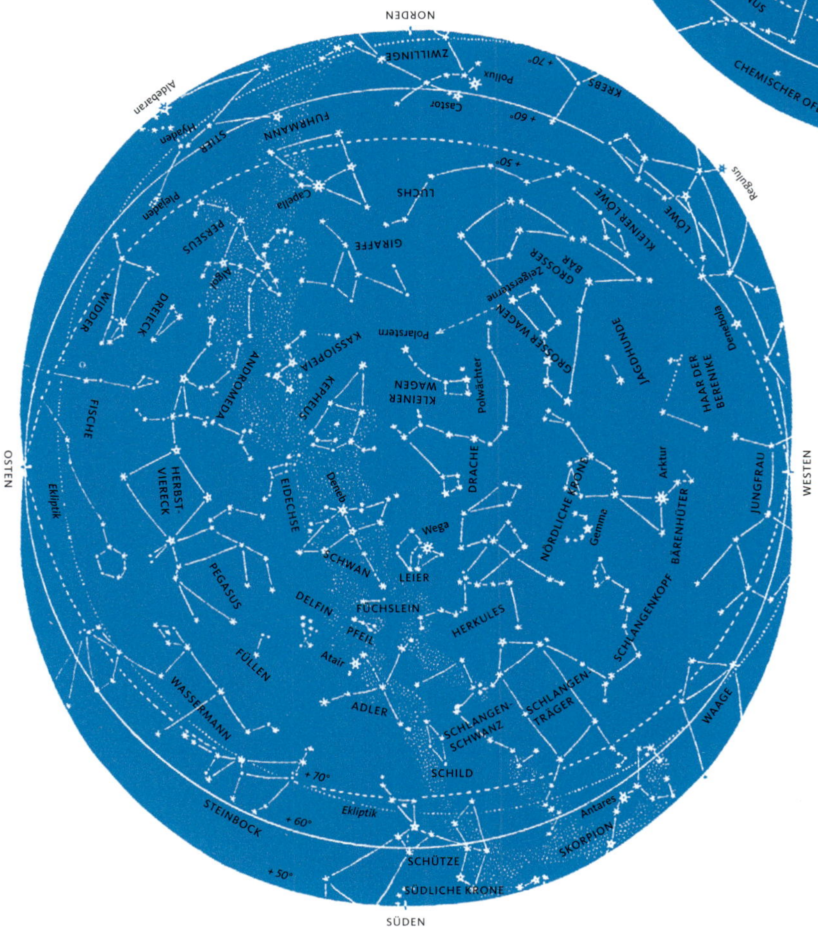

C

1. Juli	Mittern.	1. Okt.	6.00
16. Juli	23.00	16. Apr.	5.00
1. Aug.	22.00	1. Mai	4.00
16. Aug.	21.00	16. Mai	3.00
1. Sept.	20.00	1. Juni	2.00
16. Sept.	19.00	16. Juni	1.00

D

1. Okt.	Mittern.	1. Jan.	6.00
16. Okt.	23.00	16. Jan.	5.00
1. Nov.	22.00	1. Aug.	4.00
16. Nov.	21.00	16. Aug.	3.00
1. Dez.	20.00	1. Sept.	2.00
16. Dez.	19.00	16. Sept.	1.00

Magnituden:
0 1 2 3 4 5

Der Himmel, wie er sich zwischen dem 30. und 10. Breitengrad Nord präsentiert

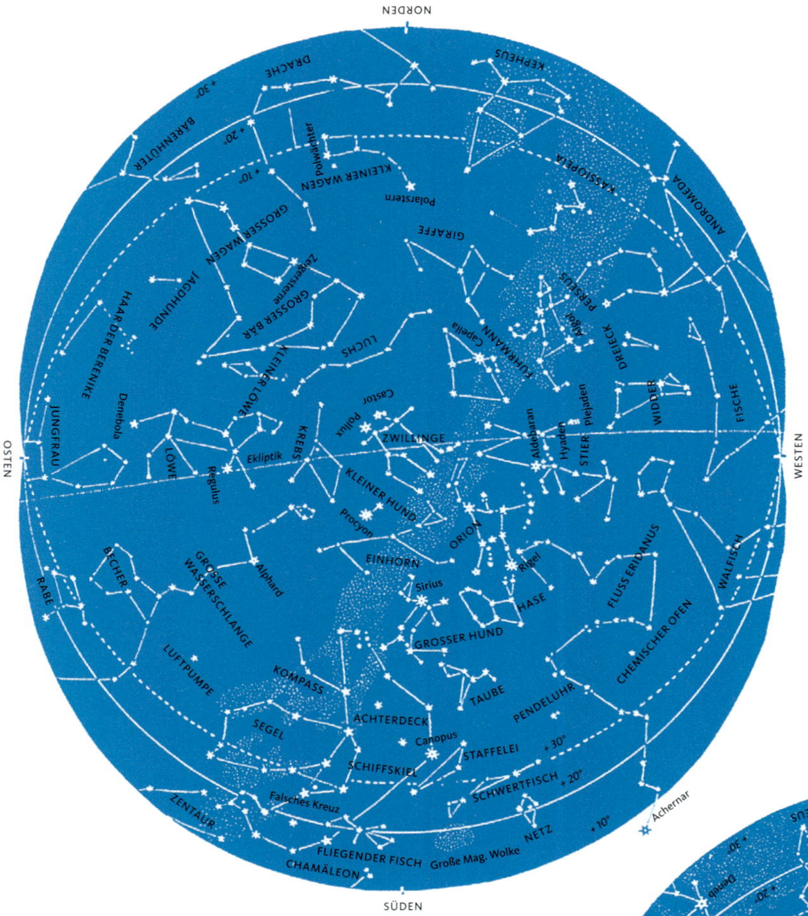

Beobachtungsdatum mit den Tag-/Stundentabellen abstimmen.

Beispiel: Wir beobachten den Himmel am 5. Dezember um 22 Uhr. Die dem am nächsten kommende Zeile auf den *Tag-/Stundentabellen* ist 1. Dez.: 8 Uhr auf Tabelle D, sodass wir auf Karte D sehen können, wie sich der Himmel über uns im weitesten Sinne präsentiert. Dabei sollten wir aber nicht vergessen, dass die Sterne ganz im Westen um 22 Uhr bereits untergegangen sein werden und stattdessen schon der eine oder andere Stern aus dem Zentrum von Karte A zu sehen sein wird.

A

1. Jan.	Mittern.	16. Okt.	5.00
16. Jan.	23.00	1. Nov.	4.00
1. Febr.	22.00	16. Nov.	3.00
15. Febr.	21.00	1. Dez.	2.00
1. März	20.00	16. Dez.	1.00
16. März	19.00		
1. Okt.	6.00		

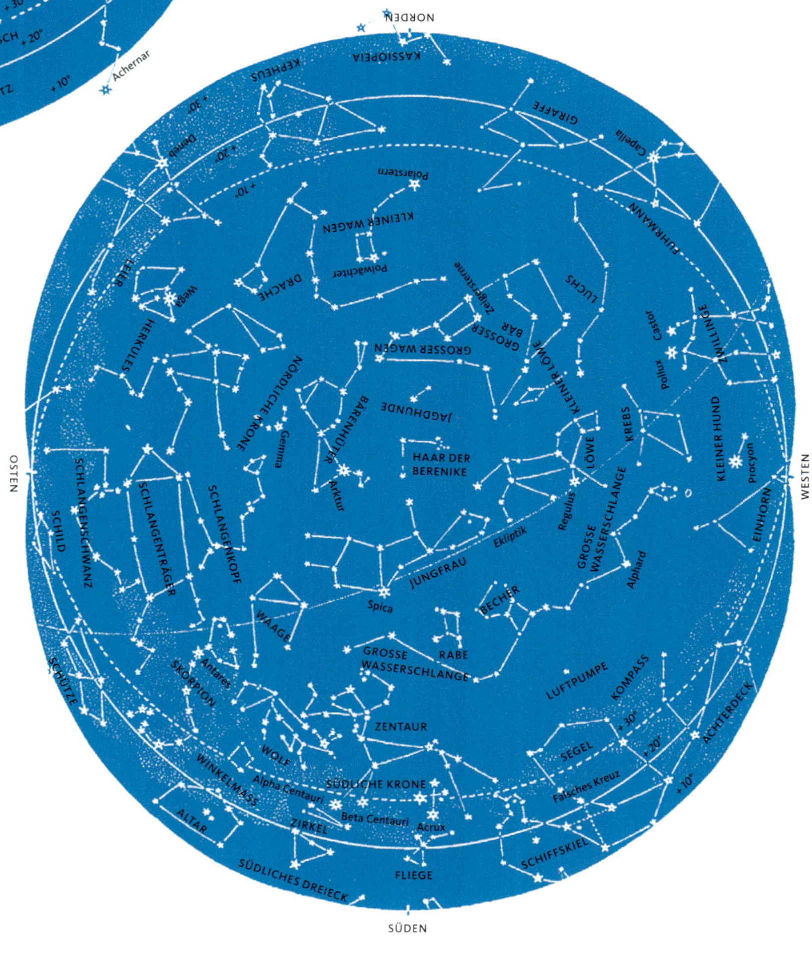

B

1. Apr.	Mittern.	1. Jan.	6.00
16. Apr.	23.00	16. Jan.	5.00
1. Mai	22.00	1. Febr.	4.00
16. Mai	21.00	15. Febr.	3.00
1. Juni	20.00	1. März	2.00
16. Juni	19.00	16. März	1.00

Kalenderblatt 14

So präsentiert sich der Himmel im Süden von Florida, Mexiko, den größten Teilen Mittelamerikas und der Karibik. Man sieht ihn so in Nordafrika, von Marokko bis zum Golf von Guinea, in Ägypten und im Sudan, in den arabischen Staaten, Indien, Pakistan und Südostasien, ebenso wie im Süden Chinas und den nördlichen Philippinen. Am südlichen Zipfel dieser Regionen bietet sich einem die Möglichkeit, so gut wie alle Sternbilder der südlichen Hemisphäre zu beobachten, wenn auch manche von ihnen nur ganz knapp über dem Horizont. Für den Gürtel zwischen dem 30. und 50. Breitengrad kann man sich insofern gut behelfen, als man sich die hier abgedruckten Karten in Verbindung mit den Kalenderblättern 1 bis 12 anschaut.

C

1. Juli	Mittern.	1. Okt.	6.00
16. Juli	23.00	16. Apr.	5.00
1. Aug.	22.00	1. Mai	4.00
16. Aug.	21.00	16. Mai	3.00
1. Sept.	20.00	1. Juni	2.00
16. Sept.	19.00	16. Juni	1.00

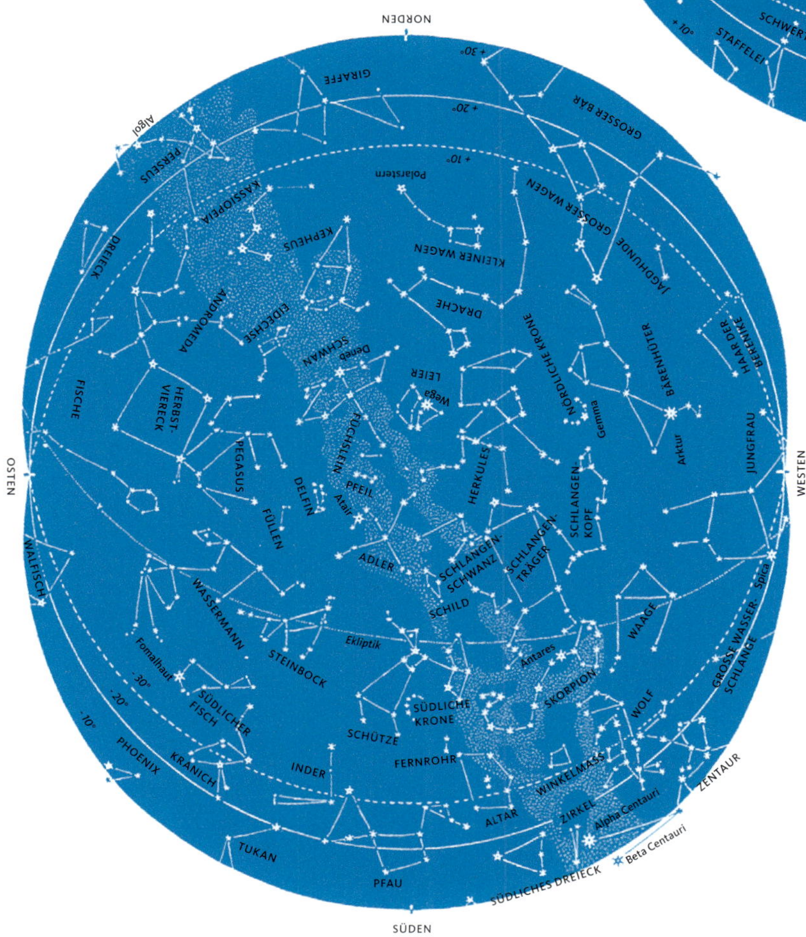

D

1. Okt.	Mittern.	1. Jan.	6.00
16. Okt.	23.00	16. Jan.	5.00
1. Nov.	22.00	1. Aug.	4.00
16. Nov.	21.00	16. Aug.	3.00
1. Dez.	20.00	1. Sept.	2.00
16. Dez.	19.00	16. Sept.	1.00

Magnituden:
0 1 2 3 4 5

Der Himmel, wie er sich zwischen dem 10. Breitengrad Nord und dem 10. Breitengrad Süd präsentiert

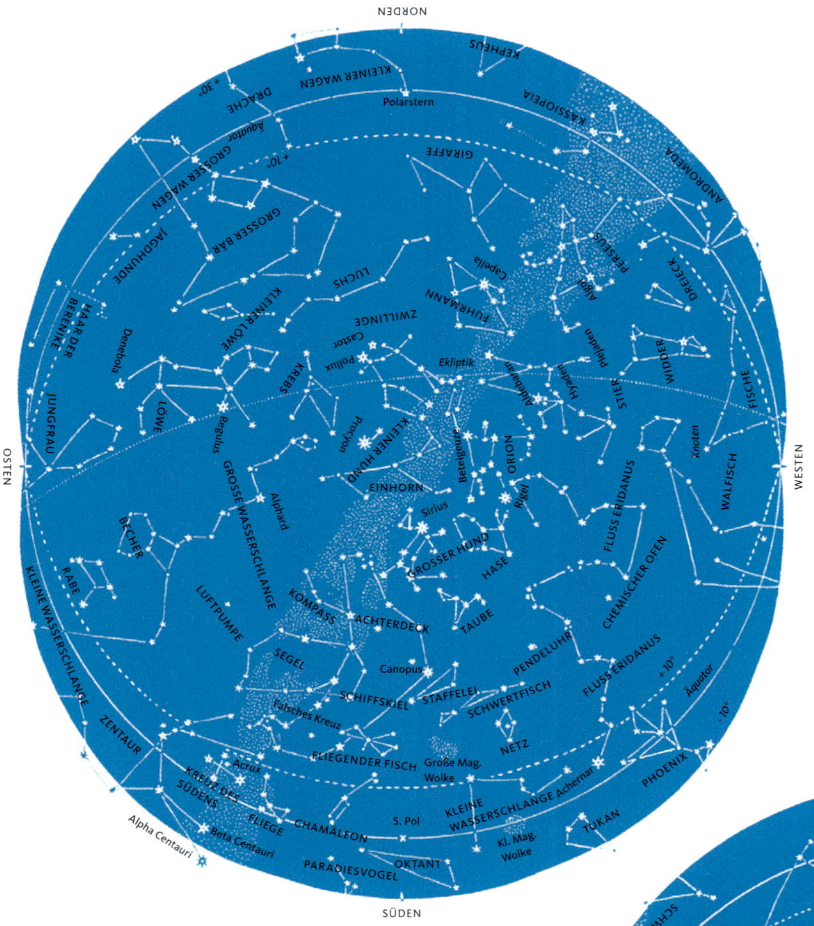

Beobachtungsdatum mit den Tag-/Stundentabellen abstimmen.

Beispiel: Wir beobachten den Himmel am 5. Dezember um 22 Uhr. Die dem am nächsten kommende Zeile auf den *Tag-/Stundentabellen* ist 1. Dez.: 8 Uhr auf Tabelle D, sodass wir auf Karte D sehen können, wie sich der Himmel über uns im weitesten Sinne präsentiert. Dabei sollten wir aber nicht vergessen, dass die Sterne ganz im Westen um 22 Uhr bereits untergegangen sein werden und stattdessen schon der eine oder andere Stern aus dem Zentrum von Karte A zu sehen sein wird.

A

1. Jan.	Mittern.	1. Okt.	6.00
16. Jan.	23.00	16. Okt.	5.00
1. Febr.	22.00	1. Nov.	4.00
15. Febr.	21.00	16. Nov.	3.00
1. März	20.00	1. Dez.	2.00
16. März	19.00	16. Dez.	1.00

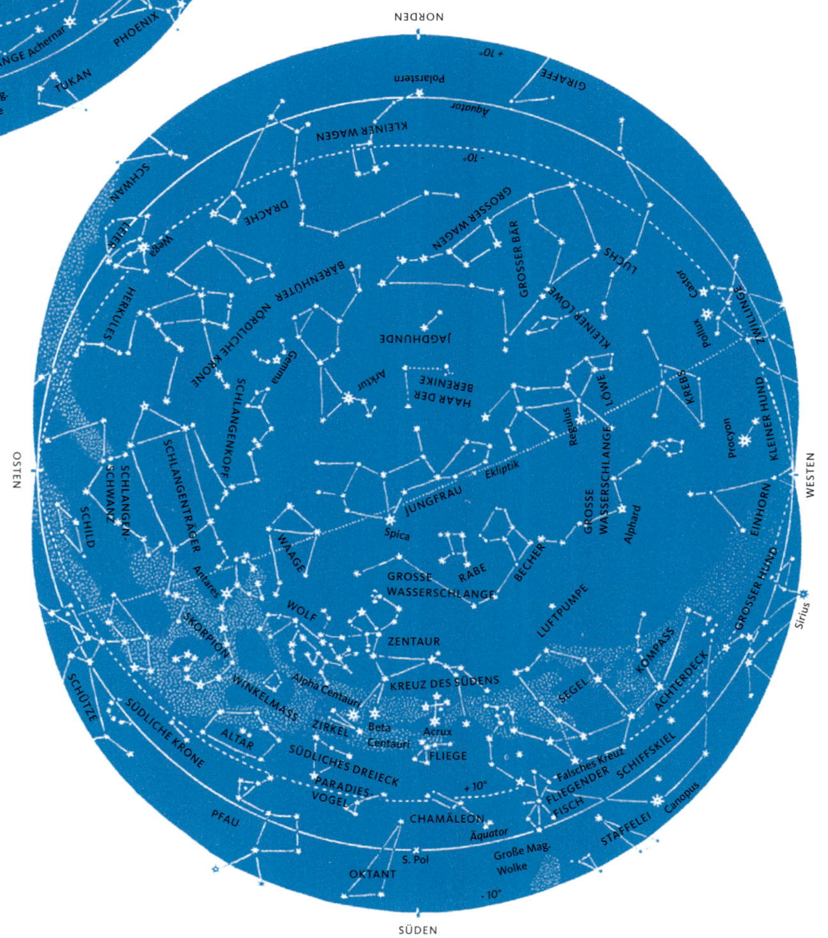

B

1. Apr.	Mittern.	1. Jan.	6.00
16. Apr.	23.00	16. Jan.	5.00
1. Mai	22.00	1. Febr.	4.00
16. Mai	21.00	15. Febr.	3.00
1. Juni	20.00	1. März	2.00
16. Juni	19.00	16. März	1.00

So sieht man den Himmel über allen äquatorialen Ländern und Gebieten unserer Erde: Peru, Panama, Kolumbien, Venezuela, den Guianas und dem nördlichen Brasilien. Er präsentiert sich so von Ghana über Nigeria bis Sri Lanka, Malaysia, Indonesien und dem südlichen Teil der Philippinen. Und in Neuguinea. Und auf den Galapagos. Hunderte von Millionen Menschen können ihn so genießen – und genießen ist fast noch untertrieben: Mit den Polen direkt über, unter oder auf dem Horizont, bietet sich dem Sterngucker hier die wunderbare Möglichkeit nach und nach jedes einzelne Sternbild am Himmel zu entdecken (siehe Abbildung 18, Seite 124). Die Länge der Nacht ändert sich übers Jahr nur unbedeutend, und so etwas wie Mitternachtssonne wird es dort mit Sicherheit nie geben. Südlich des Äquators verhält es sich mit den Jahreszeiten genau umgekehrt wie bei uns: der Frühling beginnt um den 23. September herum, dann wird es Sommer (um den 21. Dezember herum) usw.

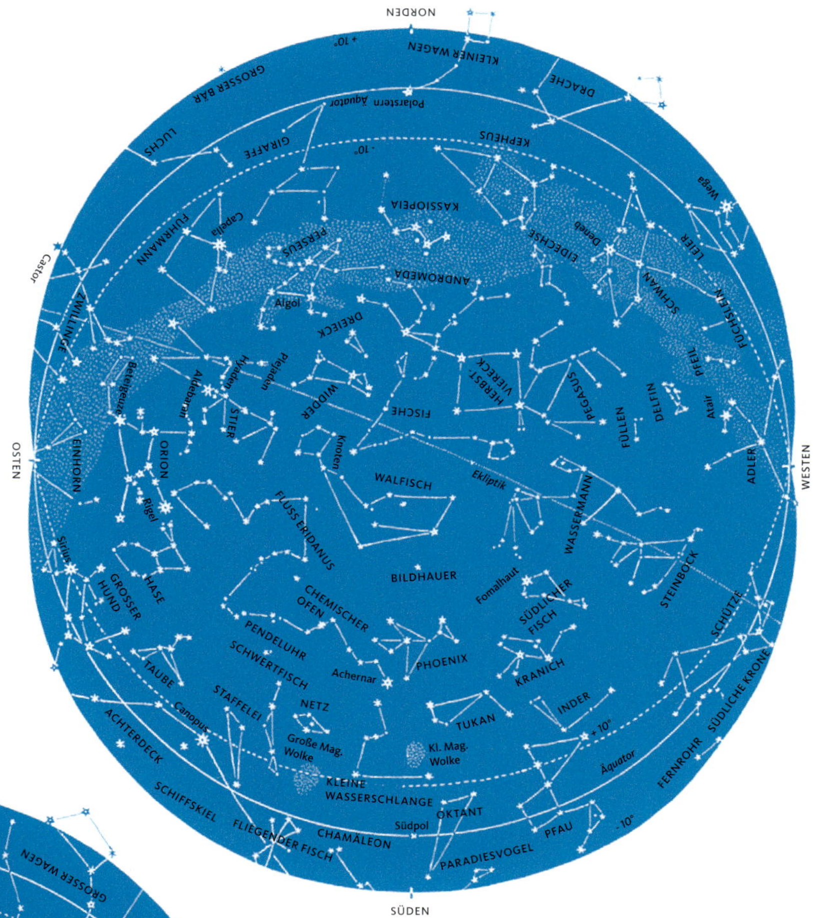

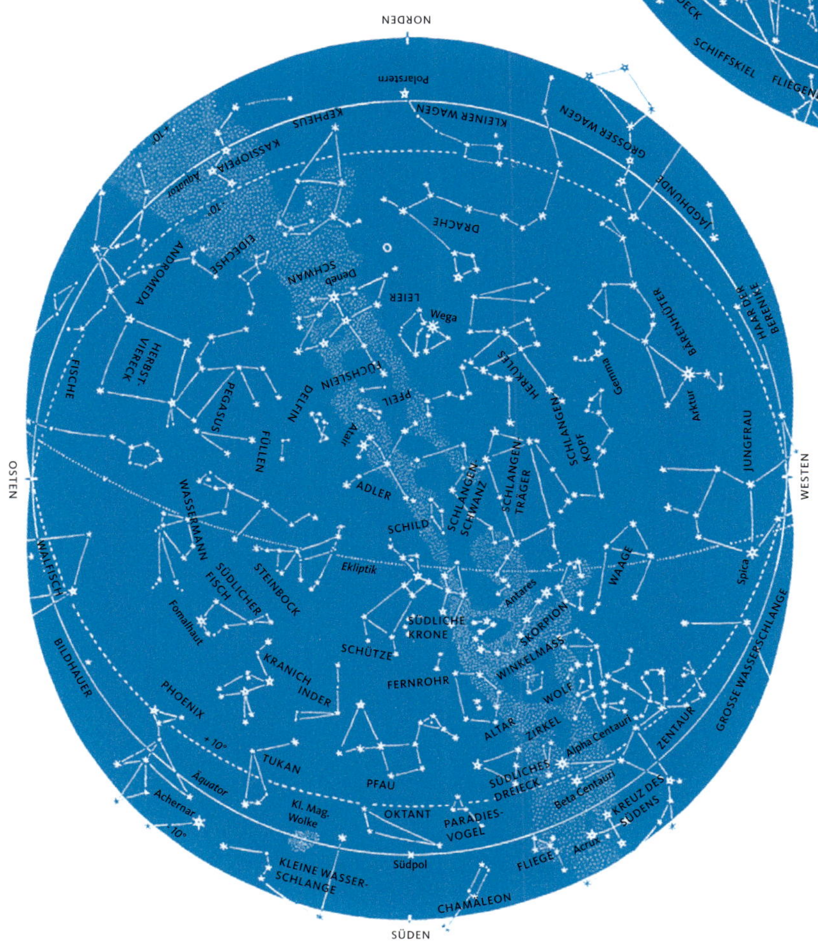

C

1. Juli	Mittern.	1. Okt.	6.00
16. Juli	23.00	16. Apr.	5.00
1. Aug.	22.00	1. Mai	4.00
16. Aug.	21.00	16. Mai	3.00
1. Sept.	20.00	1. Juni	2.00
16. Sept.	19.00	16. Juni	1.00

D

1. Okt.	Mittern.	1. Jan.	6.00
16. Okt.	23.00	16. Jan.	5.00
1. Nov.	22.00	1. Aug.	4.00
16. Nov.	21.00	16. Aug.	3.00
1. Dez.	20.00	1. Sept.	2.00
16. Dez.	19.00	16. Sept.	1.00

Magnituden:
0 1 2 3 4 5

Der Himmel, wie er sich zwischen dem 10. dem 30. Breitengrad Süd präsentiert

Beobachtungsdatum mit den Tag-/Stundentabellen abstimmen.

Beispiel: Wir beobachten den Himmel am 5. Dezember um 22 Uhr. Die dem am nächsten kommende Zeile auf den *Tag-/Stundentabellen* ist 1. Dez.: 8 Uhr auf Tabelle D, sodass wir auf Karte D sehen können, wie sich der Himmel über uns im weitesten Sinne präsentiert. Dabei sollten wir aber nicht vergessen, dass die Sterne ganz im Westen um 22 Uhr bereits untergegangen sein werden und stattdessen schon der eine oder andere Stern aus dem Zentrum von Karte A zu sehen sein wird.

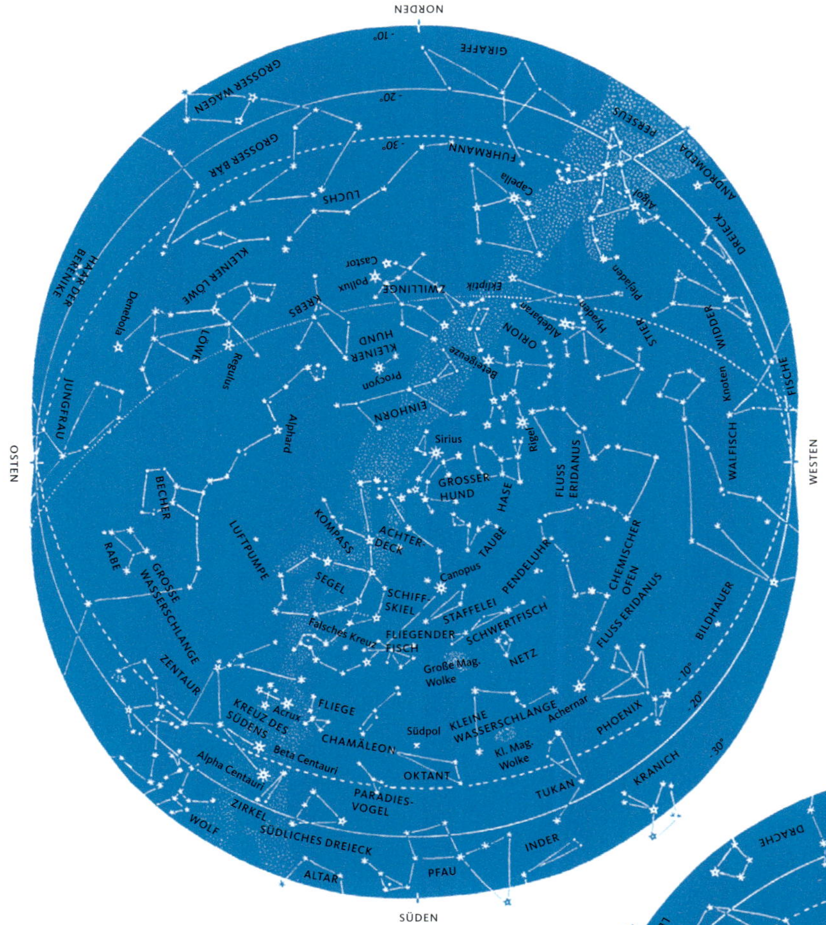

A

1. Jan.	Mittern.	1. Okt.	6.00
16. Jan.	23.00	16. Okt.	5.00
1. Febr.	22.00	1. Nov.	4.00
15. Febr.	21.00	16. Nov.	3.00
1. März	20.00	1. Dez.	2.00
16. März	19.00	16. Dez.	1.00

B

1. Apr.	Mittern.	1. Jan.	6.00
16. Apr.	23.00	16. Jan.	5.00
1. Mai	22.00	1. Febr.	4.00
16. Mai	21.00	15. Febr.	3.00
1. Juni	20.00	1. März	2.00
16. Juni	19.00	16. März	1.00

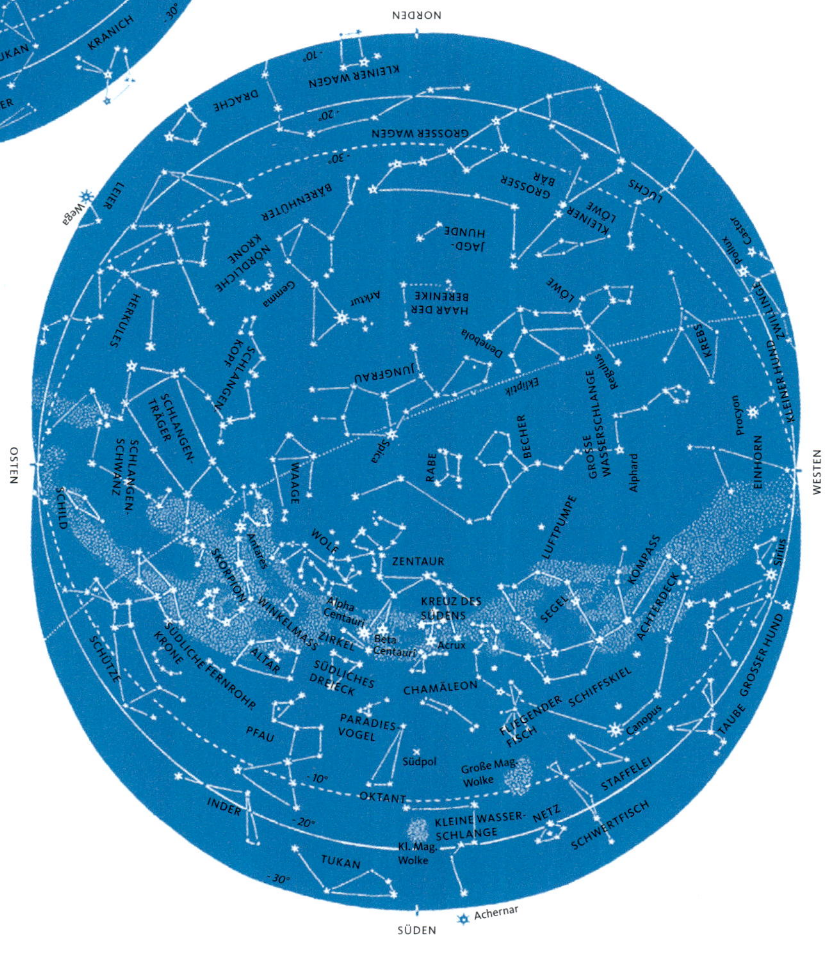

So sieht man den Himmel vom Süden Perus aus, vom Norden Chiles, einem Großteil Brasiliens, von Uruguay und Nordargentinien. Er präsentiert sich so den Menschen in Südafrika, genau wie denen in weiten Teilen Australiens und Neuseelands. Die Sterngucker dort unten sind insofern schlechter dran als wir, als für sie die meisten Sternbilder auf dem Kopf stehen, da diese von Menschen der nördlichen Hemisphäre benannt worden sind, die sich damals noch nicht vorstellen konnten, dass es dort unten überhaupt Menschen gab, geschweige denn Sterngucker!

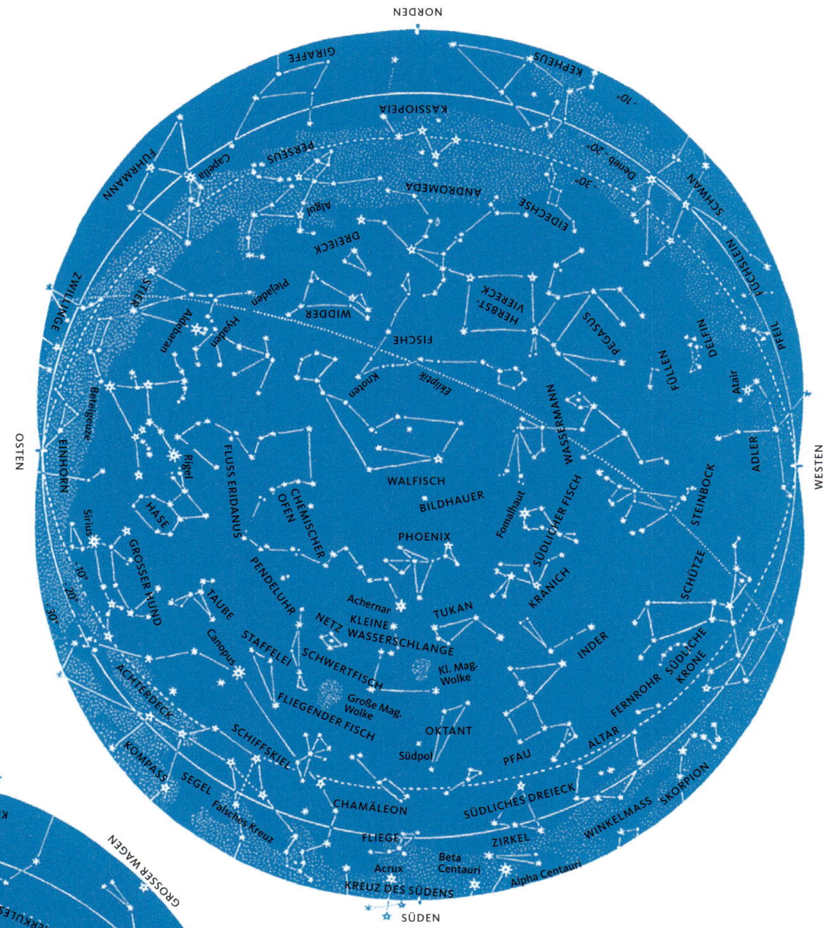

C

1. Juli	Mittern.	1. Okt.	6.00
16. Juli	23.00	16. Apr.	5.00
1. Aug.	22.00	1. Mai	4.00
16. Aug.	21.00	16. Mai	3.00
1. Sept.	20.00	1. Juni	2.00
16. Sept.	19.00	16. Juni	1.00

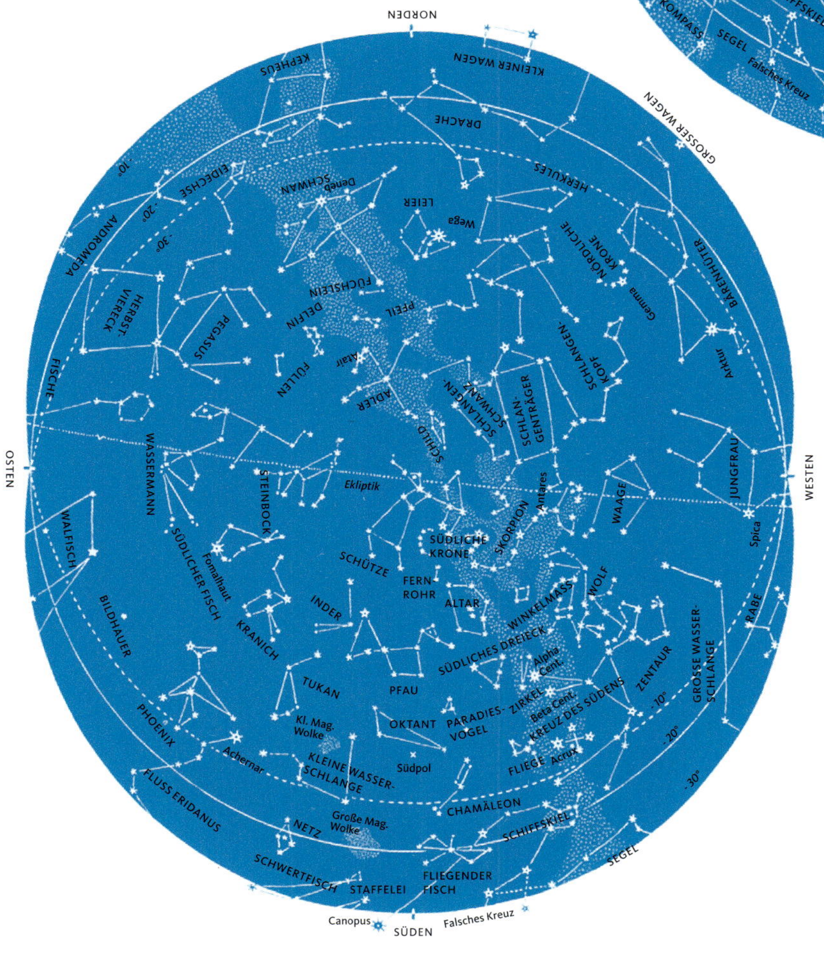

D

1. Okt.	Mittern.	1. Jan.	6.00
16. Okt.	23.00	16. Jan.	5.00
1. Nov.	22.00	1. Aug.	4.00
16. Nov.	21.00	16. Aug.	3.00
1. Dez.	20.00	1. Sept.	2.00
16. Dez.	19.00	16. Sept.	1.00

Magnituden: 0 1 2 3 4 5

Vierter Teil

Einige Wies und Warums

Einige Wies und Warums

Wenn ich es Ihnen doch sage – die Erde ist eine Kugel und keine Scheibe!

Bis jetzt haben wir uns auf die Sternbilder und ihre Umrisse beschränkt, auf einige der Sterne, aus denen sie sich zusammensetzen, und darauf, wo wir sie im Laufe des Jahres zu unterschiedlicher Nachtzeit am Himmel entdecken können.

Haben wir uns dieses Wissen angeeignet, zumindest den überwiegenden Teil davon, dann finden wir uns am Sternenhimmel ziemlich gut zurecht, was schließlich auch unser eigentliches Ziel war. Wir wären jetzt zum Beispiel durchaus in der Lage, uns mit dem alten chaldäischen Hirten auszutauschen, den wir zu Beginn getroffen haben (vorausgesetzt, wir sprächen seine Sprache), und könnten, wenn wir Wert drauf legten, auf die meisten unserer Zeitgenossen schon allein dadurch mächtig Eindruck machen, wie gut wir uns am Himmel auskennen.

Viele werden sich damit zufriedengeben wollen und sollen das dann auch ruhig tun. Ganz gleich, mit welchem Ausschnitt der Natur man sich beschäftigt – mit Mikroben oder mit Milchstraßen –, es gibt einen Punkt, an dem man damit anfängt, ein Ende gibt es nie. Dafür reicht ein Leben nicht aus und die meisten von uns müssen sich ohnehin um andere Dinge kümmern, auch wenn uns das manchmal leidtut.

Aber der eine oder andere wird Lust haben, ein wenig weiter zu gehen. Das Thema ist faszinierend, und wir sind einer ganzen Reihe von Fragen begegnet, deren Antworten wir gerade mal gestreift haben. Die Begriffe, die wir dabei benutzt haben, könnten ein paar ergänzende Erklärungen gut vertragen.

In den folgenden Kapiteln geht es um solche Antworten und Erklärungen, wobei Umfang und Zweck dieses Buches es notwendig machen, uns auf die jeweils wichtigsten Punkte zu beschränken, und dieses relativ kompakt. Dabei werden sich Wiederholungen nicht immer vermeiden lassen.

Wir werden die Zusammenhänge so untechnisch wie möglich darstellen (das ist der lange Weg; technische Formeln sind Abkürzungen), aber völlig ohne Winkel, Gradzahlen, Kreise, Ebenen und Ähnliches geht es leider nicht. So – das war jetzt aber wirklich die letzte Warnung. Ab geht's!

Wir bauen ein Himmelsmodell: Wenn wir mit unserem Verständnis von den Sternen über dasjenige des »Chaldäischen Zeitalters« hinausgelangen wollen, müssen wir uns zunächst mal einen Überblick von dem verschaffen, was man Himmelsmechanik nennt. Das umfasst die scheinbare Bewegung des Sternenhimmels in seiner Gesamtheit ebenso wie die wirkliche Drehung der Erde um sich selbst und die Sonne, welcher wir diese scheinbare Bewegung überhaupt zu verdanken haben. Aber auch Teilbereiche wie Meridian, Himmelsäquator, Deklination, Stundenkreis, Ekliptik und Sternzeit gehören dazu.

Das könnte man nun natürlich ohne weiteres durch ein einziges Diagramm bewerkstelligen, indem man all diese eben erwähnten Elemente dort hineinpackt. Dem Autor käme dies eventuell sogar entgegen, für die meisten Leser jedoch bliebe die ganze Sache dann wohl eher undurchsichtig. Demzufolge werden wir mit dem ganz einfachen beginnen und uns danach Stück für Stück zu den komplizierteren Zusammenhängen vorarbeiten, und zwar indem wir auf den folgenden Seiten so etwas wie ein Himmelsmodell errichten: ein Planetarium, das die Wirklichkeit um vieles getreuer und genauer abbildet als unser Regenschirm auf Seite 24 , der ja auch eher als ein Art Notbehelf gedacht war.

Wir fangen am besten ganz einfach mit dem an, was wir sehen können. Vorausgesetzt, nichts engt unser Blickfeld ein, nehmen wir die Erde als flache, runde Scheibe wahr. Die äußere Begrenzung dieser Scheibe bildet der Horizont, und wir befinden uns genau im Mittelpunkt (egal, wo wir uns befinden – wir stehen immer im Zentrum unseres »ureigenen« Horizonts). Über uns erblicken wir den Himmel, eine riesige, hohle Halbkugel, deren Rand auf dem Horizont zu stehen scheint.

Auf Abbildung 10 sehen wir ein Modell dieser Vorstellung. Im Mittelpunkt der Scheibe stehen wir selbst in Form eines zwergenhaften Beobachters. Bei allem, was wir auf den folgenden Seiten beschreiben, ist es äußerst hilfreich, sich diese unsere Position immer wieder zu vergegenwärtigen. Gehen wir nun davon aus, das abge-

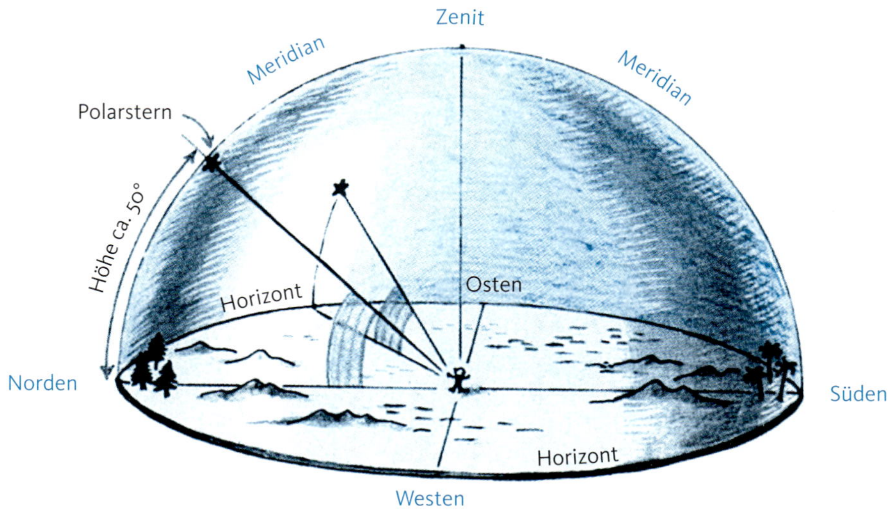

Abbildung 10: Der Himmel, so wie wir ihn sehen: eine Halbkugel

bildete Modell zeige den Himmel so, wie er sich uns auf Höhe des 50. Breitengrads Nord darbietet, dann entdeckt unser winziger Beobachter den Polarstern ca. 50° oberhalb des Horizonts, in nördlicher Richtung*. Diese Distanz zwischen einem Stern und dem Horizont nennt man HÖHE. Also hat der Polarstern eine Höhe von ca. 50°. Der zweite Stern auf unserer Abbildung hat eine Höhe von ca. 25°. Im Verlauf seiner Reise über den Himmel – oder besser gesagt: seiner scheinbaren Reise – ändert jeder Stern ständig seine Höhe. Bloß der Polarstern hält seine Stellung, vorausgesetzt wir entfernen uns nicht von unserem Breitengrad. Die Höhe des Polarsterns oder, um ganz genau zu sein, des nördlichen Himmelspols, entspricht stets dem Breitengrad, auf dem der Beobachter sich gerade befindet. Warum das so ist, erfahren wir auf Seite 122.

Die (gedachte) Linie, die den Himmelsdom ausgehend vom nördlichen Punkt am Horizont durch Pol und Zenit nach oben hin durchmisst, um ihn nach ihrem Niedergang auf der anderen Seite am südlichen Punkt wieder zu verlassen, nennt man *Meridian*. Wie wir noch sehen werden, handelt es sich dabei um eine sehr wichtige Linie.

Die (natürlich wiederum gedachte) Linie zwischen dem Beobachter und dem Himmelspol bildet die Achse, um die herum wir den Modell-Himmel kreisen lassen müssen, sodass der Betrachter sieht, wie sich »sein« Himmel dreht, von Osten nach Westen.

Spätestens jetzt stellen wir fest, dass wir mit der Vorstellung vom Himmel als einer Halbkugel nicht auskommen werden. Sobald wir nämlich damit anfingen, ihn um unsere gedachte Achse kreisen zu lassen, täte sich im Osten eine Himmelslücke auf, während ein Teil des eben noch sichtbaren Himmelsschirms im Westen einfach verschwände.

Dieses Problem kriegen wir erst vom Tisch, wenn wir statt einer Halbkugel eine volle Kugel verwenden, wobei der innere Betrachter natürlich bloß die obere Hälfte sieht. Die andere Hälfte befindet sich jeweils unterhalb der Grundfläche, auf der der kleine Sterngucker seinen Standpunkt eingenommen hat – unter seinem Horizont, sozusagen.

Wenn wir die Achse nun vom Betrachter aus auch in die untere Hälfte hinein verlängern, dann läuft sie durch den Mittelpunkt der Scheibe hindurch, trifft genau

* Befände der Polarstern sich ganz genau auf dem Himmelspol, betrüge seine Höhe auch exakt 50°. Polaris befindet sich im Augenblick weniger als 1° vom Himmelsnordpol entfernt. Darum erlauben wir uns der Einfachheit halber, ihn in unseren Beispielen tatsächlich mit dem Pol gleichzusetzen.

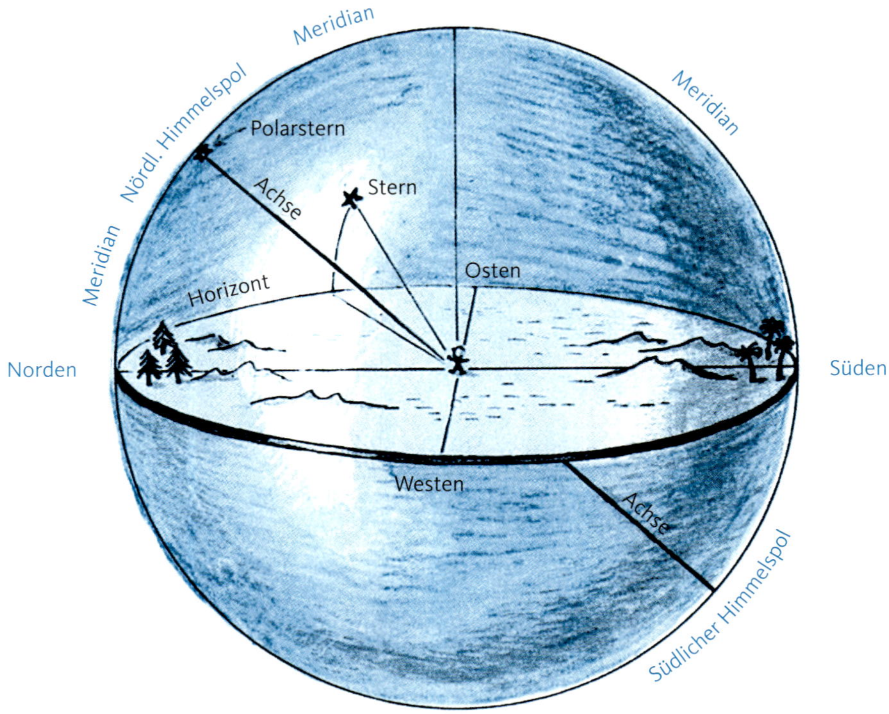

Abbildung 11: Der Himmel als Vollkugel

gegenüber dem nördlichen Himmelspol auf die Außenhaut der unteren Halbkugel und markiert dort den südlichen Himmelspol. Während die Kugel nun damit beginnen kann, sich um ihre Achse zu drehen, bleibt die Stellung der Scheibe davon unberührt: sie bietet dem Betrachter einen unverrückbaren Standpunkt, von dem aus er das ewige Kreisen des Himmels beobachten kann.

Wenn wir nun als Nächstes die Sterne auf der Außenhaut der sich beständig drehenden Kugel befestigen – was bietet sich dem winzigen Betrachter dann für ein Anblick in unserem Mini-Planetarium?

Um die Dinge nicht zu kompliziert zu machen, wollen wir uns zunächst mit dem Stern begnügen, den wir schon auf Abbildung 10 kennengelernt haben – ca. 25° oberhalb des nordöstlichen Horizonts. Auf Abbildung 12 werfen wir also einen Blick darauf, wie sich der Lauf dieses einen Sterns dem Betrachter als Folge der Himmelsrotation präsentiert.

Anmerkung: Die Menschen haben sehr lange gebraucht, den Himmel als Vollkugel zu begreifen. Die Griechen sind diesem Geheimnis als Erste auf die Spur gekommen. Unser chaldäischer Freund hingegen ging noch davon aus, dass die Sterne (ebenso wie Sonne, Mond und die Planeten), nachdem sie sich westwärts über das Himmelszelt bewegt haben, unter der (ähnlich wie in unseren Zeichnungen noch als Scheibe begriffenen) Erde wieder deren östlichem Rand zustreben, bloß um sich danach erneut auf ihre Reise über den Himmel zu machen.
Bei alldem dürfen wir natürlich nicht vergessen, dass das Himmelsgebäude – anders als die Erde – keine Kugel ist. Stattdessen handelt es sich um Sterne in und vor dem großen All beziehungsweise Nichts. Nichtsdestotrotz liegt unserer Vorstellung vom Himmel als große Kugel weder eine willkürliche Vermutung noch eine optische Täuschung zu Grunde. Wir nehmen den Himmel in der Tat – egal, wo wir uns gerade befinden – als hohle Halbkugel wahr, in deren Mittelpunkt wir stehen und deren andere, unsichtbare Hälfte sich in dem Maße in unser Blickfeld schiebt, wie sich das Firmament zu drehen scheint. Die Größe beziehungsweise Ausdehnung der Himmelskugel kann man dabei nicht in Kilometern oder Quadratkilometern ausdrücken. Stattdessen messen wir die Abstände auf der Himmelsoberfläche in Graden (vom Horizont zum Zenit sind es 90°, einmal um den Horizont herum 360°) – Flächen in Quadratgraden.

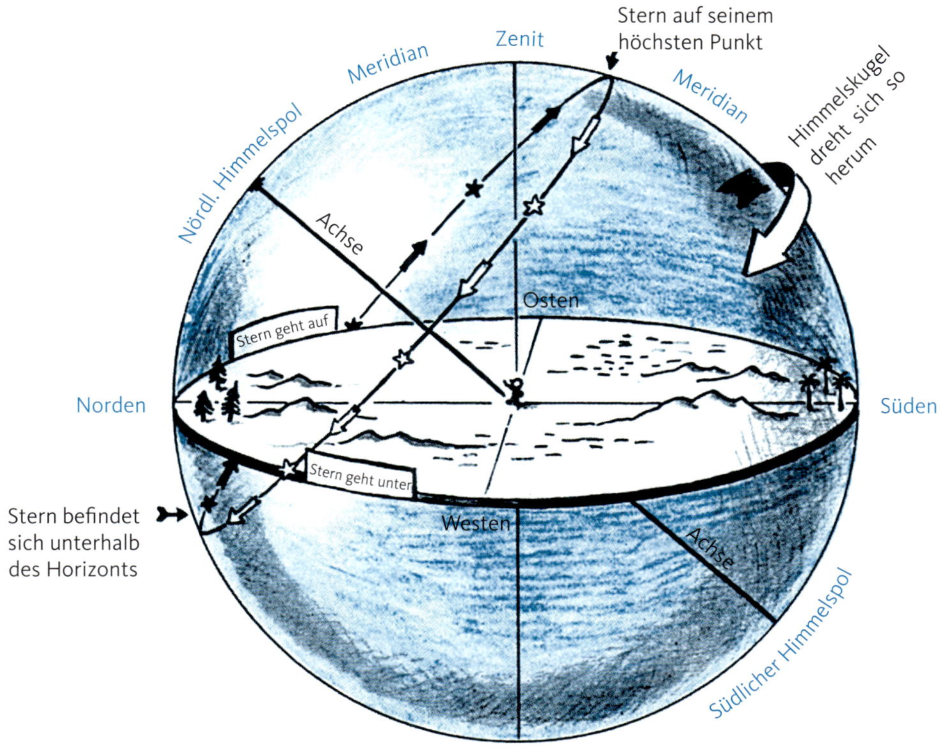

Abbildung 12: Die Himmelskugel dreht sich

Wenn der Himmelsglobus sich nun langsam in Richtung Westen dreht, sieht der Beobachter im Innern, wie die Sterne im Osten aufgehen, und zwar alle in ein und demselben, durch seinen Standort bestimmten Winkel. Seinen jeweilig höchsten Punkt erreicht jeder dieser Sterne, sobald er auf den Meridian trifft. Danach verliert er wieder an Höhe, bis er im Westen mit dem gleichen Neigungswinkel untergeht wie bei seinem Aufgang, bloß dass dieser jetzt natürlich in die andere Richtung zeigt. Für einen gewissen Zeitraum setzen die Sterne ihre Reise nun unterhalb der Horizontlinie fort, unbeobachtet von unserem kleinen Betrachter, der ihrer erst wieder gewahr werden kann, wenn sie am östlichen Horizont erneut aufgehen. Insofern liegt die oben erwähnte Vorstellung des chaldäischen Hirten nicht allzu weit weg von der Wirklichkeit, und wir werden nicht den Fehler machen, von unserer minimal höheren Warte auf ihn herabzuschauen.

Der Auf- und Untergangspunkt der Sterne am Horizont ist jeweils gleich weit vom Norden entfernt. Geht ein Stern zum Beispiel genau im Nordosten auf, versinkt er exakt im Nordwesten; erscheint er Ostsüdost, verschwindet er Westsüdwest usw., und jeder Stern (mit Ausnahme von Sonne, Mond und den Planeten) geht im Verlauf der Jahre stets an der gleichen Stelle auf und unter, bloß zu verschiedenen Zeiten.

Jeder Stern (diesmal inklusive der Sonne, des Mondes und der Planeten) erreicht seinen höchsten Punkt – seine Kulmination – beim Überqueren des Meridians. Trifft die Sonne auf den Meridian, ist es Mittag (Meridian kommt vom lateinischen meridies, Mittag). Die durchschnittliche Zeitspanne zwischen einem Mittag und dem nächsten beträgt einen Tageslauf und bildet die Grundlage dessen, was wir alle Tag für Tag als einen solchen erleben und dementsprechend auch so nennen. Die Astronomen dagegen sprechen in diesem Falle von *Son-*

nentag. Im Gegensatz zum *Sterntag,* der fast genau dem Zeitraum zweier aufeinanderfolgender Kulminationen eines bestimmten Sterns entspricht. Zwischen einer Kulmination und der nächsten vollzieht dieser Stern eine volle Drehung um die Erde – zumindest stellt es sich uns so dar. In Wirklichkeit dreht sich jedoch die Erde, und ein Sterntag entspricht demzufolge – fast genau – der Dauer einer kompletten Erdumdrehung im Verhältnis zu diesem Stern beziehungsweise zum Sternenhimmel.

Der Sterntag ist um ca. vier Minuten kürzer als ein Sonnentag (die vier Minuten, die wir auf Seite 69 schon erwähnt haben). Dementsprechend sind auch die von ihm abgeleiteten Größeneinheiten Sternstunde, Sternminute und Sternsekunde proportional kürzer als eine Sonnenstunde, -minute oder -sekunde. Warum das so ist, zeigen wir auf Seite 120.

Jetzt machen wir uns daran und befestigen noch ein paar zusätzliche Sterne an der Außenhaut unseres Himmelsballes: Stern 1 ganz in der Nähe des nördlichen Himmelspols, Stern 2 ein Stückchen weiter weg, Stern 3 in der Mitte zwischen den beiden Polen, Stern 4 auf halbem Weg zwischen Himmelsäquator und südlichem Pol und Stern 5 ganz in dessen Nähe.

Unser kleiner Sterngucker im Innern der Kugel sieht Stern 1 um den nördlichen Pol kreisen, ohne dass dieser sein Blickfeld auch nur ein einziges Mal verlässt. Stern 2 entzieht sich seinem Blick zwar für eine gewisse Zeit, hält sich jedoch wesentlich länger ober- als unterhalb des Horizonts auf. Der mittlere Stern 3 teilt sich seine Zeit genau zwischen den beiden Kugelhälften auf, und da eine Umrundung 24 (Stern-) Stunden dauert, ist er zwölf Stunden lang zu sehen. Er geht genau im Osten auf und versinkt genau im Westen. Stern 4, der im Südosten auf- und im Südwesten untergeht, verbringt wesentlich mehr Zeit unterhalb als oberhalb des Horizonts, während Stern fünf sich bei seinen Umrundungen des südlichen Himmelspols den Blicken unseres Beobachters ständig entzieht.

Die Kreisspuren, auf denen sich unsere fünf Sterne bewegen, verlaufen parallel zueinander. Auf der Zeichnung sehen sie den Breitengraden, die wir vom Erdglobus her kennen, sehr ähnlich. Und tatsächlich: auch das Himmelsgewölbe ist von einem solcherart gedachten Netz parallel verlaufender Linien umgeben – wir nennen sie *Deklinations-* oder *Parallelkreise,* und der Kreis, der den Himmelsglobus genau in zwei Hälften teilt – in die nördliche und die südliche Hemisphäre –, ist folgerichtig der *Himmelsäquator.* Seine Deklination beträgt 0° (so wie der Breitengrad unseres [Erd-] Äquators 0° beträgt), und die Deklination eines jeden Sterns wird von dort aus gemessen, in Graden. Stern 2 auf unserer Abbildung hat zum Beispiel eine Deklination von 25° Nord (man notiert das: Dekl. +25°0'), wohingegen Stern 4 eine Deklination von 25° Süd (Dekl. –25°0') hat.

Da der Himmelsäquator – und mit ihm die Gesamtheit aller Deklinationskreise – seinen Abstand zu den Himmelspolen stets beibehält, ändert sich sein Platz am Himmel erst dann, wenn der jeweilige irdische Betrachter für seine Himmelsbeobachtung einen Platz auf einem anderen Breitengrad wählt.

Man kann den Himmelsäquator jederzeit ausfindig machen, wenn man sich ein paar Sternbilder merkt, die am Himmel ganz in seiner Nähe stehen: Orions Gürtel, Hydras Kopf, die Jungfrau, die linke Flügelspitze vom Adler, der Kopf des Wassermanns, der Schwanz vom Wal.

Während sich die Höhe der Sterne im Laufe einer Nacht also infolge der Tatsache,

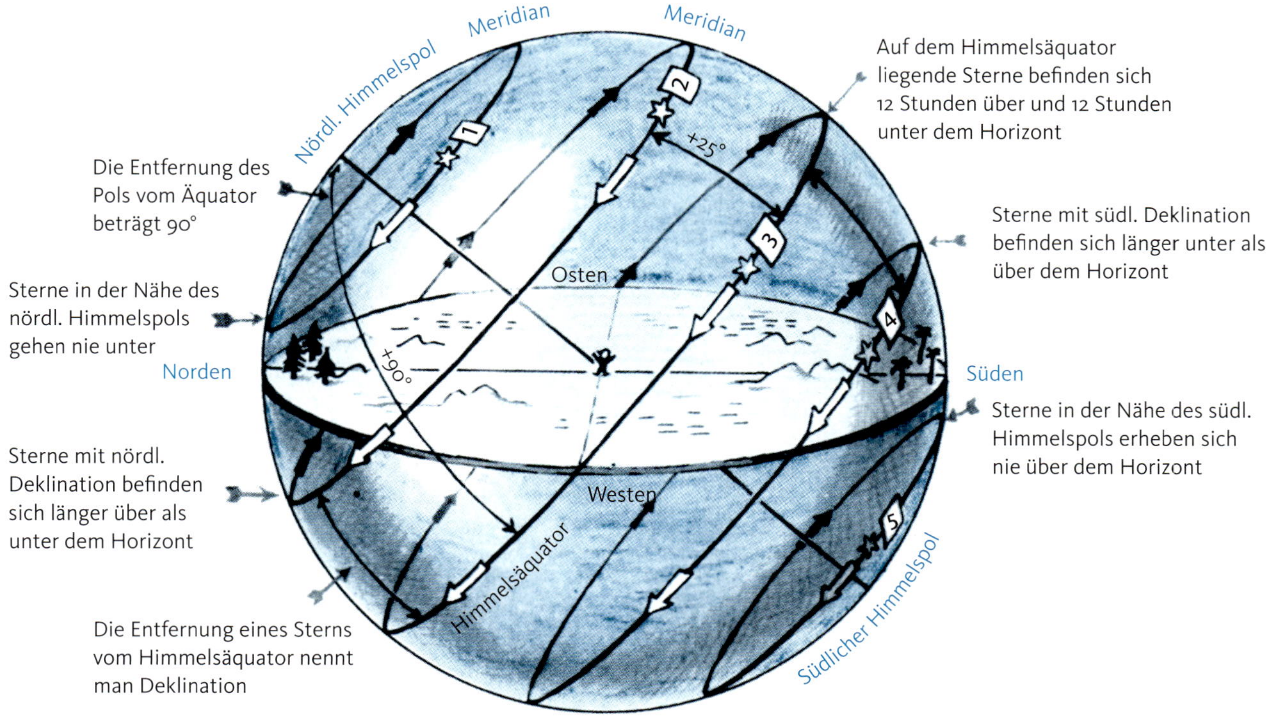

Abbildung 13: Die Deklinations- oder Parallelkreise

dass sie auf- und untergehen, ständig verändert, bleibt ihre Deklination (das heißt ihr Abstand zum Himmelsäquator) immer gleich. Sie sagt uns, in welchem Bereich des Himmelsgewölbes ein Stern seiner Wege geht, aber ihre Angabe allein reicht nicht aus, um ihn zu finden. Wenn wir zum Beispiel sagen, ein Stern habe die Deklination von 25° Nord, dann kann er sich überall auf der Kreisbahn befinden, die sich 25° nördlich des Himmelsäquators durch das Firmament zieht. Genau wie bei Ortsangaben hier auf der Erde müssen wir darüber hinaus noch den Längengrad des Sterns angeben. Wie das vor sich geht, zeigen wir im Folgenden.

Das, was wir auf der Erde geographische Länge oder Längengrad nennen, bezeichnet man am Firmament als Stundenkreis. Bei näherer Betrachtung entpuppt sich der Stundenkreis eines Sterns allerdings bloß als Halbkreis, und zwar als jener Halbkreis, der sich vom nördlichen zum südlichen Himmelspol erstreckt und dabei den jeweils in Augenschein genommenen Stern durchläuft. Auf unserer Modellzeichnung auf der nächsten Seite stellt also der mit 0 bezeichnete Halbkreis den Stundenkreis von Stern A dar. Stern B befindet sich auf dem mit III markierten Stundenkreis, Stern C auf dem Stundenkreis VI, und die beiden Sterne D und E teilen sich den Stundenkreis IX.

Insgesamt gibt es 24 Stundenkreise – von 0 bis XXIII –, und man markiert sie längs des Himmelsäquators in östlicher Richtung – ausgehend von einem Punkt im Sternbild der Fische, den man *Frühlingsäquinoktium* nennt oder – etwas schlichter – *Frühlingspunkt* (siehe Seite 127, Abbildung 19). Den Stundenkreis, der durch diesen Punkt geht, bezeichnet man als *Nullmeridian*. Da jeder Stundenkreis im eigentlichen Sinne ja nur ein Halbkreis ist, wird er durch einen ihm gegenüberliegenden Stundenkreis zu einem Vollkreis ergänzt. Für den Nullstun-

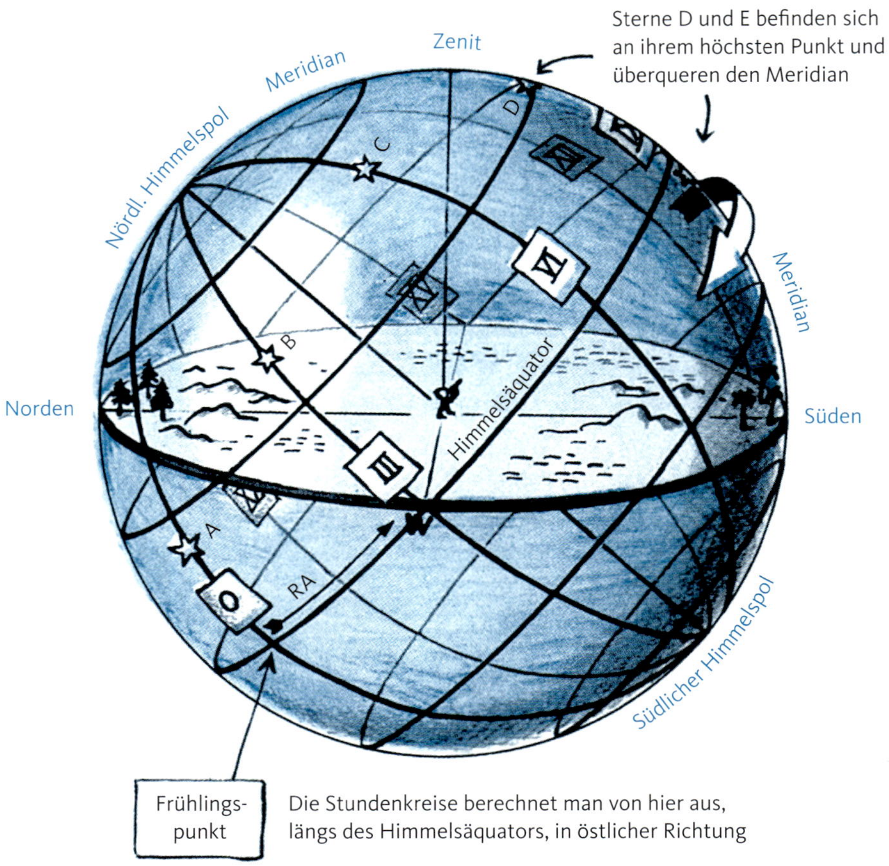

Abbildung 14: Stundenkreise

denkreis besorgt das der XII. Stundenkreis, für den I. Stundenkreis der XIII. Stundenkreis, usw.: Auf der Abbildung sind diese »Ergänzungskreise« entsprechend schwach vermerkt.

In dem Maße, in dem der Himmel sich um uns zu bewegen scheint, bewegen sich auch die Stundenkreise. Erreicht ein Stundenkreis seinen höchsten Punkt, ist er identisch mit unserem Meridian. In diesem Moment erreichen also alle Sterne, die sich auf dem besagten Stundenkreis befinden, ihre Kulmination. Sterne auf demselben Stundenkreis kulminieren zwar alle zur selben Zeit (auf unserer Abbildung sind das gerade die Sterne D und E), gehen jedoch auf Grund ihrer unterschiedlichen Deklinationspunkte nicht zur gleichen Zeit auf und unter. Befindet sich der Nullmeridian im Zenit, beginnt der jeweilige Sterntag: es ist dann genau 0 Uhr Sternzeit, ein für den Astronomen ebenso wichtiger Zeitpunkt wie die Zeitangabe Mitternacht oder Mittag für Otto Normalverbraucher. Eine Sternstunde später verläuft der I. Stundenkreis im Meridian – um genau 1 Uhr Sternzeit, und wiederum eine Sternstunde später, um 2 Uhr Sternzeit, ist es der II. Stundenkreis, der sich die Bahn mit dem Meridian teilt, usw. Nach 24 Sternstunden fängt alles wieder mit dem Nullmeridian an, und ein neuer Sterntag kann beginnen.

Stunden- und Parallelkreise bestimmen den Aufenthaltsort eines Sterns auf dem Himmelsgewölbe ebenso, wie Längen- und Breitengrade das mit irgendeinem beliebigen Ort hier auf der Erde tun. Statt vom »Stundenkreis« spricht der Astronom bei seiner Angabe allerdings gemeinhin von der »*Rektaszension*« (Abk. RA) eines Sterns. Das ist der auf dem Himmelsäquator vom Frühlingspunkt aus in Richtung Osten bis zu dem Punkt verlaufende Bogen, an dem der Stundenkreis des betreffenden Sterns den Äquator kreuzt. Gemessen wird die RA in Stunden, Minuten und Sekunden. Ein genau auf dem XIX. Stundenkreis liegender Stern hat also RA 19, und die »volle Adresse« eines Sterns – sagen wir *Capella* – lautet: RA 5h13m Dekl. +45°57' (»Dekl.+« = nördliche Deklination). Das zeigt uns nicht bloß die Stellung dieses Sterns inmitten seinesgleichen an, sondern informiert uns überdies auch noch darüber, dass er seinen Kulminationspunkt jede Nacht um 5h13m Sternzeit hat und dass er – auf halbem Wege zwischen Pol und Äquator – in unseren Breiten die meiste Zeit des Jahres zu sehen sein wird.

Auf den vorangehenden Seiten haben wir auf die Tatsache aufmerksam gemacht, dass die Höhe des Pols dem jeweiligen Breitengrad unseres Standorts entspricht, dass die Stundenkreise ausgehend vom Frühlingspunkt gemessen werden, dass dieser Punkt einer von insgesamt zwei Stellen ist, an dem die Ekliptik – die vermeintliche Umlaufbahn der Sonne um die Erde – den Himmelsäquator überquert und dass der Sterntag um ca. vier Minuten kürzer ist als der Sonnentag. Erklärt, warum das so ist beziehungsweise was sich dahinter verbirgt, haben wir bislang allerdings nicht.

Also fangen wir jetzt damit an, werfen auch einen Blick auf den Tierkreis, auf die Ursache für unsere Jahreszeiten und die Verschiebung, denen unsere Himmelspole im Laufe der Jahrtausende unterworfen sind.

Wir nehmen die Planeten unter die Lupe, ganz speziell den Mond, sowie die Galaxis, deren winziger Teil unser Sonnensystem ist. Mit einem kurzen Rückblick auf die Geschichte der Sternbilder werden wir unsere Betrachtungen dann abschließen.

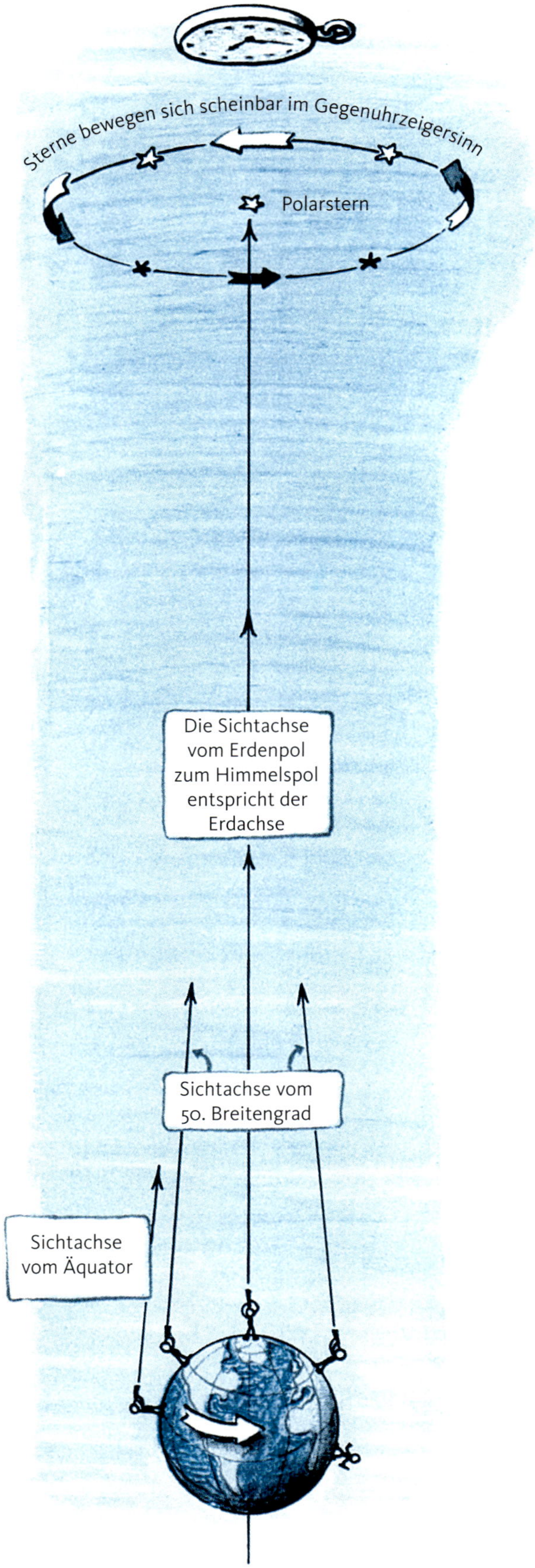

Abbildung 15: Polarstern und Sichtachsen

Polarstern und Breitengrad

Die Touristikbranche boomt. Fernreisen gehören schon lange zum Alltag, und manch einem Sterngucker bietet sich so die Möglichkeit, den Himmel von einer Warte aus zu beobachten, die sich ein ganzes Stück weit südlich oder nördlich von seinem gewohnten Standort befindet. Die Umrisse der Sternbilder bleiben von diesem Ortswechsel natürlich unberührt, aber in Ägypten, zum Beispiel, stellt einer dann plötzlich fest, dass der Polarstern gerade mal 30° über dem Horizont zu finden ist, und er entdeckt Sternbilder, die er bei sich zu Hause in Hamburg noch nie gesehen hat.

Um die Behauptung von Seite 115 noch einmal kurz und knapp zu wiederholen: Die Höhe des Himmelspols entspricht dem Breitengrad, auf dem sich der Betrachter gerade befindet. Dementsprechend verändert der Pol auch seine Höhe, je nachdem, ob sich der Betrachter in Richtung Norden oder Süden bewegt, und der Winkel der Achse, um den herum der Betrachter das gesamte Firmament kreisen sieht, ist mal größer und mal kleiner. Dieser Umstand erlaubt ihm, den Breitengrad seines jeweiligen Standortes zu bestimmen, allein durch das Beobachten der Sterne! Warum das so ist, wollen wir jetzt erklären:

Auf der nebenstehenden Abbildung sehen wir die Erde. Direkt auf ihrem Nordpol steht ein Beobachter, der sein Teleskop auf den Polarstern gerichtet hat. Zwar stimmt die Position des Polarsterns – wie wir bereits erfahren haben – nicht hundertprozentig mit der des nördlichen Himmelspols überein, aber das können wir für unseren nun folgenden kleinen Diskurs einfach mal kurz vergessen. Da der Himmelspol auf der in den Himmel projizierten Verlängerung unserer Erdachse liegt, muss unser kleiner Beobachter sein Teleskop vertikal nach oben richten, um den Polarstern damit einfangen zu können. Und weil die Erde sich unter seinen Füßen linksherum dreht – von Westen nach Osten –, scheinen sich auch die Sterne über ihm um den zentral gelegenen Polarstern zu drehen, und zwar gegen den Uhrzeigersinn.

Wenn unser Beobachter nun aber seinen Standort am Nordpol hinter sich lässt, hat das zur Folge, dass auch der Polarstern

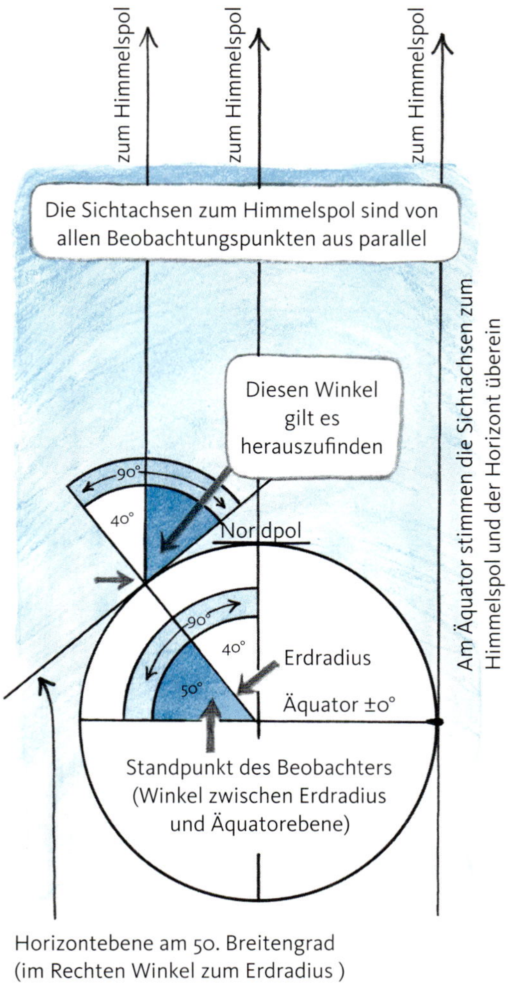

Abbildung 15a: Höhe des Himmelsnordpols

nicht mehr direkt über ihm steht. Je weiter er sich in Richtung Süden bewegt, desto flacher muss er sein Teleskop ausrichten, um ihn zu beobachten, und sollte er den Äquator gar in Richtung Südpol überqueren, verliert er den Polarstern ganz und gar aus den Augen, da dieser hinterm Horizont verschwindet.

All das können wir aus der Abbildung ersehen.* Ebenso wie die Tatsache, dass sich der Winkel des auf den Polarstern gerichteten Teleskops so lange nicht verändert, wie der Beobachter auf ein und demselben Breitengrad bleibt – sagen wir zum Beispiel dem 40. Auf welchem Punkt des Breitengrads er sich dabei konkret befindet, spielt hierbei keine Rolle. Das trifft natürlich auch auf alle anderen Breitengrade zu, den Äquator inklusive.

Was wir aus dieser Abbildung jedoch nicht ersehen können, ist, wie groß genau der Winkel auf einem ganz bestimmten Breitengrad ist. Das liegt ganz einfach daran, dass bei dem von uns gewählten Maßstab, der die Erde als ca. drei Zentimeter große Kugel erscheinen lässt, der Polarstern statt wenige Zentimeter unterhalb des oberen Seitenrands viele Kilometer jenseits desselben abgebildet sein müsste, sodass alle von der Erde ausgehenden, unseren jeweiligen Blickwinkel wiedergebenden Fluchtlinien praktisch parallel verlaufen würden (so wie in der Realität) und nicht auf einander zulaufend, wie auf unserer kleinen Zeichnung.

Um diese Tatsache zu verdeutlichen, dass nämlich alle Fluchtlinien vom Auge des Betrachters zum Polarstern parallel zur Erdachse, das heißt also parallel zu derjenigen Fluchtlinie verlaufen, die sich vom Erd- zum Himmelspol erstreckt, völlig unabhängig davon, auf welchem Breitengrad unser Betrachter sich gerade befindet, brauchen wir eine weitere, ganz anders aufgebaute Zeichnung (siehe Abbildung auf dieser Seite). Aus dieser Abbildung wiederum geht klar hervor, dass die Höhe des Polarsterns, genauer gesagt des Himmelsnordpols, durch den Winkel zwischen der Linie Beobachter – Polarstern auf der einen und dessen Horizontebene auf der anderen Seite dargestellt wird, ganz egal, wo wir den Beobachter auch jeweils platzieren mögen. Wenn nun aber – wie in unserem Fall – alle Blick-Fluchtlinien parallel zueinander verlaufen, bleibt uns bloß noch zu klären, in welchem Winkel genau diese auf einem jeweils vorgegebenen Breitengrad auf die Horizontebene treffen, wobei wir uns nur merken müssen,

* Manch einem fällt es schwer, sich die Abwärtsbewegung des Polarsterns als Folge einer Verpflanzung des Beobachters in südlicher Richtung vorzustellen. Dann hilft es vielleicht, die Seite langsam so zu kippen, dass unser kleiner Beobachter erst auf Höhe des 50. Breitengrads und dann auf Höhe des Äquators zum »Stehen« kommt. Wenn man dabei gleichzeitig Polaris beobachtet, sieht man sehr schön, wie dieser seine Position hoch oben verlässt und sich Stück für Stück nach unten bewegt.

dass die Horizontebene sich immer im rechten Winkel zum jeweils von diesem Ort ausgehenden Erdradius befindet (um die Sache nicht noch komplizierter zu machen, gehen wir dabei von einer makellos runden Erdkugel aus und vernachlässigen die Tatsache, dass sie in der Realität an den Polen jeweils leicht platt gedrückt ist).

Der Breitengrad eines gegebenen Punktes ergibt sich aus dem Winkel zwischen dem entsprechenden Erdradius und der Äquatorebene, und sein Komplementärwinkel (in unserem Fall also 50°) entspricht dem Komplementärwinkel des Höhenwinkels zwischen Beobachter-Blick-Fluchtlinie und seiner Horizontebene, da die beiden Winkel an Parallelen liegen. Daraus folgt, dass auch die beiden dunkelblau markierten Winkel, aus denen sich der Breitengrad beziehungsweise die Höhe des Polarsterns ergeben, gleich groß sind: Und genau das galt es schließlich zu beweisen.

Hier sind drei Beispiele, um den Neigungswinkel der Himmelskugel an verschiedenen Breitengraden zu illustrieren:

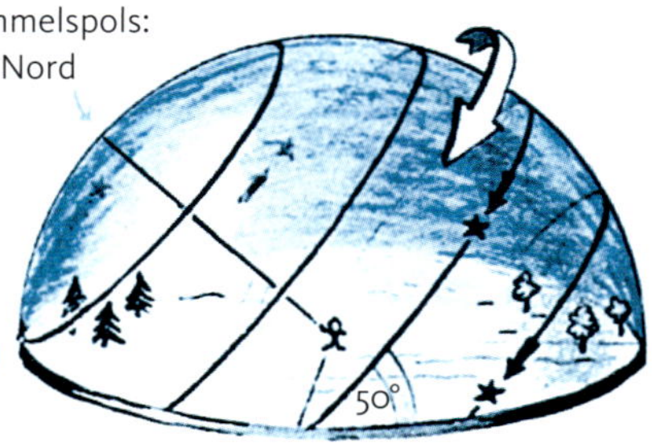

Abbildung 16:
Der Himmel am Nordpol

Es ist ausschließlich die nördliche Himmelshälfte zu sehen. Die Sterne umkreisen den Pol parallel zum Horizont und gehen weder auf noch unter. Osten oder Westen gibt es nicht. Egal, wohin wir uns auch bewegen: es geht immer nach Süden. Die südlich des Himmelsäquators gelegenen Sterne und Sternbilder befinden sich ständig außerhalb des Blickfelds.

Abbildung 17:
Der Himmel am 40. Breitengrad Nord

Die Himmelsachse hat einen Neigungswinkel von 40°. Die Sterne, die sich nördlich des Himmelsäquators befinden, sind länger ober- als unterhalb des Horizonts. Viele, wenn auch nicht alle Sterne der südlichen Hemisphäre zeigen sich, verbringen jedoch mehr Zeit außer- als innerhalb unseres Blickfelds. Der Himmelsäquator ist im Winkel von 50° gegen die Horizontebene geneigt.

Abbildung 18:
Der Himmel am Äquator

Die Himmelsachse liegt auf der Horizontebene. Der Polarstern auch (beinahe). Genau die Hälfte aller Sterne – sowohl der nördlichen wie der südlichen Hemisphäre – sind zu sehen, und der Himmelsäquator verläuft durch den Zenit. Die Sterne gehen senkrecht auf und unter, und es gibt keinen Stern, der sich hier nicht von Zeit zu Zeit blicken lässt.

Ekliptik und Jahreszeiten

Die Abbildung auf Seite 127 gibt die Erde und ihren *Orbit* (ihre jährliche Umlaufbahn um die Sonne) innerhalb einer großen Hohlkugel wieder, die das Himmelsgewölbe repräsentiert. Auf dessen Außenhaut ist der Polarstern eingezeichnet, die Himmelsachse, der Himmelsäquator sowie der Nullmeridian, den wir auf Seite 119 kennengelernt haben. Um die Himmelskugel herum, auf einer Ebene, die geringfügig von derjenigen des Himmelsäquators abweicht, verläuft eine Art Gürtel, der ein wenig heller eingefärbt ist und auf dem zwölf Sternbilder zu sehen sind. Bei diesem Gürtel handelt es sich um den *Tierkreis* (wir werden uns ab Seite 142 näher mit ihm beschäftigen). Entlang seiner Mittellinie verläuft – hier dargestellt durch eine gestrichelte Linie – die Ekliptik, der Weg, auf dem die Sonne sich im Laufe eines jeden Jahres von uns aus gesehen durch den Sternenhimmel zu bewegen scheint.

Wenn wir die Zeichnung ein wenig unter die Lupe nehmen, wird deutlich, was es mit diesem Weg auf sich hat.

Die Erde ist in vier Positionen abgebildet, die sie im Laufe eines Jahres einnimmt: in der vom 22. Dezember, vom 21. März, vom 21. Juni und vom 23. September. Wenn wir das abgebildete Modell ein wenig auf uns einwirken lassen, können wir uns vor Augen führen, wie die Sonne einem irdischen Betrachter vor dem durch die Bewegung der Erde jeweils um 90° vorgerückten, selbst ja unbeweglich verharrenden Sternenhintergrund erscheinen würde (noch einmal zum besseren Verständnis: bei diesem Modell gehen wir nicht von der scheinbaren Bewegung des Himmels aus dem Blickwinkel einer vermeintlich unbeweglichen Erde aus, sondern von der tatsächlichen Bewegung der Erde, die diese im Verhältnis zu dem sie umgebenden Sternenhimmel vollzieht).

Jetzt stellen wir uns vor, wir stiegen mit einem Ballon so hoch in die uns umgebende Stratosphäre, dass wir Sonne und Sterne zugleich sehen könnten (das wären ca. 50 Kilometer). Dann sähen wir die Sonne im Dezember vor dem Schützen und im März vor den Fischen. Im Juli erschiene sie im Sternbild der Zwillinge, im September in der Jungfrau, und im Dezember sähen wir sie erneut im Schützen usw.*

Zeichnete man nun den Weg der Sonne durch die Sterne Tag für Tag auf einen eigens dafür gedachten Himmelsglobus, dann sähe man diesen Weg in Richtung Osten wachsen, jeden Tag um ca. 1° (360° in 365 Tagen), und nach einem Jahr umgäbe unseren Globus eine gestrichelte Linie, genau wie die der Ekliptik auf unserer Abbildung gegenüber. Ekliptik deshalb, weil alle Eklipsen, das heißt also alle Sonnen- beziehungsweise Mondfinsternisse sich auf genau dieser Linie abspielen.

Nun dreht die Erde sich bekanntermaßen nicht nur um die Sonne, sondern auch ständig um sich selbst, ein Umstand, dem wir Tag und Nacht verdanken. Aus Gründen, über die selbst die Experten noch rätseln, befindet sich die Achse, um die sich die Erde dreht, nicht genau im rechten Winkel zur Ebene unserer Umlaufbahn um die

* Diejenigen unter uns, die über keine Stratosphärenballons verfügen, können die Konstellation, vor der die Sonne sich gerade befindet, aus dem einfachen Grund nicht sehen, dass das Sonnenlicht diese auslöscht. Aber wir können uns prima dadurch behelfen, dass wir den Himmel um Mitternacht beobachten: Die Konstellation, die unseren Meridian in diesem Moment durchquert, befindet sich in genauer Opposition zu derjenigen, in der die Sonne sich gerade befindet. Welche das jeweils ist, kann man einigermaßen genau aus unserer Abbildung entnehmen.

Sonne, sondern weicht um ca. 23,5° von der Senkrechten ab.

Wäre dies nicht der Fall, stünde die Achse also senkrecht zu unserer Umlaufbahn um die Sonne, wären Tag und Nacht überall auf der Erde gleich lang, und es gäbe keine unterschiedlichen Jahreszeiten. Auch unsere Abbildung auf der gegenüberliegenden Seite sähe wesentlich simpler aus, und uns bliebe an dieser Stelle nichts mehr zu erklären übrig. Da es diese leichte Schräge aber nun einmal gibt, unterscheiden sich die Jahreszeiten in der uns bekannten Art und Weise, die Tage hier auf unserer Erde sind unterschiedlich lang, und es besteht dringender Erklärungsbedarf:

Der Umstand, dass die Erdachse schräg versetzt ist und es sich bei der Himmelsachse »bloß« um deren in den Weltraum hineingedachte Verlängerung handelt, bedeutet nichts anderes, als dass auch die Himmelsachse um 23,5° von der Senkrechten auf der Ekliptikebene abweicht. Der Himmelsäquator wiederum, auf Grund der Tatsache, dass er sich im rechten Winkel zur Himmelsachse befindet, ist um 23,5° zur Ebene unserer Sonnenumlaufbahn selbst verschoben, was ebenfalls auf der gegenüberstehenden Abbildung zu sehen ist. Die beiden großen Kreisebenen, Äquator und Ekliptik, überschneiden sich an zwei gegenüberliegenden Punkten (in der Abbildung durch Pfeile markiert), was zur Folge hat, dass sich die eine Hälfte der Ekliptik (diejenige, auf der sich auch die Zwillinge tummeln) oberhalb, das heißt nördlich des Äquators befindet, wohingegen die andere (die »Schützenhälfte«) südlich von diesem zu finden ist.

Erreicht nun die Sonne auf ihrem jährlichen Weg entlang der Ekliptik einen der beiden Kreuzungspunkte, befindet sie sich für einen Moment auf dem Äquator. Wie wir auf Seite 124 gesehen haben, verbringen die sich auf dem Himmelsäquator befindlichen Sterne zwölf Stunden sowohl ober- wie unterhalb des Horizonts. Das gilt nun auch für die Sonne, wenn sie den Äquatorkreis überquert. An diesen beiden Schnittpunkten haben Tag und Nacht also die gleiche Länge. Dementsprechend nennt man sie auch *Äquinoktien* (vom lateinischen aequus, gleich, und nox, Nacht): *Frühlingsäquinoktium* oder *Frühlingspunkt* den einen – wenn die Sonne vor den Fischen steht – und *Herbstäquinoktium* oder *Herbstpunkt* den anderen – wenn die Sonne sich in der Jungfrau befindet. Das passiert immer um den 21. März und den 23. September herum und läutet jeweils den Frühling beziehungsweise den Herbst ein.

An den restlichen 363 Tagen im Jahr sind Tag und Nacht jedoch unterschiedlich lang, und zwar aus folgendem Grund: Auf ihrem scheinbaren Weg entlang der Ekliptik in Richtung Osten von, sagen wir, den Fischen zum Widder nimmt die Entfernung der Sonne vom Himmelsäquator (mit anderen Worten: ihre nördliche Deklination) zu, und auf die nördliche Hemisphäre bezogen, befindet sie sich nun länger ober- als unterhalb des Horizonts. Nach einem Viertel ihres Jahrespensums, die Sonne ist dann an der Grenze vom Sternbild Stier zu den Zwillingen, erreicht ihre Entfernung zum Himmelsäquator den vorläufigen Höhepunkt: ihre Höhe beträgt dann Dekl. +23,5°, und ihre Präsenz sorgt für den längsten Tag beziehungsweise die kürzeste Nacht des Jahres. Von nun an »geht's bergab« – mit der Deklination ebenso wie mit der Länge der Tage. Am Herbstpunkt ist dann das Verhältnis zwischen Tag und Nacht wieder ausgeglichen, bevor die Deklination der Sonne ins »Minus« rutscht, ihr Weg also südlich des Himmelsäquators verläuft: Von jetzt an verbringt sie mehr Zeit unter als über unserer Horizontlinie, die Tage werden kürzer und

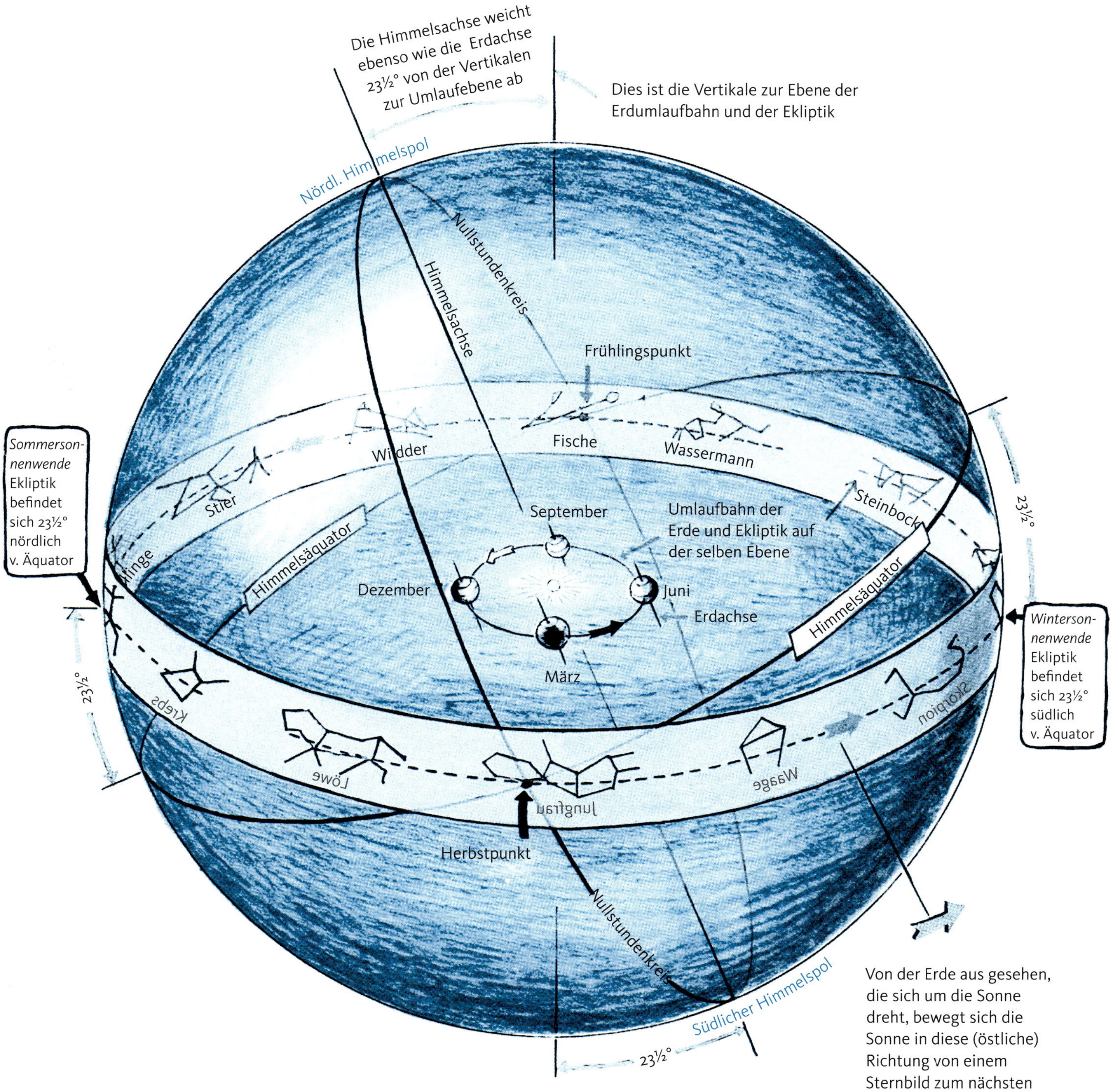

Abbildung 19: *Die Umlaufbahn der Erde um die Sonne innerhalb der Himmelssphäre*

Wie bei allen unseren Modellen stimmen die Proportionen auch hier nicht überein. Die Sonne ist zu klein, die Erde zu groß, und der Himmelsglobus ist verglichen mit dem Orbit viel zu klein. Der Polarstern auf der Hülle der Himmelskugel müsste etliche Kilometer entfernt sein, sodass die Umlaufbahn der Erde inklusive der Sonne auf die Größe einer Nadelspitze schrumpfen müsste. Die vier, auf unserer Abbildung getrennt vermerkten Erdachsen würden zu einer einzigen verschmelzen und sich praktisch mit der Himmelsachse vereinigen, wie es der Wirklichkeit entspricht. Solche Ungenauigkeiten lassen sich leider nicht vermeiden, verlieren aber, sobald man Bescheid weiß, ihre Bedeutung.

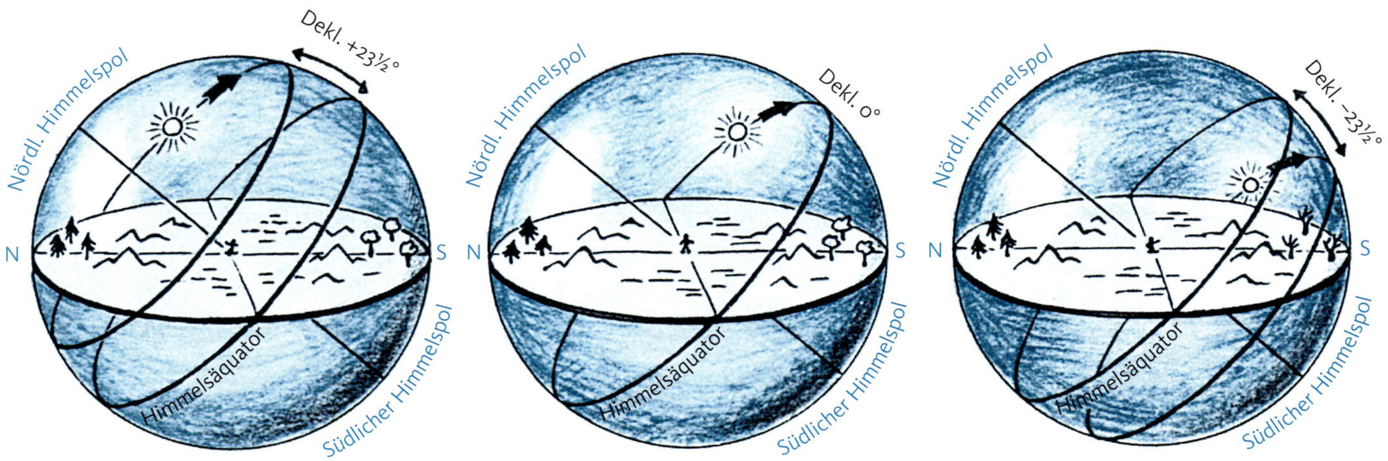

Lauf der Sonne am 21. Juni

Die Sonne geht im NO auf und im NW unter, sie befindet sich 15 Stunden oberhalb des Horizonts. Die Ekliptik verläuft nördlich des Himmelsäquators.

Lauf der Sonne am 21. März u. 23. September

Die Sonne geht im O auf und im W unter, sie befindet sich auf der Höhe des Himmelsäquators und ist jeweils 12 Stunden lang ober- beziehungsweise unterhalb des Horizonts.

Lauf der Sonne am 22. Dezember

Die Sonne geht im SO auf und im SW unter und verbringt 9 Stunden oberhalb des Horizonts. Die Ekliptik verläuft südlich des Himmelsäquators.

Abbildung 20: Lauf der Sonne zum Zeitpunkt der beiden Sonnenwenden sowie des Frühlings- beziehungsweise Herbstäquinoktiums

die Nächte länger, so lange, bis die Sonne um den 22. Dezember herum den südlichsten Punkt auf der Ekliptik erreicht. Ihre Höhe (»Tiefe«) beträgt jetzt Dekl. –23,5°. Der Tag ist so kurz, die Nacht so lang wie sonst nie im Jahr, denn von nun an dreht sich die ganze Sache wieder, die Tage werden länger, die Nächte kürzer, und nach Erreichen des Frühlingspunktes beginnt der jährliche Zyklus von neuem.

Die beiden Wendepunkte um den 21. Juni und 22. Dezember herum nennt man *Sommer-* und *Wintersolstitium* (aus dem lateinischen sol, Sonne, und stare, Stillstand) beziehungsweise *Sommersonnenwende* und *Wintersonnenwende,* und ihr Erreichen durch die Sonne ist gleichbedeutend mit dem Beginn des Sommers beziehungsweise des Winters.*

Den scheinbaren Lauf der Sonne am Tag der Sommer- beziehungsweise Wintersonnenwende sowie des Frühlings- beziehungsweise Herbstäquinoktiums vom 40. Breitengrad Nord aus gesehen können wir auf Abbildung 20 sehen.

Wie lang der längste Tag ist und wie kurz der kürzeste – das hängt maßgeblich vom Breitengrad ab, auf dem man sich befindet. Längs unseres Äquators sind Tag und Nacht das gesamte Jahr über gleich lang, aber je weiter man sich vom Äquator entfernt – ob in südlicher oder in nördlicher Richtung spielt dabei keine Rolle –, desto größer wird der Unterschied zwischen den beiden und desto bemerkbarer machen sich die jahreszeitlich bedingten Unterschiede. In unseren Breiten so um den 50. Breitengrad herum beträgt die Dauer des längsten Tages ca. 16 Stunden und 20 Minuten, die des kürzesten gut acht Stunden. Innerhalb der beiden Polarkreise, das heißt jeweils bis zu 23,5° von

* Der Verlauf der Jahreszeiten auf der südlichen Erdhälfte ist dem unseren genau entgegengesetzt. Freuen wir uns über den Frühling, ist es in Argentinien gerade Herbst, und wenn die Sonne sich bei uns Mitte Dezember gerade mal so um die acht Stunden blicken lässt, scheint sie in Melbourne in Australien ca. 15 Stunden.

den beiden Polen entfernt, scheint sommers die berühmte Mitternachtssonne: der längste Tag dauert 24 Stunden und die längste Nacht auch. Und an den Polen selbst dauern sowohl die Nacht wie der Tag jeweils sechs Monate.

Die unterschiedliche Dauer von Tag und Nacht würde allein schon als Begründung dafür ausreichen, warum unsere Sommer warm und unsere Winter kalt sind. Aber ein weiterer – sich ebenfalls aus der Schräglage unserer Erdachse ergebender – Umstand sorgt dafür, dass die Sommer noch wärmer und die Winter noch kälter werden: der Winkel, in dem die Sonnenstrahlen zu den verschiedenen Jahreszeiten auf die Erde treffen.

Wie aus der unten stehenden Abbildung hervorgeht, ist ihr Winkel im Winter wesentlich spitzer als im Sommer. Die gleiche Menge »Sonnenschein« verteilt sich im Winter über eine viel größere Fläche als im Sommer. Darüber hinaus müssen die Strahlen sich zu jener Jahreszeit durch mehr Atmosphäre arbeiten, was ihre Wirkung noch mehr einschränkt. Es stimmt zwar, dass es nicht im Juni, sondern im Juli und August am heißesten ist, und auch der September ist wärmer als der März, aber dafür ist nicht die Sonne allein verantwortlich, sondern vor allem die Wärme, die sich im Laufe des Sommers in der Erde speichert beziehungsweise dieser im Winter nach und nach verloren geht.

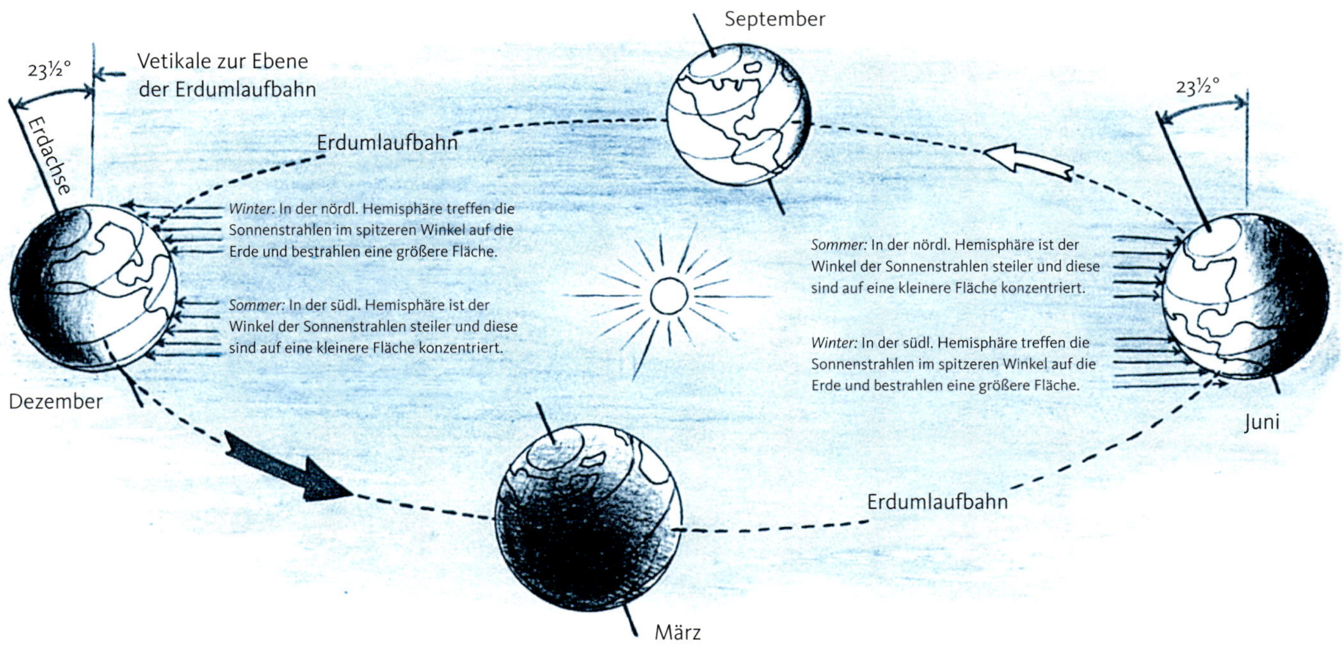

Abbildung 21: Der Neigung der Erdachse verdanken wir die Jahreszeiten

Sonnentag und Sterntag

Jeder kann durch genaues Beobachten des Himmels feststellen, dass ein und derselbe Stern Tag für Tag ca. vier Minuten früher den Punkt seiner Kulmination erreicht, dass ein Sterntag also ca. vier Minuten kürzer ist als ein Sonnentag. Aber so etwas festzustellen und herauszubekommen, warum das so ist, sind zwei Paar Schuhe. Anders gesagt: uns fehlt noch die Erklärung für diesen täglichen Gewinn von vier Minuten, der letztendlich dafür verantwortlich ist, dass sich das Treiben am Himmel das gesamte Jahr über verändert.

Der Sterntag, also die Zeitspanne zwischen einer Kulmination des Frühlingspunktes und der nächsten (nicht zu verwechseln mit der bloß einmal pro Jahr stattfindenden Überquerung dieses Punktes durch die Ekliptik!), entspricht um ein Haar (0,008 Sekunden) der Zeit, die die Erde braucht, um sich einmal um sich selbst zu drehen: die Zeit der tatsächlichen Rotation also, der wir die scheinbare Rotation der

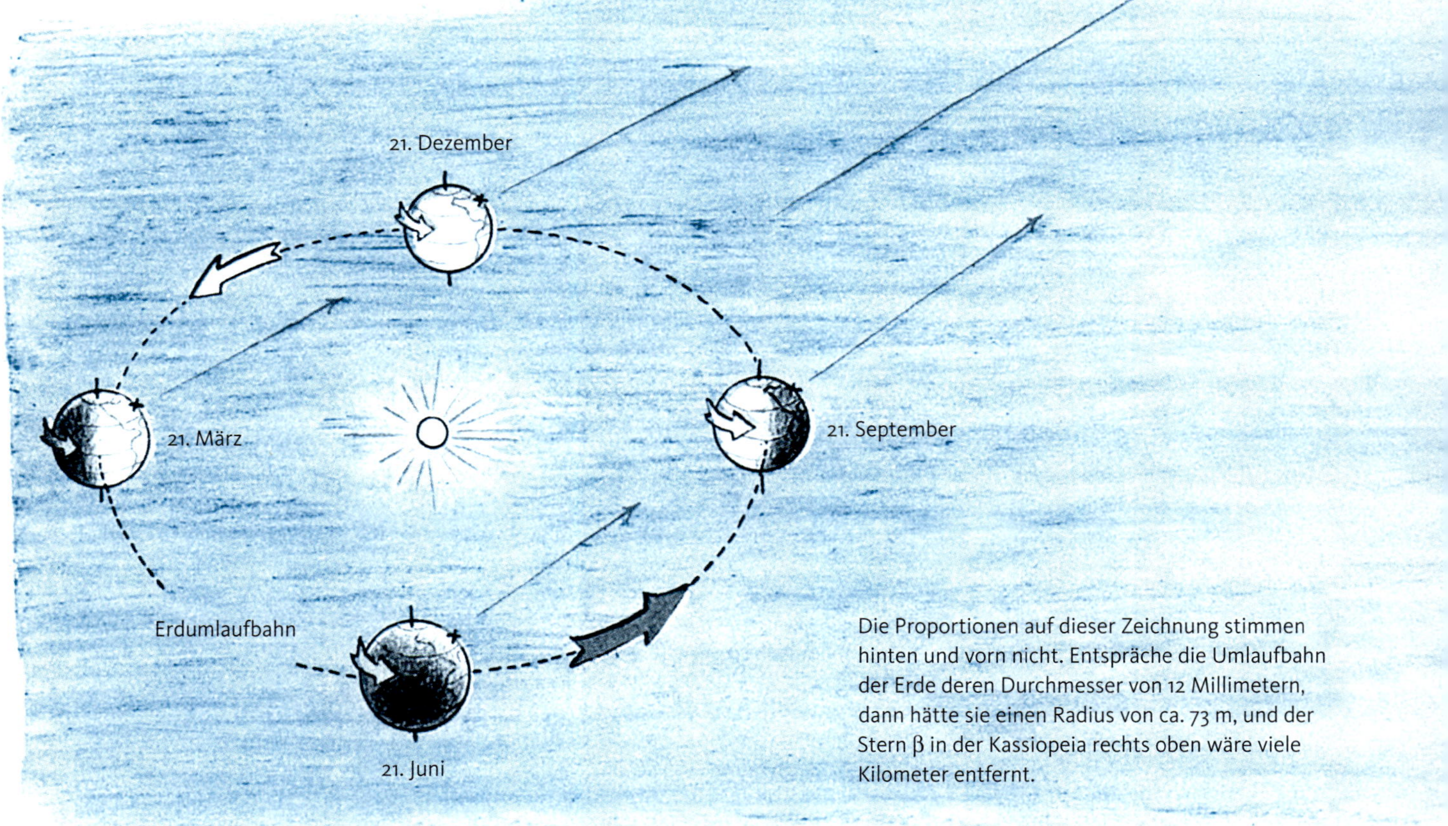

Abbildung 22: Sonnentag und Sterntag im Verlauf eines Jahres

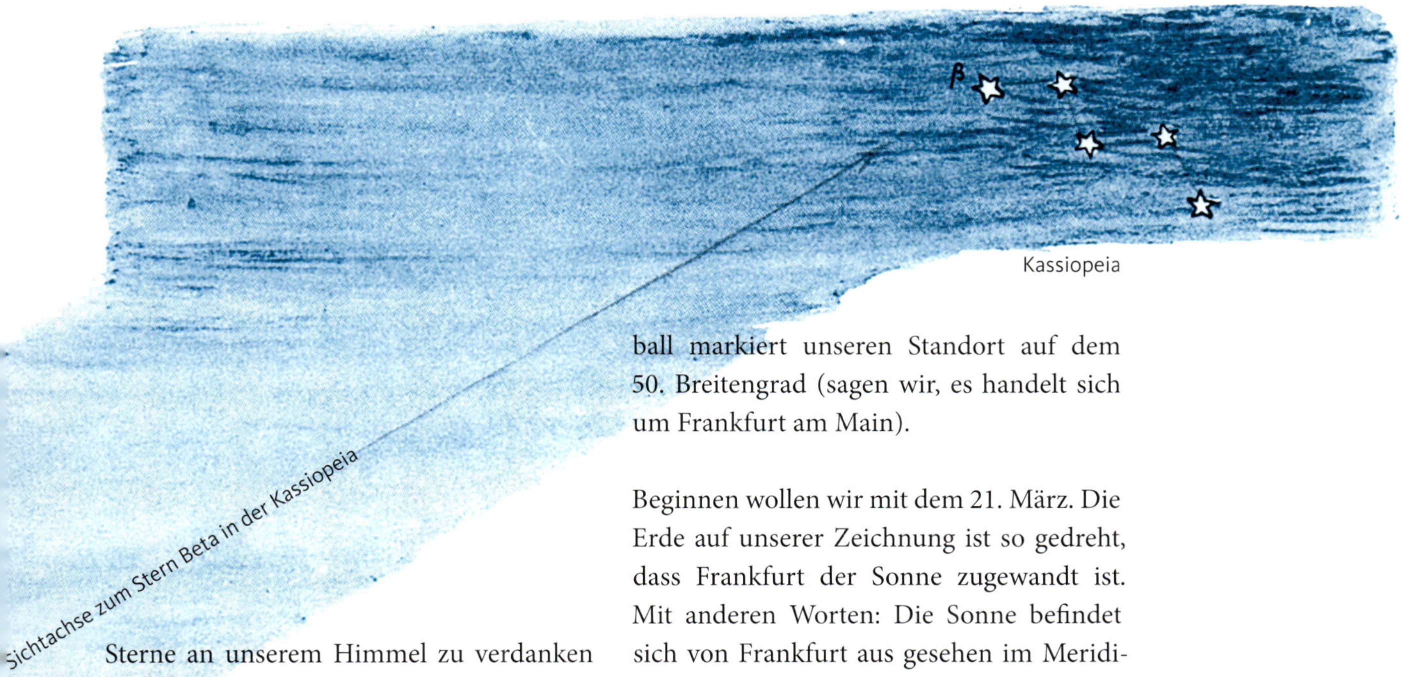

Sterne an unserem Himmel zu verdanken haben. Wir haben das auf Seite 116 ja schon behandelt.

Der Sonnentag hingegen bezieht sich nicht auf diese tatsächliche Rotation. Unter diesem Begriff versteht man die durchschnittliche Zeitspanne zwischen einem Mittag und dem nächsten, wobei man als Mittag denjenigen Zeitpunkt bezeichnet, zu dem an einem bestimmten Ort auf unserer Erde die Sonne in ihrem Zenit steht. Um es bildhaft auszudrücken: wenn dieser Ort der Sonne direkt gegenübersteht.

Stern- und Sonnentag sind unterschiedlich lang, weil die Erde sich nicht nur um sich selber dreht, sondern dabei gleichzeitig auch noch um die Sonne kreist. Durch einen eingehenden Blick auf die Abbildung links sowie ein wenig Nachdenken wird schnell klar, warum das so ist.

Wir sehen die Erde an vier Positionen, die sie im Verlauf ihres Weges um die Sonne einnimmt. Während sie die Sonne umrundet, dreht sie sich kontinuierlich um ihre eigene Achse. Beide Drehbewegungen verlaufen in derselben Richtung, und zwar westwärts oder gegen den Uhrzeigersinn. Das winzige Kreuz auf dem kleinen Erdball markiert unseren Standort auf dem 50. Breitengrad (sagen wir, es handelt sich um Frankfurt am Main).

Beginnen wollen wir mit dem 21. März. Die Erde auf unserer Zeichnung ist so gedreht, dass Frankfurt der Sonne zugewandt ist. Mit anderen Worten: Die Sonne befindet sich von Frankfurt aus gesehen im Meridian, und es ist dort gerade zwölf Uhr mittags. Könnte man in Frankfurt auch bei vollem Tageslicht den Sternenhimmel beobachten (oder stiege man mit einer Rakete hoch genug in die Stratosphäre), sähe man auf dem Meridian oder ganz in dessen Nähe neben beziehungsweise hinter der Sonne eine Reihe von Sternen, die an diesem 21. März ihre Kulmination von Frankfurt aus gesehen ebenfalls um zwölf Uhr mittags erreichten. Der Einfachheit halber picken wir uns einen besonders hellen Stern heraus, Beta (β) in der Kassiopeia.

Wenn nun die Erde eine volle Umdrehung um sich selber gemacht haben wird, ist Frankfurt zwar wiederum ganz genau dem Stern Beta zugewandt, der Sonne dagegen noch nicht ganz, da die Erde mittlerweile ja ein kleines Stück auf ihrer Umlaufbahn um die Sonne zurückgelegt hat und sich demzufolge noch ein kleines bisschen weiter nach links drehen muss, um die Sonne wieder im Meridian zu haben. Dieses kleine Extrastückchen ist zu winzig, als dass wir es auf unserer Abbildung entsprechend einzeichnen könnten. Da sich der eben beschriebene Vorgang jedoch Tag für Tag wiederholt, wird die Differenz schon sehr bald an Größe und Bedeutung gewinnen.

Um unsere Rechnerei etwas zu vereinfachen, gehen wir davon aus, das Jahr habe zwölf Monate von jeweils 30 Tagen: dann nimmt Beta am 21. Juni nach Ablauf von 90 Sterntagen beziehungsweise 90 Umdrehungen der Erde um ihre eigene Achse seinen Platz im Meridian Frankfurts zum 90. Mal seit Beginn unseres kleinen Gedankenexperiments ein. Und jetzt können wir sogar auf unserer kleinen Zeichnung klar erkennen, dass Frankfurt noch eine Viertelumdrehung mehr machen müsste, um sich nun auch der Sonne zum 90. Mal zuzuwenden. Anders ausgedrückt: Der 90. Sonnentag ist im Gegensatz zum 90. Sterntag noch nicht vergangen. Bis zum Mittag sind es noch sechs Stunden, das heißt die Zeitspanne, die unsere Erde für die noch ausstehende Vierteldrehung braucht. Es ist sechs Uhr morgens. Der Stern ist der Sonne sechs Stunden enteilt.

Am 21. September, weitere 90 Tage später also – es sind jetzt insgesamt 180 Sterntage vergangen –, steht Beta zum 180. Mal von Frankfurt aus gesehen im Meridian, die Sonne hingegen ganz und gar nicht. Sie befindet sich zu diesem Zeitpunkt sogar genau in der entgegengesetzten Richtung, eine halbe Erdumdrehung oder zwölf Stunden von Frankfurt entfernt, sodass die Menschen dort weder über außergewöhnliche Sehkraft verfügen noch irgendwelche Raketen besteigen müssen, um Beta sehen zu können: ein einfacher Blick zum Himmel reicht, denn es ist dort gerade Mitternacht, und die Sterne haben bereits zwölf Stunden gegenüber der Sonne gewonnen. Am 21. Dezember beträgt der Unterschied dann schon 18 Stunden oder eine Dreiviertelumdrehung der Erde, und erst am 21. März scheint plötzlich alles wieder beim Alten zu sein, bis wir uns klarmachen, dass noch eine komplette Erdumdrehung beziehungsweise 24 Stunden vergehen müssen, bis auch der letzte der 360 Sonnentage vergangen sein wird.

24 Stunden in 360 Tagen – das entspricht zwei Stunden pro Monat oder genau vier Minuten am Tag. Nun hat unser Jahr aber 365,24 Sonnentage (366,24 Sternentage), sodass sich die gewonnenen 24 Stunden auf einige Tage mehr als die in unserer vereinfachten Rechnung zu Grunde gelegten 360 beziehen. Dementsprechend fällt auch der tägliche Vorsprung des Sterntags gegenüber dem Sonnentag um eine Winzigkeit kleiner aus, und wenn wir von ca. vier Minuten sprechen, dann merken sich die, die es ganz genau wissen wollen, dass es sich eigentlich bloß um drei Minuten und 55,91 Sekunden handelt.

Anmerkung: Wir hätten für unser obiges Beispiel auch jeden anderen Stern heranziehen können, aber Beta in der Kassiopeia hat den großen Vorzug, dass er sich praktisch genau auf dem Nullmeridian befindet. Demzufolge kann man die Sternzeit Nacht für Nacht am Stand des Nullmeridians ablesen, wie von einem Uhrzeiger. Und hat man die Sternzeit erst mal herausgefunden, kann man durch simples Hinzufügen der oben behandelten »Vier Minuten pro Tag« ohne weitere Hilfsmittel ausrechnen, was die (Sonnenzeit-) Uhr geschlagen hat. Das ist ein gutes Gehirntraining und kann in bestimmten Situationen sogar nützlich sein. Wie das ganze funktioniert, sehen wir auf der nächsten Doppelseite.

Die Himmelsuhr fürs ganze Jahr

Wie man die Karte auf den nächsten Seiten benutzen kann: Zunächst wählen wir diejenige der abgebildeten 24 Positionen aus, die dem, was wir gerade am Himmel sehen, am nächsten kommt. Dann suchen wir uns in Spalte A die entsprechende Datumszeile. Nun ziehen wir die in dieser Zeile in Spalte B vermerkte Stunden- und Minutenzahl von der unter der Positionsabbildung gedruckten weißen Zahl ab. Oder – wenn das einfacher ist – nehmen wir die in Spalte C aufgeführte Stunden- und Minutenzahl und fügen diese der weißen Zahl hinzu. Stimmt der in der Datumszeile vermerkte Tag mit dem unserer Beobachtung überein, haben wir mit dem Resultat bereits die gesuchte Sonnenzeit und wissen damit auch ohne Armbanduhr, wie spät es an unserem Beobachtungsort gerade ist. Befindet sich das für unsere Betrachtung des Himmels gewählte Datum zwischen zwei der in Spalte A aufgeführten Tage, ziehen wir pro Tag entweder vier Minuten ab oder wir fügen sie hinzu, je nachdem, von welcher Spalte wir ausgehen. Während der Sommerzeit ziehen wir dann noch eine Stunde vom jeweiligen Resultat ab und fertig! Am 23. September um Mitternacht stimmen Sternzeit und Sonnenzeit überein. Um dieses Datum herum kann man die Zeit also mehr oder weniger direkt von unserer Karte ablesen – bis auf die eventuell davon abzuziehende Stunde für die Sommerzeit.

Beispiel: Am 8. Februar sehen wir den Großen Wagen und Kassiopeia in der »fünf Uhr«-Position über uns am Himmel stehen. Wie spät ist es? Das dem unseren am nächsten kommende, in Spalte A aufgeführte Datum ist der 10. Februar. Aus dieser Spalte geht hervor, dass wir der unter der kleinen Zeichnung vermerkten weißen Stundenzahl an diesem Tag entweder 14 Stunden und 40 Minuten hinzufügen oder neun Stunden und 20 Minuten von ihr abziehen müssen. Weil es einfacher ist, entscheiden wir uns für die Addition und kommen so auf 19 Uhr 40. Da wir unsere Beobachtung aber nicht am 10. Februar machen, sondern schon zwei Tage zuvor, ziehen wir zwei mal vier, also acht Minuten davon ab, und nun wissen wir tatsächlich, wie spät es ist: zwei Minuten nach halb acht Uhr abends!

Natürlich ist unsere Himmelsuhr in dieser Form nicht immer auf die Minute genau. Dazu bräuchten wir Instrumente zur exakten Ortung der jeweiligen Positionen. Aber mit einiger Übung kommen wir der jeweils gesuchten Zeit zumindest so nah, dass wir damit arbeiten können. Das A und O für exakte Resultate ist die richtige Einschätzung und Auswahl der jeweiligen »Zeigerposition« zwischen Kassiopeia und dem Großen Wagen einerseits sowie das Wissen um die Abweichung unserer Position von der jeweils gültigen, in Stundensprüngen über die Welt verteilten Ortszeit andererseits. Näheres dazu ab Seite 136.

Die Himmelsuhr fürs ganze Jahr

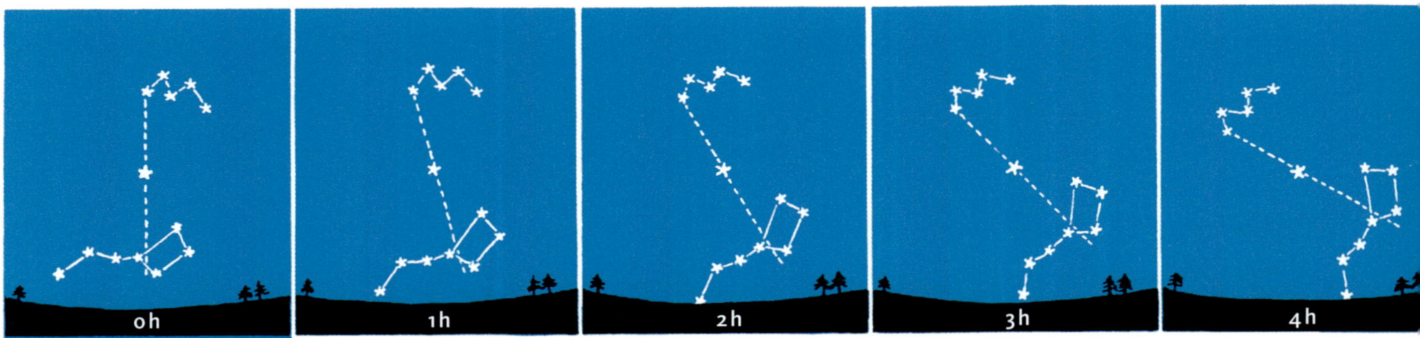

A	B		C
6. Jan.	– 7 Std.	oder	+ 17 Std.
11. Jan.	– 7 Std. 20 Min.		+ 16 Std. 40 Min.
16. Jan	– 7 Std. 40 Min.		+ 16 Std. 20 Min.
21. Jan.	– 8 Std.		+ 16 Std.
26. Jan.	– 8 Std. 20 Min.		+ 15 Std. 40 Min.
31. Jan.	– 8 Std. 40 Min.		+ 15 Std. 20 Min.
5. Feb.	– 9 Std.		+ 15 Std.
10. Feb.	– 9 Std. 20 Min.		+ 14 Std. 40 Min.
15. Feb.	– 9 Std. 40 Min.		+ 14 Std. 20 Min.
20. Feb.	– 10 Std.		+ 14 Std.
25. Feb.	– 10 Std. 20 Min.		+ 13 Std. 40 Min.
1. März	– 10 Std. 40 Min.		+ 13 Std. 20 Min.
6. März	– 11 Std.		+ 13 Std.
11. März	– 11 Std. 20 Min.		+ 12 Std. 40 Min.
16. März	– 11 Std. 40 Min.		+ 12 Std. 20 Min.
21. März	– 12 Std.		+ 12 Std.
26. März	– 12 Std. 20 Min.		+ 11 Std. 40 Min.
31. März	– 11 Std. 40 Min.		+ 11 Std. 20 Min.

A	B		C
5. Apr.	– 13 Std.	oder	+ 11 Std.
10. Apr.	– 13 Std. 20 Min.		+ 10 Std. 40 Min.
15. Apr.	– 13 Std. 40 Min.		+ 10 Std. 20 Min.
20. Apr.	– 14 Std.		+ 10 Std.
25. Apr.	– 14 Std. 20 Min.		+ 9 Std. 40 Min.
30. Apr.	– 14 Std. 40 Min.		+ 9 Std. 20 Min.
6. Mai	– 15 Std.		+ 9 Std.
11. Mai	– 15 Std. 20 Min.		+ 8 Std. 40 Min.
16. Mai	– 15 Std. 40 Min.		+ 8 Std. 20 Min.
21. Mai	– 16 Std.		+ 8 Std.
26. Mai	– 16 Std. 20 Min.		+ 7 Std. 40 Min.
31. Mai	– 16 Std. 40 Min.		+ 7 Std. 20 Min.
6. Jan.	– 17 Std.		+ 7 Std.
11. Jan.	– 17 Std. 20 Min.		+ 6 Std. 40 Min.
16. Jan	– 17 Std. 40 Min.		+ 6 Std. 20 Min.
21. Jan.	– 18 Std.		+ 6 Std.
26. Jan.	– 18 Std. 20 Min.		+ 5 Std. 40 Min.

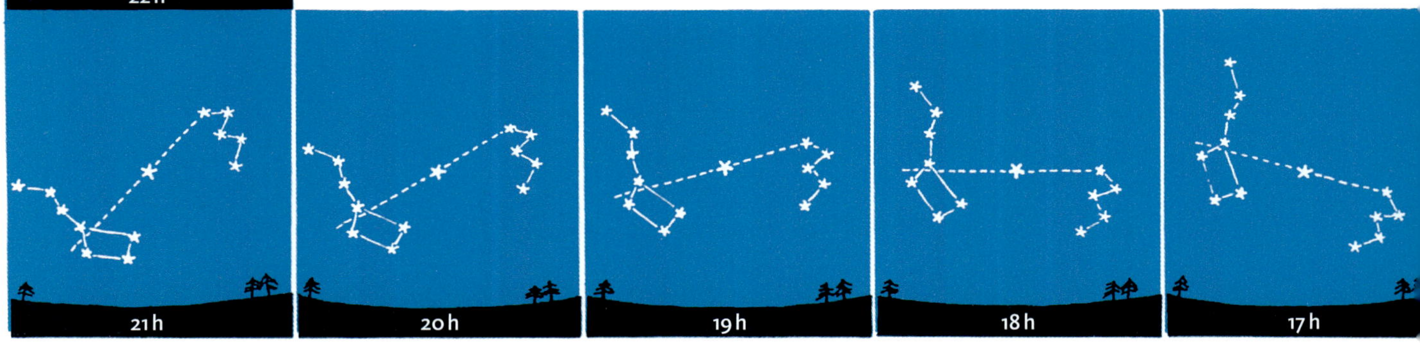

A	B		C
2. Juli	–18 Std. 40 Min.	oder	+5 Std. 20 Min.
7. Juli	–19 Std.		+5 Std.
12. Juli	–19 Std. 20 Min.		+4 Std. 40 Min.
17. Juli	–19 Std. 40 Min.		+4 Std. 20 Min.
22. Juli	–20 Std.		+4 Std.
27. Juli	–20 Std. 20 Min.		+3 Std. 40 Min.
2. Aug.	–20 Std. 40 Min.		+3 Std. 20 Min.
7. Aug.	–21 Std.		+3 Std.
12. Aug.	–21 Std. 20 Min.		+2 Std. 40 Min.
17. Aug.	–21 Std. 40 Min.		+2 Std. 20 Min.
22. Aug.	–22 Std.		+2 Std.
27. Aug.	–22 Std. 20 Min.		+1 Std. 40 Min.
3. Sept.	–22 Std. 40 Min.		+1 Std. 20 Min.
8. Sept.	–23 Std.		+1 Std.
13. Sept.	–23 Std. 20 Min.		+0 Std. 40 Min.
18. Sept.	–23 Std. 40 Min.		+0 Std. 20 Min.
23. Sept.	–0 Std.		+0 Std.
28. Sept.	–0 Std. 20 Min.		+23 Std. 40 Min.

A	B		C
3. Okt.	–0 Std. 40 Min.	oder	+23 Std. 20 Min.
8. Okt.	–1 Std.		+23 Std.
13. Okt.	–1 Std. 20 Min.		+22 Std. 40 Min.
18. Okt.	–1 Std. 40 Min.		+22 Std. 20 Min.
23. Okt.	–2 Std.		+22 Std.
28. Okt.	–2 Std. 20 Min.		+21 Std. 40 Min.
2. Nov.	–2 Std. 40 Min.		+21 Std. 20 Min.
7. Nov.	–3 Std.		+21 Std.
12. Nov.	–3 Std. 20 Min.		+20 Std. 40 Min.
17. Nov.	–3 Std. 40 Min.		+20 Std. 20 Min.
22. Nov.	–4 Std.		+20 Std.
27. Nov.	–4 Std. 20 Min.		+19 Std. 40 Min.
1. Dez.	–4 Std. 40 Min.		+19 Std. 20 Min.
6. Dez.	–5 Std.		+19 Std.
11. Dez.	–5 Std. 20 Min.		+18 Std. 40 Min.
16. Dez.	–5 Std. 40 Min.		+18 Std. 20 Min.
21. Dez.	–6 Std.		+18 Std.
26. Dez.	–6 Std. 20 Min.		+17 Std. 40 Min.
31. Dez.	–6 Std. 40 Min.		+17 Std. 20 Min.

Auf dieser Karte sieht man Kassiopeia und den Großen Wagen, wie sie sich Stunde für Stunde um den Polarstern bewegen. Eine komplette Umdrehung ist gleichbedeutend mit einem *Sterntag*. Die weißen Zahlen unter den einzelnen Abbildungen geben die jeweilige Zeit an – *Sternzeit* – zu der die dort wiedergegebene Stellung am Himmel erreicht wird, und zwar an jedem Tag (in jeder Nacht) im Jahr, absolut zuverlässig und ohne sich jemals zu verändern. Wie diese *Sternzeit* in die jeweilige *Orts-* (d.h. *Sonnen-*) *Zeit* zu übersetzen ist, zeigen wir auf der nächsten Seite.

Zeit und Zeitzonen

Für den Normalsterblichen, der sich nicht mit so etwas wie Himmelsguckerei die Zeit vertreibt, ist Letztere – zumindest solang es sich um die bloße Uhrzeit handelt – die einfachste Sache der Welt. Um sich ihrer zu vergewissern, schaut er einfach auf seine Armbanduhr. Er stellt diese nach dem Radio oder dem Videotext.

Nun brauchen aber die Leute von den Sendern zum Einstellen ihrer Uhren natürlich auch irgendeine Zeitvorgabe. Die wird ihnen heutzutage zwar durchweg von Atomuhren vorgegeben – ausschlaggebend für deren Einstellung sind jedoch wie eh und je die Sterne beziehungsweise deren Stand.

Sidersche Zeit, das heißt Sternzeit, leitet sich von der Rotation der Erde ab, und zwar nicht im Verhältnis zur Sonne, sondern zu einer bestimmten Stelle am Sternenhimmel: dem Frühlingsäquinoktium oder Frühlingspunkt (Abbildung 19). Die Zeitspanne zwischen zwei aufeinander folgenden Kulminationen dieses Punktes ist gleichbedeutend mit dem Sterntag, diesem mittlerweile fast schon alten Bekannten von uns (siehe Seite 118).

Der Sterntag dient uns als letztlich maßgebliche Grundlage aller Zeitmessung, auch wenn das den meisten von uns nicht bewusst ist, da wir unser Leben komplett nach der *solaren Zeit,* das heißt der Sonnenzeit ausgerichtet haben. Dabei ist der Begriff Sonnenzeit noch ein wenig unklar, kann damit doch mindestens zweierlei gemeint sein: die wahre Sonnenzeit und die mittlere Sonnenzeit. Und nur eine ganz bestimmte Form der letztgenannten dient uns allen als alltägliche Standardzeit. Um verstehen zu können, was es mit der Standardzeit auf sich hat, müssen wir erst einmal klären, was mit der *wahren Sonnenzeit* gemeint ist: Die kann man bestimmen, wenn man sich nach der Sonnenuhr ausrichtet. Die Sonnenuhr zeigt uns Mittag an, sobald die Sonne den Meridian überquert, und die Zeitspanne zwischen zwei aufeinanderfolgenden dieser Sonnenkulminationen nennt man einen *wahren Sonnentag* (dass man sich dazu entschlossen hat, ihn jeweils von einer unteren Kulmination zur nächsten zu zählen – das heißt von Mitternacht zu Mitternacht –, liegt bloß daran, dass man auf diese Weise vermeidet, mitten am Tag von einem Datum zum nächsten springen zu müssen). Diese Art und Weise, die Länge eines Tages zu bestimmen, ist ebenso einleuchtend wie natürlich, und man hat sich dieser Methode auch dementsprechend lange bedient. Für die Anforderungen unserer modernen und zunehmend globalisierten Welt ist diese Art der Zeitmessung jedoch nicht mehr genau genug, da der scheinbare Weg der Sonne über unseren Himmel und damit auch die Länge der wahren Sonnentage übers Jahr gesehen leichten Veränderungen unterworfen ist.* Mal scheint sich die Sonne schneller, dann wieder langsamer zu bewegen, sodass die Zeitspanne zwischen zwei aufeinanderfolgenden Überquerungen des Meridians nicht immer gleich ist. Diese Schwankungen können bis zu einer Minute betragen, und würde man unsere Uhren nach der wahren Sonnenzeit stellen, müssten diese ständig dem variierenden Gang der Sonne angepasst werden.

Darüber hinaus bezieht sich die wahre Sonnenzeit natürlich ausschließlich auf den Ort, an dem sie gerade beobachtet wird, und verändert sich mit dem Längengrad, auf dem wir uns befinden, und zwar um eine Minute pro viertel Längengrad (in unseren Breiten entspricht das einer Ost-West-Entfernung von ca. 20 Kilometern).

Um der ersten dieser beiden Unwägbarkeiten zu begegnen – der unterschiedlichen Länge der wahren Sonnentage also –, haben die Astronomen die *mittlere Sonnenzeit* eingeführt. Sie basiert auf der durchschnittlichen Länge aller wahren Sonnentage eines gesamten Jahres, dem *mittleren Sonnentag* also. Die daraus sich ergebenden 24 Stunden geben den Rhythmus vor, nach dem unsere Uhren ticken, vorausgesetzt sie gehen richtig.

Damit war das erste Problem gelöst, blieb noch das zweite: War der mittlere Sonnentag nun auch immer gleich lang, so bezog er sich doch nach wie vor auf den jeweiligen Ort, an dem man sich gerade befand. Die nach der *bürgerlichen Ortszeit*, wie man diese Art der Zeitmessung nennt, bestimmte Mittagszeit verschiebt sich nach wie vor ebenso wie beim wahren Sonnentag um eine Minute pro viertel Längengrad. Bei Anwendung dieses Systems hätte jede kleinere oder größere Kommune auf unserer Welt ihre eigene bürgerliche Ortszeit – eine absehbare Quelle endloser Konfusionen.

Aus diesem Grund wurde schließlich die *Standardzeit* eingeführt. Das Ganze begann 1884 mit einem internationalen Kongress in Washington und war eine zähe Angelegenheit, die sich über etliche Jahrzehnte hinziehen sollte. Schließlich wurde die Welt in vierundzwanzig *Zeitzonen* von jeweils 15 Längengraden aufgeteilt (mit geringen Abweichungen, die sich aus praktischen Erwägungen herleiteten), die jeweils um eine volle Stunde von einander abweichen. In jeder dieser Zeitzonen basiert die dort insgesamt gültige Uhrzeit auf dem mittleren Sonnentag des zentralen Zonenmeridians. Entlang dieses Meridians, dem Standardmeridian, ist die Standardzeit also identisch mit der bürgerlichen Ortszeit, aber je weiter man sich der Grenze der jeweiligen Zeitzone nähert, desto größer wird der Unterschied zwischen Standard und bürgerlicher Ortszeit – an der Grenze selbst, also ca. 7,5 Längengrade vom Standardmeridian entfernt, beträgt er ca. 30 Minuten. Das bedeutet, dass die nach der Standardzeit eingestellte Uhr am östlichen Rand einer Zeitzone bezogen auf die bürgerliche Ortszeit 30 Minuten hinterherhinkt, während sie dieser am westlichen Rand um die gleiche Zeitspanne enteilt: keine Kleinigkeit für den, der sich

* Ein Grund dafür (nicht der einzige) besteht darin, dass es sich bei der Umlaufbahn der Erde um die Sonne nicht um einen perfekten Kreis handelt, sondern um eine Ellipse. Dementsprechend ist die Erde auf ihrer Reise unterschiedlich weit von der Sonne entfernt. Ist sie der Sonne näher, bewegt sie sich schneller, als wenn sie weiter von ihr entfernt ist. Dementsprechend scheint die Sonne mal schneller, mal langsamer über unseren Himmel zu ziehen. Die Abweichung von einem Vollkreis ist nicht groß, gerade mal drei Grad: auf einer Zeichnung bliebe sie wahrscheinlich unbemerkt. Tatsächlich bedeutet diese kleine Abweichung, dass sich die Erde, wenn sie der Sonne am nächsten ist (im *Perihel:* aus dem altgriechischen peri, nah, und helios, Sonne), knapp fünf Millionen Kilometer dichter an ihr dran ist als im *Aphel* (altgr. Apo, von weg), bei einer durchschnittlichen Entfernung von knapp 150 Millionen Kilometern. Das hat zur Folge, dass in der nördlichen Hemisphäre die Zeitspanne vom Frühling zum Herbst 186 Tage beträgt, diejenige zwischen Herbst und Frühling dagegen bloß 179 Tage, was eben den bereits erwähnten drei Grad entspricht. Bei uns ist der Sommer also um eine Woche länger als der Winter, genau umgekehrt wie auf der südlichen Erdhälfte.

dort gerade bemüht, die Zeit in der von uns eben beschriebenen Weise von den Sternen abzulesen, für alle anderen jedoch nahezu unbedeutend.

So stehen die Dinge also in puncto Zeit und Zeitmessung, und es sieht ganz so aus, als sollte sich daran so schnell was ändern.

Die allgemeine Präzession

Der Frühlingspunkt, dessen Kulminationen den Sterntag definieren, steht nicht unverrückbar an seinem Platz am Firmament. Diese Tatsache haben wir bereits auf Seite 117 kurz erwähnt. Ebenso wie den Umstand, dass auch Polaris nicht für ewig und immer seine Funktion als Polarstern ausgeübt hat und ausüben wird und dass diese Aufgabe auf Grund der Kreiselbewegung des Himmelspols in der Vergangenheit und in der Zukunft jeweils von anderen Sternen übernommen worden ist beziehungsweise werden wird: von Thuban, zum Beispiel, oder von der Wega.

Beide Verschiebungen – die des Frühlingsäquinoktiums ebenso wie die des Pols – sind Folgen eines einzigen Phänomens, der *allgemeinen Präzession*. Vom griechischen Astronom Hipparchos bereits 125 v. Chr. entdeckt, war es Isaac Newton vorbehalten, achtzehn Jahrhunderte später die Erklärung für diese Naturerscheinung nachzureichen:

Wie wir bereits gesehen haben, ist der Himmelspol jener Punkt an unserem Himmel, auf den die Achse unseres rotierenden Planeten hinweist, und somit das Zentrum, um das herum sich der gesamte Himmel zu drehen scheint. Handelte es sich bei unserer Erde um eine perfekte Kugel – diese Achse deutete immer auf ein und denselben Punkt. Da der Erdball jedoch keineswegs perfekt, sondern an seinen Polkappen leicht abgeplattet und um die Hüften herum etwas in die Breite gegangen ist, führt das zu einem minimalen Flattern seiner Achse, wie bei einem langsamer werdenden Kreisel. Und während der Neigungswinkel der Achse zur Umlaufbahn der Erde unverändert bei 23,5° bleibt (in Bezug auf deren Vertikale), beschreibt die Achse selbst eine trichterförmige Bewegung, wobei sie sich für eine komplette Umdrehung 25 800 Jahre Zeit nimmt. Wenn wir uns vorstellen, am in den Himmel gerichteten Ende der Erdachse befände sich eine Bleistiftspitze, so würde diese einen Kreis auf die Wölbung unseres Modellhimmels zeichnen. Diesen Kreis sehen wir am oberen Rand der Abbildung 24. Sterne, die sich auf diesem Kreis oder in dessen Nähe befinden, übernehmen im Laufe der 25 800 Jahre die Funktion des Polarsterns, einer nach dem anderen. Diese Zeitspanne – die einer kompletten Kreiselbewegung – kennen wir auch als *Platonisches* oder *Weltjahr.*

Polaris befindet sich ganz in der Nähe dieser Kreisbahn, und der kreiselnde Himmelspol ist im Augenblick weniger als 1° von ihm entfernt. Vor einigen tausend Jahren jedoch, in den frühen Tagen überlieferter Geschichte, befand sich der Pol in sehr viel größerer Entfernung zu Polaris und stand stattdessen in unmittelbarer Nähe des Sterns *Thuban*, im Schwanz des *Drachen,* dem Polarstern zur Zeit des Pyramidenbaus, so um 3000 v. Chr. herum.

Im Laufe dieses Jahrhunderts wird sich der Himmelspol Polaris zunächst noch mehr annähern, bevor er diesen nach und nach hinter sich lassen und Kurs auf die Sterne *Gamma, Beta* und *Alpha* im Sternbild *Kepheus* nehmen wird. Dann also

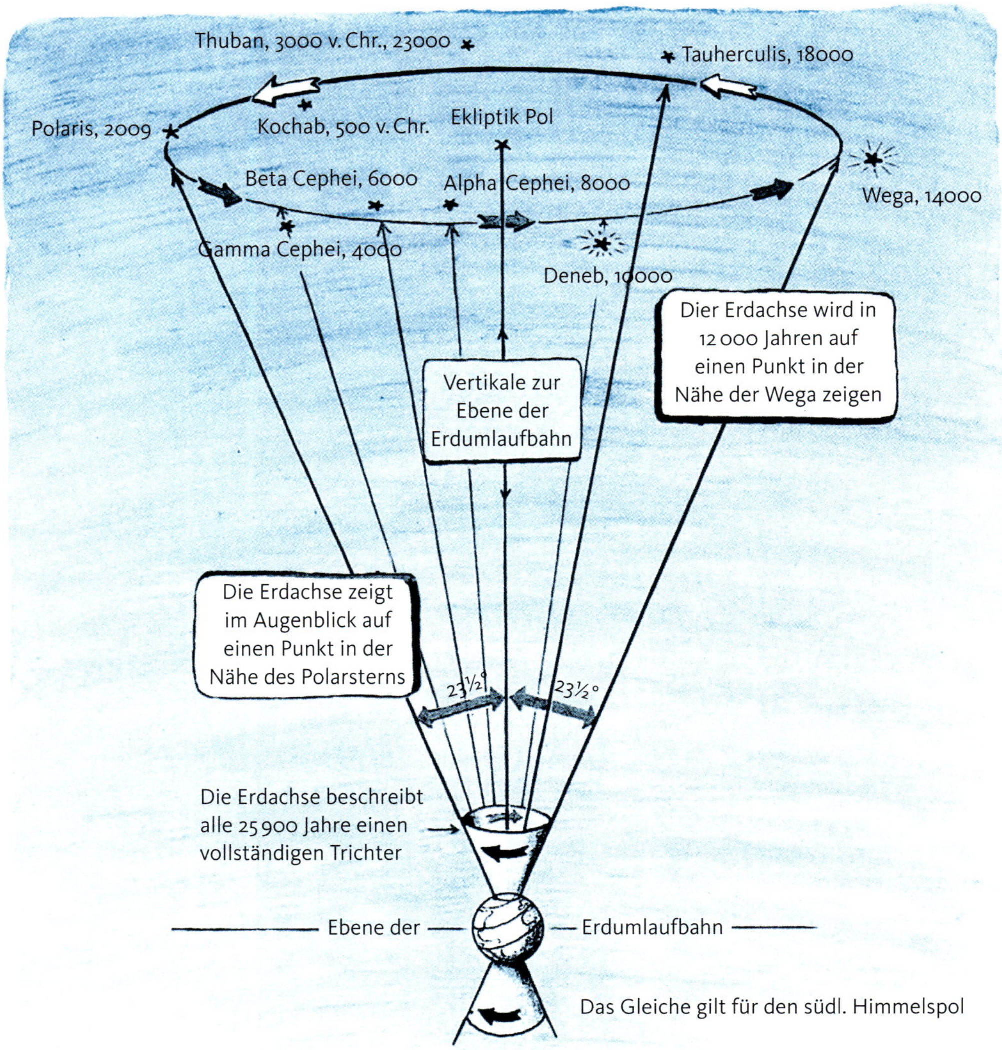

Abbildung 24: Die Verschiebung der Erdachse

werden diese die Funktion des Polarsterns in ungefähr 2 000, 4 000 und 6 000 Jahren übernehmen, auch wenn sie dafür nicht besonders geeignet sind, da es sich bei diesen dreien durchweg um relativ schwach auszumachende Himmelskörper handelt. Ganz im Gegensatz zu *Deneb* übrigens, dem Stern der 1. Größe im *Schwan*, dem unsere Nachfahren wahrscheinlich in ca. 8 000 Jahren Ehre und Aufgabe des Polarsterns auf Grund seiner außerordentlichen Leuchtkraft übertragen werden, ungeachtet der Tatsache, dass einige schwächere Sterne sich zu diesem Zeitpunkt in noch größerer Nähe zum Himmelspol befinden werden als jener. Um 18000 herum wird *Tau* im *Herkules* seine Chance bekommen und wahrnehmen, und das, obwohl es sich auch bei ihm nur um einen Stern 4. Größe handelt. Und um 23000 herum ist dann wieder Thuban an der Reihe …

All das ist noch ein ganzes Weilchen hin, wird man sagen, doch dank unserer modernen Instrumente kann man die Folgen der Wanderlust des Himmelspols auch im Verlauf eines einzigen Menschenlebens wahrnehmen. Eine dieser Folgeerscheinungen zeigt sich zum Beispiel in der stetigen Verschiebung des Frühlings- und Herbstpunktes auf der Ekliptik. Indem sich nämlich die

Erdachse verschiebt, geschieht dieses auch mit dem Himmelsäquator (der sich ja genau zwischen den beiden Polen befindet), und das hat zur Folge, dass sich dessen Berührungspunkte mit der Ekliptik, deren Umlaufbahn von dieser Verschiebung nicht betroffen ist, von ihrem augenblicklichen Stand – in den *Fischen* und der *Jungfrau* – zum *Wassermann* beziehungsweise *Löwen** hin bewegen, und zwar um ein drittel Grad pro Vierteljahrhundert – eine Strecke, die immerhin fast dem Durchmesser des Vollmonds entspricht, so wie er sich uns am Himmel präsentiert.

Aber die Präzession hält nicht bloß die beiden Himmelspole sowie die Äquinoktien auf Trab. Da die Rektaszension sich auf den Frühlingspunkt und die Deklination auf den Himmelsäquator bezieht, übt der flatterhafte Wandel unseres Erdballs also auch auf jene einen direkten Einfluss aus, sodass unsere Stern- beziehungsweise Himmelskarten und Atlanten alle 25 Jahre angepasst werden müssen. Und wenn wir auf Seite 119 auch gesagt haben, dass sich die Deklination eines Sterns nie verändert, dann sollten wir jetzt hinzufügen: Sie ändert sich nur infolge der allgemeinen Präzession (und, wo wir schon dabei sind, der Genauigkeit zu frönen: als Folge der Eigenbewegung des jeweiligen Sterns, auf die wir ab Seite 157 näher eingehen werden). Im Verlauf der Jahrhunderte sind die daraus sich ergebenden Veränderungen durchaus erheblich – so hätte man zum Beispiel das *Kreuz des Südens,* welches sich heutzutage am südlichen Firmament zeigt, um 3000 v. Chr. auch im kanadischen Quebec oder in Paris beobachten können, wenn es denn Quebec oder Paris damals schon gegeben hätte.

Die Äquinoktien sowie die beiden Sonnenwenden (die sich natürlich gleichfalls verschieben) läuten die Jahreszeiten ein, sodass sich auch jene im Laufe des platonischen Jahres verändern, zumindest was ihre Verbindung zu dem ihnen zugeordneten Sternenhimmel anbelangt. Der Frühling, zum Beispiel, der heutzutage beginnt, wenn die Sonne in den *Fischen* ist, meldete sich vor ein paar tausend Jahren, wenn die Sonne sich in den *Widder* bewegte. Hierin liegt auch der Grund, dass Letzterer bis heute die Liste der Tierkreiszeichen anführt und wir immer noch vom Wendekreis des *Krebses* beziehungsweise *Steinbocks* sprechen, obwohl die entsprechenden Sonnenwendpunkte sich längst im Sternbild des *Schützen* beziehungsweise im *Stier* befinden (siehe Abbildung 19). Dieser Verschiebung ist es letztlich auch zu verdanken, dass die zwölf Sternbilder, die sich von uns aus gesehen vorm Tierkreis befinden, mit den aus der Astrologie bekannten Tierkreiszeichen gleichen Namens, was Stand und Bedeutung anbelangt, nichts mehr zu tun haben und wir dementsprechend aufpassen müssen, sie nicht miteinander zu verwechseln.

Diese ganze Verschieberei hat allerdings nicht zur Folge, dass der Sommer in ferner Zukunft auf den Dezember fallen wird: Die Länge eines Jahres – 365,2422 Sonnentage – ist die Zeitspanne zwischen zwei direkten Überquerungen des Frühlingspunktes durch die Sonne, sodass auch die Jahreszeiten immer ihren dadurch definierten Platz im Jahr behalten werden. Aber es hat zur Folge, dass in beispielsweise 12 000 Jahren, wenn die Wega unser Polarstern sein wird, die Stars unseres heutigen Sommerhimmels, wie etwa der dann über dem Horizont stehende Schütze oder der Skorpion, hoch oben am Winterhimmel glänzen werden. Unsere Winterkonstellationen werden sich dann im Sommer präsentieren, während die Zwillinge tief im Süden stehen, und selbst ein Hamburger Sterngucker darf sich dann am Kreuz des Südens freuen.

* Im Verlauf eines Sonnenjahres (unseres ganz gewöhnlichen Jahres also) bewegt sich die Sonne auf ihrer Reise entlang der Ekliptik in östlicher Richtung, von den Fischen zum Widder zum Stier usw. (siehe Abbildung 19). im Verlauf eines Platonischen Jahres bewegen sich die Äquinoktien in Richtung Westen, vom Widder zu den Fischen, weil die Kreiselbewegung gegenläufig zur Bewegung der Erde um die Sonne verläuft. Um das zu verstehen, hilft es, die Pfeilrichtung auf den Abbildungen 19 und 25 zu vergleichen.

Tierkreis und Planeten

Auf Seite 127 haben wir gesehen, dass sich die Ekliptik ihren Weg durch zwölf Sternbilder bahnt, die man als *Tierkreis* bezeichnet (Abbildung 19), und wir haben weiterhin festgestellt, dass sich auf diesem Himmelsgürtel darüber hinaus auch die Wege befinden, auf denen sich die *Planeten* bewegen.

Dass wir die Planeten stets innerhalb dieses Gürtels finden und beobachten können, liegt daran, dass ihre Umlaufbahnen um die Sonne mit derjenigen unserer Erde auf fast der gleichen Ebene verlaufen. Das gilt zumindest für diejenigen Planeten, mit denen wir uns in diesem Buch beschäftigen – für *Venus, Mars, Jupiter* und *Saturn* also –, allesamt strahlend hell und leicht mit dem bloßen Auge am Himmel auszumachen, und es gilt ebenso für den *Merkur.*

Abbildung 25 soll eine Idee von der Anordnung dieser Planeten vermitteln, deren Größe sowie ihr jeweiliger Abstand zur Sonne natürlich nicht maßstabsgetreu wiedergegeben werden können. Der Gürtel des Tierkreises mit seinen unveränderlichen Sternzeichen bildet den Hintergrund, vor dem die Planeten – von der Erde aus betrachtet – ewig zu wandern scheinen. Zum auf der Zeichnung festgehaltenen Zeitpunkt sähen wir den Mars zwischen Widder und Stier, und Saturn befände sich mitten im Sternbild des Löwen. Jupiter stünde im Skorpion, wäre jedoch wegen der zwischen ihm und der Erde gelegenen Sonne gerade nicht zu sehen, ebenso wenig wie die Venus übrigens. Die Umlaufbahn der Venus weicht nie mehr als neun Grad von der Ebene der Ekliptik ab (weder in der einen noch in der anderen Richtung), und da dieser Winkel bei den drei anderen Planeten sogar noch geringer ausfällt, halten sie sich alle innerhalb eines gerade mal 18° breiten Gürtels auf, in dessen Mitte die Ekliptik verläuft, ähnlich wie der Mittelstreifen auf unseren Autobahnen. Und da die Umlaufbahn des Mondes um die Erde beziehungsweise deren Ebene ebenfalls nur ca. fünf Grad gegenüber derjenigen des Erdorbits versetzt ist, sehen wir auch unseren Trabanten ausschließlich in unmittelbarer Nähe der Ekliptik.

Auch vier Sterne 1. Größe sind im direkten Einzugsbereich der Ekliptik zu finden: Regulus, Spica, Antares und Aldebaran. Mindestens zwei von ihnen, sehr oft sogar drei, sind jeweils zur selben Zeit am Himmel auszumachen, dazu der eine oder andere Planet sowie, wenn er sich nicht gerade bedeckt hält, der Mond. Dabei präsentieren sich diese Himmelskörper wie die Hühner auf der Stange (einer um uns herum gebogenen Stange) oder, um es ein wenig hübscher zu formulieren, wie ständig ihre Position verändernde Perlen einer Kette, deren unsichtbarer Faden in etwa der Ekliptik entspricht, die sich auf diese Weise also quasi virtuell am Himmel bemerkbar macht.

Die Planeten bewegen sich allesamt in derselben Richtung um die Sonne wie die Erde, das heißt von West nach Ost oder gegen den Uhrzeigersinn, und dementsprechend scheinen sie die Sternbilder des Tierkreises auch in östlicher Richtung zu durchqueren (nicht zu verwechseln mit ihrem allnächtlichen Gang über unseren Himmel, der genau in die andere Richtung verläuft!). Eine Ausnahme macht die Venus, die von der Erde aus gesehen einer Art Zickzackkurs zu folgen scheint. Zwischen uns und der Sonne gelegen (ebenso wie der Merkur), zeigt sie sich immer und ausschließlich in deren Nähe. Venus und Merkur nennt man die *Inneren Planeten*, im Gegensatz zu den *Äußeren Planeten*, deren Entfernung zur Sonne größer ist als die unserer Erde. Die äußeren Planeten brauchen mehr Zeit für ihre Reise um die Sonne (für ihr »Jahr« also) als die Erde, sodass Letztere Erstere in regelmäßigen Abständen erst ein- und dann überholt. Auf unserer Abbildung tut sie das gerade mit dem Mars, als Nächstes wird Saturn drankommen und noch später dann Jupiter. Immer wenn die Erde dazu ansetzt, an einem der äußeren Planeten vorbeizuziehen, scheint dieser seinen Weg nach Osten (seine prograde oder rechtläufige Bewegung) umzukehren und in die entgegengesetzte Richtung zu treiben, ähnlich wie sich auch ein Auto, wenn wir es überholen, für einen kurzen Moment rückwärts zu bewegen scheint. Doch dann ändert der betreffende Planet seine Richtung wieder und folgt seinem ostwärts gerichteten Weg, bis die Erde erneut zu einem Überholvorgang ansetzt. Dieses Phänomen nennt man Planetenschleife, und die Tabellen auf Seite 148 und 149 geben den Zeitpunkt dieser retrograd genannten Bewegungsphasen der einzelnen Planeten detailliert wieder. Da sich der überholte Planet, immer wenn das passiert, von der Erde aus gesehen direkt gegenüber der Sonne (»in Opposition« zur Sonne) befindet – seinen höchsten Punkt am Himmel also um Mitternacht erreicht –, ist er dementsprechend gut zu beobachten. Mehr über die einzelnen Planeten, ihre jeweilige Größe und Entfernung, auf den Seiten 144 und 147.

Die Planeten haben die Menschheit lange Zeit vor große Rätsel gestellt. Die Tatsache, dass sie nicht einfach der allgemeinen Drehbewegung des Sternenhimmels folgen, sondern sich auf ihren eigenen, auf den ersten Blick nicht immer berechenbaren Bahnen zu bewegen schienen (Planet steht im Altgriechischen für Wanderer), führte dazu, dass man sie gleichermaßen fürchtete und verehrte. In den Ländern des Nahen Ostens, wo das, was wir heute unter Astronomie und Himmelsbeobachtung verstehen, seinen Ursprung hat, wurden gleich fünf der sieben Wochentage nach Planeten benannt (die restlichen zwei benannte man nach der Sonne und dem Mond). Gleichzeitig bildete sich um sie herum ein ganzes Geflecht abergläubischer Vorstellungen, und auch in der Astrologie spielen die Planeten bis heute eine entscheidende Rolle.

Die Sternbilder, durch die hindurch die Planeten von jeher ihrer Wege gingen und gehen – die Tierkreisbilder also –, haben von dem hieraus sich ergebenden Mehr an Aufmerksamkeit kräftig profitiert, sodass die Namen vieler Konstellationen noch heute durchaus ein Begriff sind, obwohl die meisten Menschen keine Ahnung davon haben, wie sie im Einzelnen aussehen und wo am Himmel sie zu finden sind.

In längst vergangenen Zeiten, vor ungefähr 4 000 Jahren, trugen diese zwölf Sternbilder wohl allesamt noch Tiernamen, was unter anderem zur Folge hat, dass man diesen Sternengürtel eben immer noch als Tierkreis bezeichnet. Das mag uns heute zwar ein wenig merkwürdig vorkommen, handelt es sich bei Jungfrau, Zwillingen, Wassermann, Schütze und Waage doch eindeutig nicht um Tiere, bestätigt jedoch gleichzeitig die auch anderswo zu machende Erfahrung, dass Namen sich sehr viel länger halten als das, was sie bezeichnen.

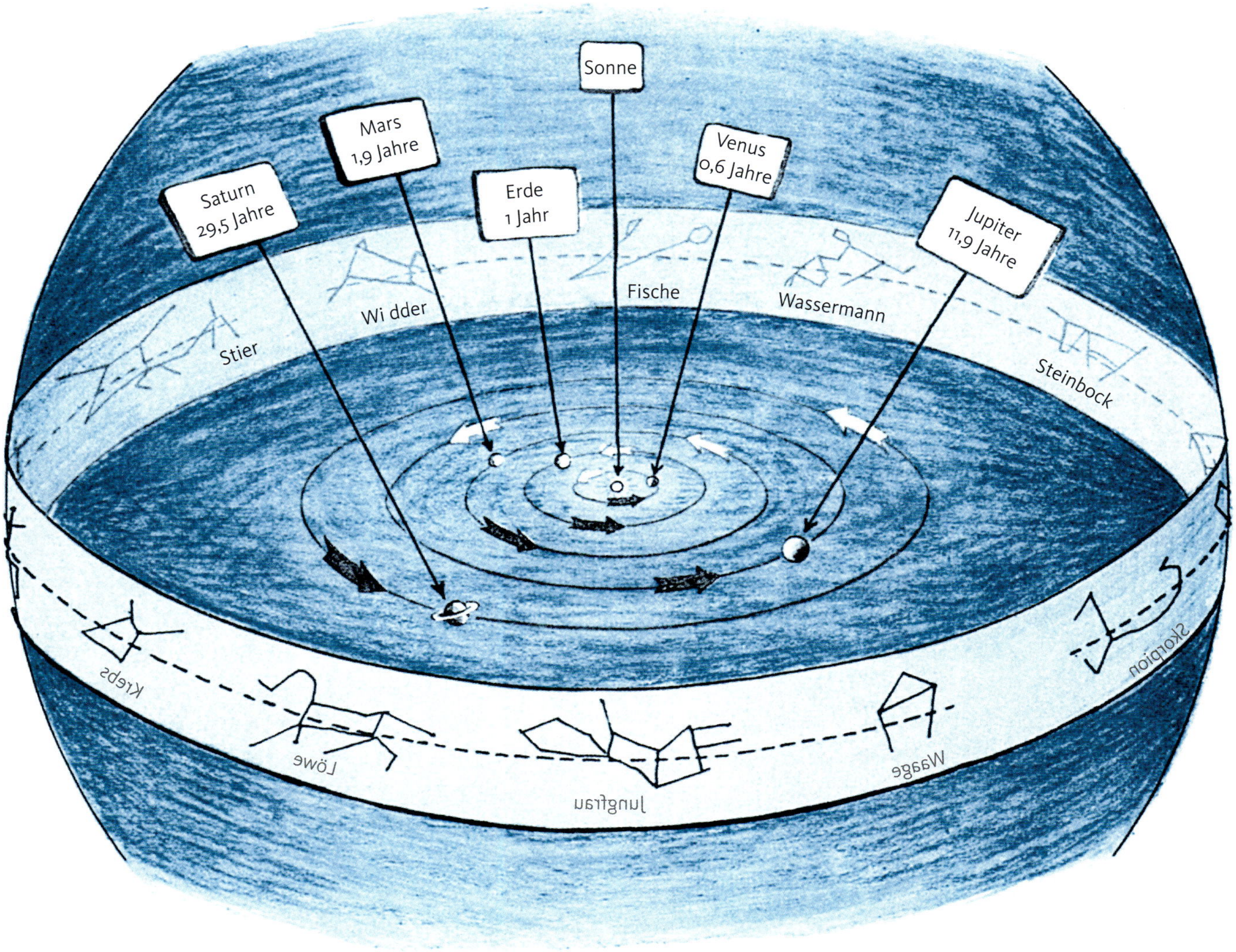

Abbildung 25: Der Tierkreis, Hintergrund für die Planeten

Noch ein weiteres, dreizehntes Sternbild – der Schlangenträger – ragt in den Tierkreis hinein, ist diesem aber, aus Gründen, die mir nicht bekannt sind, niemals hinzugerechnet worden.

Die zwölf sogenannten Tierkreissternbilder, vom Widder aus ostwärts gesehen, sind:

Widder (Aries)
Stier (Taurus)
Zwillinge (Gemini)
Krebs (Cancer)
Löwe (Leo)
Jungfrau (Virgo)
Waage (Libra)
Skorpion (Scorpius)
Schütze (Sagittarius)
Steinbock (Capricornus)
Wassermann (Aquarius)
Fische (Pisces)

Es empfiehlt sich, sich nicht bloß die Namen dieser Konstellationen einzuprägen, sondern auch deren Reihenfolge (Widder westlich vom Stier, der wiederum westlich von den Zwillingen usw.). Auf diese Art und Weise hilft uns das Auffinden eines einzigen dieser Bilder bei der Suche nach den anderen. Der folgende Tierkreisreim kann dabei als Eselsbrücke dienen:

Wie der Stier zwischen Krebs,
Löw' und Jungfrau die Waage hält,
zielt auf Skorpion der Schütze, wenn
der Stein ins Wasser auf die Fische fällt.
(Wie der = Widder; zwischen = Zwillinge; Stein = Steinbock; Wasser = Wassermann)

Wer sich diese Eselsbrücke nun erst recht nicht merken kann, dem diene sie als Anregung, es noch einmal mit den Namen der Tierkreiszeichen selbst zu versuchen.

Auf der Seite 147 sind die *acht Planeten* abgebildet, und zwar alle im selben Maßstab, inklusive der Sonne, die so jedoch auf einen Durchmesser von 63,5 Zentimeter kommt, sodass wir uns hier mit einem kleinen Ausschnitt von ihr begnügen müssen. Alle Planeten bis auf Merkur und die Venus werden von Satelliten oder Monden umkreist. Jupiter hält den Rekord mit mindestens 63 Monden (von denen vier mit Hilfe eines normalen Fernglases auszumachen sind – ein Erlebnis, das man sich nicht entgehen lassen sollte) vor Saturn mit immerhin noch mindestens 60, es sei denn, man betrachtet die Millionen winziger Monde, die die Ringe des Saturns bilden, als eigenständige Trabanten. Jupiter, Uranus und Neptun sind ebenfalls von Ringen umgeben, die jedoch sehr viel weniger ausgeprägt sind. Das Quartett aus Jupiter, Saturn, Uranus und Neptun bildet die Gruppe der sogenannten Gasriesen, da sie im Gegensatz zu den terrestrischen Planeten Merkur, Mars, Erde und Venus vorwiegend aus Gas bestehen. Uranus und Neptun sind nicht mit bloßem Auge zu erkennen.

Das Gleiche gilt für die Asteroiden* (Sternchen, von dem lateinischen *astrum*, Stern) oder Planetoiden, welche die Sonne zwischen Mars und Jupiter umrunden. Lange Zeit galt Ceres mit einem Durchmesser von knapp 1000 Kilometern als deren größter, doch gehört sie seit 2006 ebenso wie der ehemalige Planet Pluto in die neu geschaffene Klasse der Zwergplaneten.

* Bloß einen einzigen unter ihnen, Vesta, kann der versierte Sternengucker ab und an mit dem bloßen Auge erblicken.

Ein Wort zu Pluto: Nachdem ab den neunziger Jahren des letzten Jahrhunderts immer mehr Himmelskörper jenseits des Neptuns entdeckt wurden (im sogenannten Kuipergürtel), entschloss sich die IAU (Internationale Astronomische Union) im Jahre 2006, neu zu definieren, was ein Planet ist und was nicht. Demzufolge ist Pluto nun ein Zwergplanet und nicht mehr der neunte Planet unseres Sonnensystems, der er seit seiner Entdeckung im Jahr 1930 gewesen war.

Als Planet gilt seit 2006 ein Himmelskörper, der sich um die Sonne bewegt, dessen Masse ausreicht, um durch seine eigene Anziehungskraft eine annähernd runde Form zu bilden, und der das dominierende Objekt seiner Umlaufbahn ist, das heißt, der diese von weiteren Objekten »geräumt« hat.

Ein Zwergplanet dagegen ist ein Himmelskörper, der sich um die Sonne bewegt und groß genug ist, um durch seine Eigengravitation eine annähernd runde Form zu bilden, selbst kein Satellit oder Mond eines Planeten ist, ohne dabei jedoch seine Umlaufbahn von anderen Objekten geräumt haben zu müssen.

Mit dem Teleskop hat man bis jetzt jedenfalls bereits mehrere hunderttausend

Asteroiden entdeckt, auch außerhalb des zwischen Mars und Jupiter gelegenen Planetoidengürtels, aber aller Wahrscheinlichkeit nach handelt es sich sogar um etliche Millionen. Ab und zu bewegen sich einzelne Asteroiden auch außerhalb des Asteroidengürtels und nähern sich dabei der Umlaufbahn unserer Erde, wobei der eine oder andere diese sogar direkt gekreuzt und die Erdatmosphäre durchquert hat. Solch ein Einschlag setzt je nach Größe des entsprechenden Asteroiden enorme Energie frei und kann dementsprechend verheerende Folgen haben. So existiert neben anderen die Theorie, das Aussterben der Dinosaurier könnte mit solch einem Asteroideneinschlag zusammenhängen. Im Verlaufe der nächsten Jahrhunderte ist den sehr genauen Berechnungen der Astronomen zufolge ein solcher Einschlag jedoch nicht zu erwarten. Woher die Asteroiden eigentlich kommen, ist immer noch ein Rätsel. Lange hielt man sie für Teile eines auseinandergebrochenen Planeten, der einst zwischen Mars und Jupiter die Sonne umkreist haben soll. Für wahrscheinlicher gilt heute jedoch die Theorie, dass es sich um übrig gebliebene Teilchen (sogenannte Planetesimale) aus der Entstehungszeit unseres Sonnensystems handelt, die durch die immer größer werdende Anziehungskraft von Jupiter daran gehindert worden sind, sich zu einem eigenen Planeten zu formen. Aber ganz sicher ist man sich auch da nicht.

Ein ähnlicher Gürtel von Himmelskörpern findet sich auch jenseits des Neptuns. Diese Gegend, in der sich auch Pluto befindet, nennt man Kuipergürtel (nach dem Astronomen Gerard Kuiper).

Außer den Planeten und Planetoiden enthält unser Sonnensystem noch eine weitere Gruppe von Himmelskörpern: die Kometen. Einige von ihnen sind so hell, dass wir sie mit bloßem Auge erkennen können (in sehr seltenen Fällen kann ein Komet sogar heller leuchten als die Venus, ja sogar so hell, dass er bei Tageslicht zu sehen ist). Da ihr Erscheinen in der Regel von der Presse angekündigt wird, brauchen wir keine Angst zu haben, sie zu verpassen. Die große Mehrheit der Kometen ist jedoch so lichtschwach, dass sie bloß mit entsprechend starken Teleskopen ausgemacht werden kann. Was die Sache zusätzlich erschwert, ist die Tatsache, dass Kometen ihre Umlaufbahnen, anders als Planeten, nicht ausschließlich in der Nähe der Ekliptik haben, sondern in jedem nur erdenklichen Winkel zur Umlaufebene unserer Erde. Ihren Ursprung sollen die Kometen entweder im Kuipergürtel haben oder in der sogenannten Oort'schen Wolke (nach dem Astronomen Jan Hendrik Oort), einem Ring aus Staub, Eis und Gestein, der unser Sonnensystem in einer Entfernung von etwa 1,5 Lichtjahren umgibt.

** Mittlere Entfernung zur Sonne (in Millionen Kilometern) und Zahl der bisher entdeckten Monde (hier nicht abgebildet)*

Merkur: 57,9 (kein Mond)
Venus: 108,2 (kein Mond)
Erde: 149,6 (ein Mond)
Mars: 227,1 (2 Monde)
Jupiter: 778,3 (63 Monde)
Saturn: 1 429,4 (60 Monde)
Uranus: 2 871,0 (27 Monde)
Neptun: 4 504,0 (13 Monde)

Abbildung 26: Sonne und Planeten*

		Venus	Mars	Jupiter	Saturn
2009	Jan.	Wasserm. A	Schütze	Schütze	Löwe
	Feb.	Fische A	Schütze	Steinbock	Löwe
	März	Fische A	Steinbock	Steinbock	Löwe
	Apr.	Fische M	Wasserm.	Steinbock	Löwe
	Mai	Fische M	Walfisch	Steinbock	Löwe
	Juni	Fische M	Widder	Steinbock	Löwe
	Juli	Stier M	Widder	Steinbock	Löwe
	Aug.	Zwillinge M	Stier	Steinbock	Löwe
	Sept.	Krebs M	Zwillinge	Steinbock	Löwe
	Okt.	Löwe M	Zwillinge	Steinbock	Jungfrau
	Nov.	Jungfrau M	Krebs	Steinbock	Jungfrau
	Dez.	Waage M	Löwe	Steinbock	Jungfrau
2010	Jan.	Schütze O	Löwe	Steinbock	Jungfrau
	Feb.	Krebs O	Krebs	Wasserm.	Jungfrau
	März	Wasserm. A	Krebs	Wasserm.	Jungfrau
	Apr.	Widder A	Krebs	Wasserm.	Jungfrau
	Mai	Widder A	Krebs	Wasserm.	Jungfrau
	Juni	Zwillinge A	Löwe	Fische	Jungfrau
	Juli	Löwe A	Löwe	Fische	Jungfrau
	Aug.	Jungfrau A	Jungfrau	Fische	Jungfrau
	Sept.	Jungfrau A	Jungfrau	Fische	Jungfrau
	Okt.	Waage A	Waage	Fische	Jungfrau
	Nov.	Jungfrau M	Skorpion	Wasserm.	Jungfrau
	Dez.	Jungfrau M	Schl. Träg.	Wasserm.	Jungfrau
2011	Jan.	Waage M	Schütze	Fische	Jungfrau
	Feb.	Schütze M	Steinbock	Fische	Jungfrau
	März	Steinbock M	Wasserm.	Walfisch	Jungfrau
	Apr.	Wasserm. M	Fische	Fische	Jungfrau
	Mai	Fische M	Fische	Fische	Jungfrau
	Juni	Widder M	Widder	Fische	Jungfrau
	Juli	Stier M	Stier	Widder	Jungfrau
	Aug.	Krebs O	Stier	Widder	Jungfrau
	Sept.	Löwe O	Widder	Widder	Jungfrau
	Okt.	Jungfrau A	Krebs	Widder	Jungfrau
	Nov.	Waage A	Löwe	Widder	Jungfrau
	Dez.	Schütze A	Löwe	Widder	Jungfrau

		Venus	Mars	Jupiter	Saturn
2012	Jan.	Steinbock A	Löwe	Fische	Jungfrau
	Feb.	Wasserm. A	Jungfrau	Widder	Jungfrau
	März	Fische A	Löwe	Widder	Jungfrau
	Apr.	Widder A	Löwe	Widder	Jungfrau
	Mai	Widder A	Löwe	Widder	Jungfrau
	Juni	Widder O	Löwe	Stier	Jungfrau
	Juli	Widder M	Jungfrau	Stier	Jungfrau
	Aug.	Widder M	Jungfrau	Stier	Jungfrau
	Sept.	Zwillinge M	Jungfrau	Stier	Jungfrau
	Okt.	Löwe M	Waage	Stier	Jungfrau
	Nov.	Jungfrau M	Schl. Träg.	Stier	Jungfrau
	Dez.	Waage M	Schütze	Stier	Jungfrau

Wo (in welchem Sternbild) die Planeten in den Jahren 2009 bis 2016 am Ersten eines Monats jeweils zu finden sind

Anhand der Sternkalenderblätter kann man herausfinden, ob das Sternbild, innerhalb dessen oder in dessen Nähe der betreffende Planet aufgelistet ist, zum gewünschten Beobachtungszeitpunkt zu sehen ist. Besondere Aufmerksamkeit sollte man den retrograden Bewegungsphasen oder Planetenschleifen (siehe Seite 142) von Mars, Jupiter und Saturn widmen. Zur Mitte so einer Phase hin befindet sich der jeweilige Planet in Opposition zur Erde, steht dieser damit näher als sonst und ist entsprechend heller. Das trifft besonders auf den Mars zu, dessen Entfernung zur Erde extrem schwankt (siehe Fußnote auf Seite 74). Marsoppositionen kommen alle 25 bis 26 Monate vor (zum Beispiel um den 29. Januar 2010; den 3. März 2012; den 8. April 2014 und den 22. Juni 2016 herum). Venus kann auf Grund der Tatsache, den in-

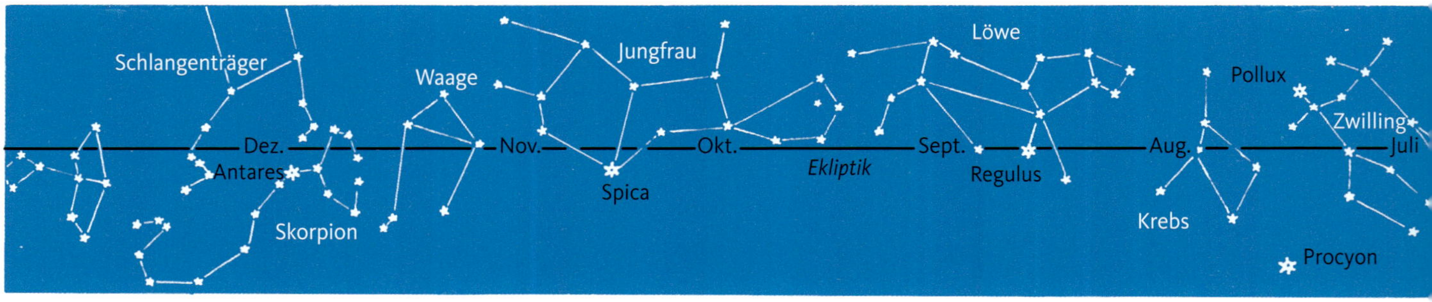

Abbildung 27: Der Platz, den die Sonne jeweils am Ersten eines Monats im Tierkreis einnimmt

		Venus	Mars	Jupiter	Saturn
2013	Jan.	Schl.Träg. M	Steinbock	Stier	Waage
	Feb.	Steinbock M	Wasserm.	Stier	Waage
	März	Wasserm. O	Wasserm.	Stier	Waage
	Apr.	Fische O	Fische	Stier	Waage
	Mai	Widder A	Widder	Stier	Waage
	Juni	Widder A	Widder	Stier	Waage
	Juli	Krebs A	Stier	Zwillinge	Waage
	Aug.	Löwe A	Stier	Zwillinge	Waage
	Sept.	Jungfrau A	Zwillinge	Zwillinge	Waage
	Okt.	Waage A	Krebs	Zwillinge	Waage
	Nov.	Schütze A	Löwe	Zwillinge	Waage
	Dez.	Schütze A	Jungfrau	Zwillinge	Waage

		Venus	Mars	Jupiter	Saturn
2014	Jan.	Schütze A	Jungfrau	Zwillinge	Waage
	Feb.	Schütze M	Jungfrau	Zwillinge	Waage
	März	Schütze M	Jungfrau	Zwillinge	Waage
	Apr.	Steinbock M	Jungfrau	Zwillinge	Waage
	Mai	Fische M	Jungfrau	Zwillinge	Waage
	Juni	Widder M	Jungfrau	Zwillinge	Waage
	Juli	Stier M	Jungfrau	Zwillinge	Waage
	Aug.	Zwillinge M	Jungfrau	Krebs	Waage
	Sept.	Löwe M	Waage	Krebs	Waage
	Okt.	Jungfrau O	Schl. Träg.	Krebs	Waage
	Nov.	Waage O	Schütze	Löwe	Waage
	Dez.	Schl.Träg. A	Schütze	Löwe	Waage
2015	Jan.	Schütze A	Steinbock	Löwe	Waage
	Feb.	Wasserm. A	Wasserm.	Löwe	Skorpion
	März	Fische A	Walfisch	Krebs	Skorpion
	Apr.	Widder A	Widder	Krebs	Skorpion
	Mai	Stier A	Widder	Krebs	Skorpion
	Juni	Zwillinge A	Stier	Krebs	Waage
	Juli	Löwe A	Zwillinge	Löwe	Waage
	Aug.	Löwe A	Zwillinge	Löwe	Waage
	Sept.	Krebs M	Krebs	Löwe	Waage
	Okt.	Löwe M	Löwe	Löwe	Waage
	Nov.	Löwe M	Jungfrau	Löwe	Skorpion
	Dez.	Zwillinge M	Jungfrau	Löwe	Schl. Träg.
2016	Jan.	Skorpion M	Jungfrau	Löwe	Schl. Träg.
	Feb.	Schütze M	Waage	Löwe	Schl. Träg.
	März	Steinbock M	Waage	Löwe	Schl. Träg.
	Apr.	Fische M	Skorpion	Löwe	Schl. Träg.
	Mai	Widder M	Skorpion	Löwe	Schl. Träg.
	Juni	Stier O	Waage	Löwe	Schl. Träg.
	Juli	Zwillinge A	Waage	Löwe	Schl. Träg.
	Aug.	Löwe A	Waage	Löwe	Schl. Träg.
	Sept.	Jungfrau A	Skorpion	Jungfrau	Schl. Träg.
	Okt.	Waage A	Schütze	Jungfrau	Schl. Träg.
	Nov.	Schl.Träg. A	Schütze	Jungfrau	Schl. Träg.
	Dez.	Schütze A	Steinbock	Jungfrau	Schl. Träg.

neren Planeten anzugehören, nicht in Opposition zu uns sein (siehe Seite 142), aber sie zu finden ist vergleichsweise einfach: Sie leuchtet immer wesentlich heller als jeder Stern am Himmel und kann sehr oft in der Morgen- oder Abenddämmerung beobachtet werden. Ein A in der entsprechenden Venuszeile bedeutet, sie leuchtet uns als Abendstern, ein M heißt, sie kommt als Morgenstern, und ein O zeigt an, dass sie sich zu dicht neben der Sonne aufhält, um überhaupt gesehen werden zu können. Befindet die Sonne sich innerhalb oder in der Nähe eines Sternbilds, in dessen Nähe sich ein Planet aufhält, kann man diesen wegen des dann herrschenden Tageslichts nicht sehen. Aus der Abbildung unten auf der Doppelseite lässt sich ersehen, wo die Sonne am Ersten jeden Monats eines jeden Jahres zu finden ist.

Befindet sich ein Planet im Schlangenträger, kann man sich bei der Suche nach ihm an den wesentlich helleren und damit besser auszumachenden Sternen des Skorpions orientieren, die direkt darüberliegen.

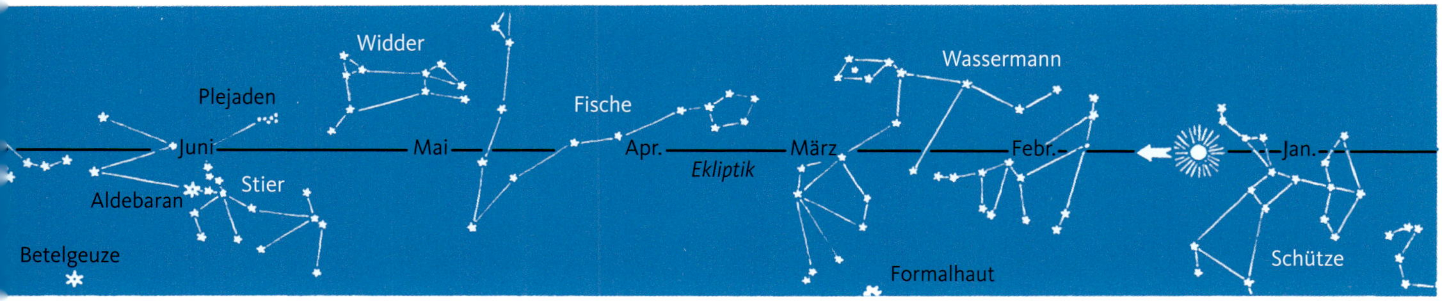

Der Mond

In einem Buch über die Sterne darf natürlich der Mond nicht fehlen, obwohl man wahrscheinlich niemandem erklären muss, wie und wo dieser am Himmel zu entdecken ist. Das Erste, was einem beim Mond ins Auge fällt, sind dessen Phasen, und was deren Zustandekommen anbelangt, sieht das mit dem Erklärungsbedarf gleich ganz anders aus – darum habe ich denen, die sich über den Hintergrund des lunaren »JoJo-Effekts« nicht mehr so ganz im Klaren sind, die nun folgenden Absätze gewidmet:

Auf Grund der Tatsache, dass sich die Erde um sich selber dreht, und zwar gegen den Uhrzeigersinn von Westen nach Osten, geht auch der Mond im Osten auf und im Westen unter, ganz so wie die Sterne und die Sonne. Aber da der Mond die Erde seinerseits in östlicher Richtung umkreist, verringert sich deren Rotationseffekt in Bezug auf ihren Trabanten ganz erheblich. Mit anderen Worten: Die Geschwindigkeit, mit der unser Mond über den Himmel zieht, ist wesentlich geringer als die der Sterne und der Sonne, sodass seinem Auf- und Untergehen auf den ersten Blick etwas Zufälliges anzuhaften scheint. Er geht jeden Tag im Schnitt so um die 50 Minuten früher auf und wieder unter als am Tag zuvor. Durch diese tägliche Verzögerung bewegt sich der Mond innerhalb eines jeden Monats (genauer gesagt innerhalb von 29,5 Tagen) auf einer Bahn, die bloß am Ende beziehungsweise zu Beginn mit der der Sonne zu korrespondieren scheint. 29,5 Tage dauert eine Mondumrundung in Bezug auf den Sonnentag. Legt man die reine Rotation des Mondes in Bezug auf den Fixsternhimmel zu Grunde (die auf Seite 136 behandelte Sternzeit also), braucht unser guter alter Mond bloß 27,3 Tage, um uns einmal zu umkreisen. Die restlichen zwei Tage resultieren aus der Tatsache, dass das gesamte Erde-Mond-System sich ja in der Zwischenzeit seinerseits ein ganzes Stück weiter um die Sonne bewegt hat, sodass der Mond eben noch ein Weilchen braucht, um sich der ebenfalls entsprechend weiter gewanderten Erde-Sonne-Achse anzunähern (siehe Abbildung 28).

Seine scheinbare Unberechenbarkeit verliert der Fahrplan des Mondes jedoch sehr schnell, sobald wir diesen über eine komplette Periode hinweg verfolgen, was wir jetzt einfach mal machen werden. Dieses ist umso einfacher, als der Mond grundsätzlich auch bei Tageslicht zu erkennen ist*, bis auf die kurze Zeit natürlich, während der er sich als »Neumond« überhaupt nicht blicken lässt. Beim Mond handelt es sich also anders als bei den Sternen nicht um eine ausschließliche Nachterscheinung, und wie wir im Folgenden sehen werden, verteilt er seine Auftritte sogar zu gleichen Teilen auf die Nacht und den Tag.

Neumond: Zum Zeitpunkt des Neumonds befindet sich der Mond genau zwischen Erde und Sonne (siehe Abbildung 28) und hat seinen Platz (von uns aus gesehen) in der gleichen Himmelsregion wie die Sonne. Dementsprechend geht er fast gleichzeitig mit ihr auf und unter und ist wie

* Diese Tatsache ermöglichte es dem griechischen Astronomen Aristarchos (ca. 310 – 250 v. Chr.), einem der genialsten Wissenschaftler aller Zeiten, zum ersten Mal der Entfernung zwischen uns und der Sonne auf die Spur zu kommen. Er ging davon aus, dass Erde, Sonne und Mond ein rechtwinkliges Dreieck bilden, wenn Letzterer genau zur Hälfte von der Sonne beleuchtet wird. Da er die Entfernung zwischen uns und dem Mond bereits herausgefunden hatte (erstaunlich genau übrigens), musste er nun nur noch den Winkel zwischen unseren Sichtlinien zum Mond respektive zur Sonne messen, um die gesuchte Entfernung berechnen zu können. Seine Argumentation war korrekt, doch fehlte ihm das Instrument, um den Winkel genau genug messen zu können, sodass sein Ergebnis um ca. fünf Prozent von der tatsächlichen Entfernung abwich.

diese ein reines Tagesphänomen. Der Grund dafür, dass wir ihn trotzdem nicht sehen können, ist allein dem Umstand zuzuschreiben, dass das Sonnenlicht in diesen Momenten auf diejenige Seite des Mondes fällt, die der Erde (und damit auch uns) abgewandt ist. Und seine nicht von der Sonne beschienene Seite bleibt unsichtbar, da der Mond – anders als wir das in vielen Liedern behaupten – selbst nicht scheint: sein Leuchten resultiert, ebenso wie das der Planeten, allein aus der Reflexion des Sonnenlichtes.

Zunehmende Sichel (Neulicht): Ein paar Tage nach Neumond geht der Mond auf Grund seiner täglichen Verzögerung schon ein paar Stunden später auf als die Sonne, und zwar als schmale, von der rechten Seite beleuchtete Sichel. Er zieht den ganzen Tag über den Himmel, ein Stück weit hinter der Sonne und ist, wenn man sich die Mühe macht, nach ihm zu schauen, sehr gut dabei zu beobachten. In der Abenddämmerung* befindet sich die Sichel tief am westlichen Himmel und geht bei Einbruch der Nacht, ein paar Stunden nach der Sonne also, unter. In dieser Phase verbreitet der Mond nicht allzu viel Licht um sich und macht dem Sterngucker nur wenig Kummer, zumal er sich ja schon nach relativ kurzer Zeit ganz vom (sichtbaren) Himmel verabschiedet.

Halbmond (Erstes Viertel): Ungefähr sieben, acht Tage nach Neumond können wir den Mond ebenso lang tagsüber sehen wie in der Nacht. Er geht etwa sechs Stunden nach der Sonne auf, so um die Mittagszeit herum, und bewegt sich – einen »halben Himmel« von der Sonne entfernt – im Laufe des Nachmittags auf seinen höchsten Punkt zu, den er bei Sonnenuntergang erreicht. Seinen Abschied nimmt er dann tief in der Nacht. Diese Phase kennen wir gemeinhin als Halbmond (siehe Abbil-

* In dieser Phase kann man oft auch den Rest des Mondes in einem sehr schwachen Rotlicht erkennen. Das nennt man dann liebenswerterweise »der alte Mond in den Armen des neuen«. Der schwache Lichtschein ist nichts anderes als das reflektierte Licht der Erde, die ja ihrerseits von der Sonne beschienen wird und daher (von einem entsprechenden Platz im Weltall aus betrachtet) genauso »leuchtet« wie der Mond.

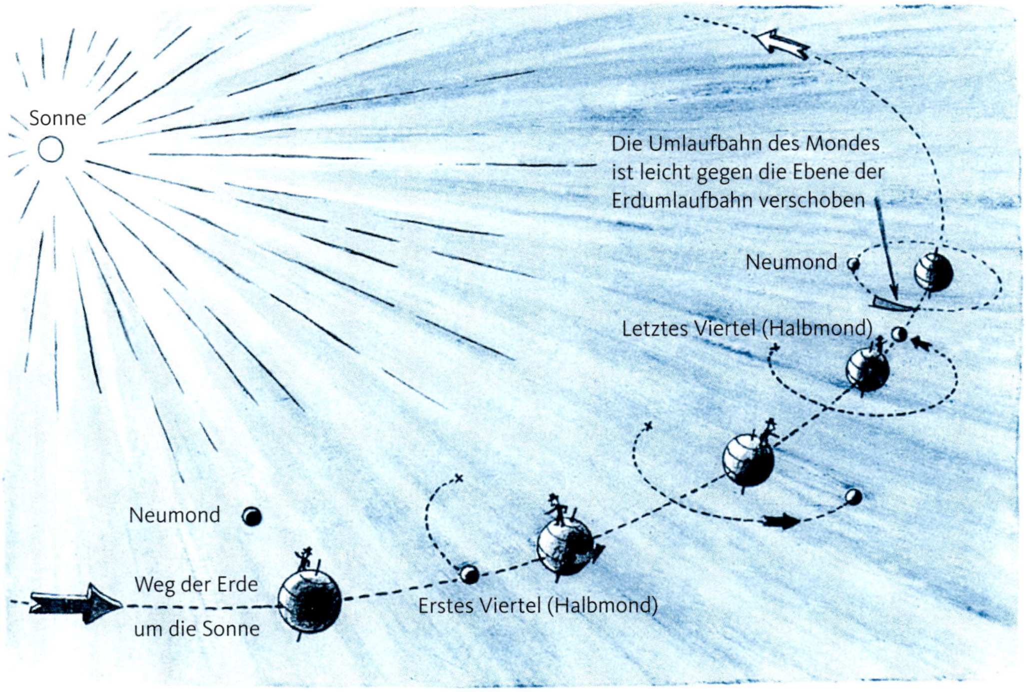

Abbildung 28: Die Mondphasen

dung 28), obwohl die offizielle Bezeichnung, die sich auf die gesamte Mondperiode bezieht, ein wenig irreführend »Erstes Viertel« lautet.

Zunehmender Mond: Auch wenn wir den Mond landläufig während der gesamten ersten zwei Wochen so titulieren, ist diese Bezeichnung offiziell nur der letzten Phase vor Erreichen des Vollmonds vorbehalten. Während der Mond immer später am Nachmittag aufgeht, bleibt er nun bis fast zum Morgengrauen und löscht mit seinem Licht etliche der um ihn gelegenen, sonst gut sichtbaren Sterne aus. Nach Ablauf von zwei Wochen schließlich haben wir

Vollmond: Wunderschön und romantisch – klar –, aber für uns Sterngucker aus zwei Gründen ein Ärgernis: Erstens ist er nun so hell, dass er sich am Himmel verhält wie ein Kuckuck im Nest und bloß die hellsten Sterne es schaffen, sich dort noch gegen sein Licht durchzusetzen. Und zweitens scheint er jetzt die gesamte Nacht hindurch. Genau entgegengesetzt zur Sonne gelegen (siehe Abbildung 28), geht er auf, wenn diese sich verabschiedet, und verschwindet erst wieder bei deren erneutem Erscheinen.

Halbmond (Letztes Viertel): Von nun an bewegen sich die Dinge in die entgegengesetzte Richtung: Der Mond wird wieder kleiner. Nach ein paar Tagen mit abnehmendem Mond – ab jetzt beleuchtet ihn die Sonne von links – sehen wir ihn drei Wochen nach Neumond wieder als Halbmond, nun präsentiert er uns aber die andere Hälfte als noch vierzehn Tage zuvor: linke Hälfte wie letztes Viertel. Er ist der Sonne jetzt um ca. sechs Stunden voraus, geht um Mitternacht auf und am darauffolgenden Mittag wieder unter und überlässt dem sternbegeisterten Beobachter die so begehrte erste Nachthälfte, ohne dass dieser sein störendes Licht zu fürchten hätte.

Abnehmende Sichel (Altlicht): Um weitere 50 Minuten pro Tag verzögert, geht der Mond nun wieder als schmale Sichel auf. Das tut er allerdings so früh am Morgen, dass es mit Ausnahme von einigen Eulen, Fledermäusen und Katzen so gut wie keiner mitkriegt. Dafür kann man die wie ein großes C geformte Sichel fast den gesamten Tag über beobachten, immer dichter gefolgt von der Sonne, so lange, bis die beiden ca. vier Wochen nach dem letzten Neumond wieder mehr oder weniger auf der gleichen Sichtachse liegen, wir von neuem Neumond haben und alles wieder von vorn anfängt.

Neben diesem immer wieder erstaunlichen Verwandlungstheater ist der Mond auch für das beeindruckendste Himmelsspektakel überhaupt verantwortlich – die *Sonnenfinsternis.*

Die Umlaufbahn des Mondes ist, ebenso wie diejenige der Planeten, um ein weniges gegen die Ekliptik (das heißt also die Ebene unserer Umlaufbahn um die Sonne) verschoben (siehe Abbildung 28), sodass diese beiden Ebenen sich an zwei Punkten überschneiden und dort die sogenannten *Knoten* bilden. Haben wir nun gerade Neumond, während der Mond einen dieser Knoten durchquert, befindet sich der Mond für einen kurzen Moment genau zwischen uns und der Sonne, was deren kurzfristiges totales oder teilweises Verschwinden hinter dem Mond zur Folge hat – eine Sonnenfinsternis eben.

Der Mond hat – von uns aus gesehen – mit einem halben Grad Durchmesser fast die gleichen Ausmaße wie die objektiv natürlich um ein Vielfaches größere Sonne. Ebenso wie unsere Bewegung um die Sonne verläuft auch diejenige des Mondes um uns herum nicht auf einer lupenreinen Kreisbahn, sondern in Form einer Ellipse (siehe Seite 137), sodass die beiden entsprechend ihrer jeweiligen Entfernung unterschiedlich groß an unserem Himmel erscheinen. Schiebt sich nun ein dementsprechend »großer« Mond vor eine »kleine« Sonne, wird diese für einige Minuten vollkommen von unserem eigentlich um so vieles kleineren Trabanten verdeckt. Wir werden Zeugen einer totalen Sonnenfinsternis, und der Himmel wird so dunkel, dass wir sogar in der Lage sind, hellere Sterne an ihm auszumachen. Schiebt sich hingegen ein »kleiner« Mond vor eine »große« Sonne, verschwindet diese nicht völlig, sondern legt sich praktisch als ganz schmaler Ring um den Mond, wenn dieser seine zentrale Knotenposition eingenommen hat, und wir sprechen folgerichtig von einer ringförmigen Sonnenfinsternis. Eine partielle oder teilweise Sonnenfinsternis liegt vor, wenn der Neumond nicht genau auf den Knoten trifft, sondern diesen bloß streift und die »Mondscheibe« demzufolge nur einen Teil der Sonne hinter sich verbergen kann.

Eine *Mondfinsternis* hingegen liegt immer dann vor, wenn der Vollmond einen der beiden Knoten durchquert. In einem solchen Fall befindet sich die Erde genau auf einer Linie zwischen der Sonne und dem Mond, sodass ihr Schatten auf den Letzteren fällt. Sowohl Sonnen- wie Mondfinsternisse finden in regelmäßigen Abständen statt – was schon den Chaldäern aufgefallen war – und können auf die Minute genau vorhergesagt werden, da alle dazu notwendigen Voraussetzungen bekannt sind und dementsprechend berechnet werden können.

Praktisch ausgedrückt heißt das: Wir haben insgesamt 29 Mond-, 31 partielle und zehn totale Sonnenfinsternisse – verteilt über einen Zeitraum von jeweils achtzehn Jahren und elf Tagen. Diese Zeitspanne nennen wir *Sarosperiode,* nach dem chaldäischen Wort für »Wiederholung«. Obwohl es demnach mehr Sonnen- als Mondfinsternisse gibt, ist die Chance, eine der Letztgenannten mitzuerleben, wesentlich größer, da Erstere sich bloß längs des relativ schmalen Streifens beobachten lassen, auf den der Mondschatten fällt, wohingegen die Mondfinsternis jeweils auf der gesamten Erdhälfte eintritt, die dem Mond zu jenem Zeitpunkt zugewandt ist.

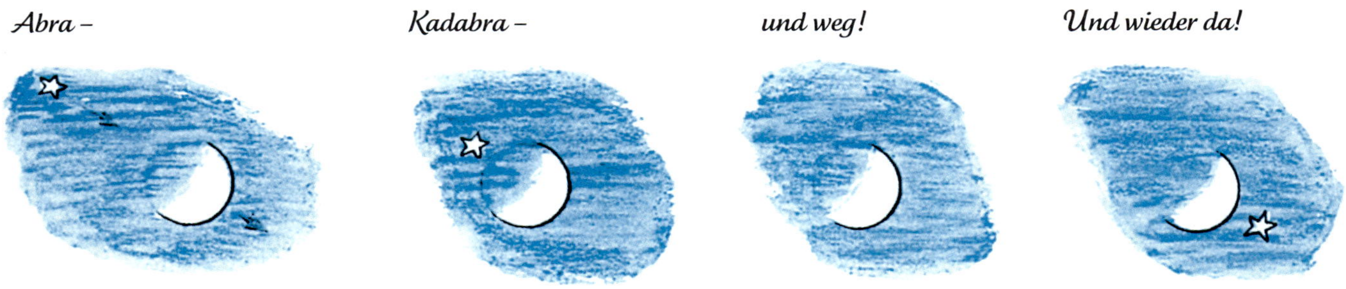

Abbildung 29: Eine Okkultation

Läge die Umlaufbahn des Mondes auf der gleichen Ebene wie die der Erde, hätten wir bei jedem Neumond eine totale oder ringförmige Sonnenfinsternis und bei jedem Vollmond eine Mondfinsternis. Den Sternguckern von heute würde das vermutlich sehr gefallen, ganz im Gegensatz zu unseren Vorfahren: denen fehlte nämlich das Hintergrundwissen ihres Zustandekommens und dementsprechend unheimlich war ihnen das Ganze.

Okkultationen oder Bedeckungen: Da der Mond aus Gründen, die wir auf Seite 150 kennengelernt haben, langsamer über unseren Himmel zieht als die Sterne, scheint er sich im Verhältnis zu den Sternen nach Osten zu bewegen, obwohl seine generelle Richtung natürlich westwärts ist. Wenn die Sterne als Folge ihrer schnelleren Gangart zum Mond aufschließen oder dieser zurückfällt – je nachdem, für welche Betrachtungsweise man sich entscheidet –, dann kann es passieren, dass sie beim Überholvorgang genau auf gleicher Sichthöhe mit ihm liegen und er sie für eine kurze Zeit verdeckt. Das könnte man jetzt eine Sternenfinsternis nennen, es heißt aber Okkultation (lat. »das Verborgene«) oder Bedeckung. So nennt man jede Verdeckung eines Gestirns durch das Davortreten eines anderen Himmelskörpers, doch da die Bedeckungen durch den Mond am besten und häufigsten zu beobachten sind, wollen wir uns hier auf diese beschränken. Relativ häufig sind sie deswegen, weil sich auf der Reiseroute des Mondes längs des Tierkreises eine Handvoll sehr heller und auffälliger Sterne befinden, die auf eine Okkultation nur zu warten scheinen: Aldebaran, Regulus, Spica, Antares und die Plejaden sowie der eine oder andere Planet. Auch wenn sich dieses Schauspiel auf dem Papier bei weitem nicht so spannend wiedergeben lässt wie in der Natur – das Beobachten einer solchen Bedeckung lohnt sich immer und ist auch mit bloßem Auge möglich. Man muss mit diesem nur regelmäßig auf den Mond schauen (möglichst, wenn dieser nicht zu voll ist) sowie auf einen der oben erwähnten Sterne, sobald dieser sich dem Mond von Osten her nähert.

Der Mond fällt – bezogen auf die Bewegung des restlichen Sternenhimmels – ziemlich schnell zurück, so ziemlich eine Vollmondbreite pro Stunde, sodass er sich unserem jeweils ins Auge gefassten Stern merklich nähern wird. Zwar wird er diesen nicht jedes Mal hinter sich verbergen – je nach der Deklinationsverschiebung des Mondes kommt es immer mal wieder vor, dass der Stern über oder unter ihm hindurchschlüpft –, aber wenn es »Klick« macht, scheint der Stern genau auf den Mond zuzusteuern, dann – plötzlich – wenn er auf die unbeleuchtete Hälfte unseres Trabanten stößt*, beziehungsweise hinter diese gerät, verschwindet er wie durch einen Zaubertrick von der Bildfläche, nur um nach etwa

* Die Zeichnung zeigt die Okkultation, wie sie sich bei aufgehendem Mond abspielen würde. Bei abnehmendem Mond würde der Stern zunächst durch die Sichel »bedeckt«, und der Zaubertrick bestünde darin, dass er nicht direkt hinter dieser wieder auftauchte, sondern erst sehr viel später praktisch aus dem Nichts wieder zurück an den Himmel spränge. Bei Vollmond müssen wir zwar auf jeglichen Trick verzichten – ein interessantes Schauspiel ist eine Bedeckung aber auch dann.

einer Stunde genauso plötzlich wieder auftauchen.

Mond und Erde: Wie die meisten von uns wissen werden, wendet der Mond der Erde immer dieselbe Seite zu. Das ist übrigens das Verdienst der Erde und nicht das des Mondes: Der Mond befand sich zum Zeitpunkt seiner Entstehung höchstwahrscheinlich so nahe an der Erde, dass seiner ursprünglich sehr viel schnelleren Umdrehung um sich selbst durch die enorme Schwerkraft der Erde Einhalt geboten wurde und sie sich dem Rhythmus seiner jeweiligen Erdumrundung angepasst hat. Obwohl der Mond sich im Verlauf der Zeit nach und nach von der Erde entfernt und seine jetzige Umlaufbahn um die Erde eingenommen hat, gab diese ihren Einfluss auf die Hälfte des Mondes, die uns zugewandt ist, nicht auf, sodass kein Mensch sagen konnte, wie es auf der anderen Seite des Mondes aussieht, bis die Russen 1959 ihren Satelliten *Lunik III* dort hingeschickt haben, der mit ersten Fotos zur Erde zurückkehrte.

Der Mond seinerseits revanchiert sich bei der Erde, indem er für Ebbe und Flut sorgt, die wie eine Bremse auf unsere Erdrotation wirken und dafür sorgen, dass unsere Tage alle 120 000 Jahre um ca. eine Sekunde länger werden. Darüber müssen wir uns im Augenblick zwar weniger Sorgen machen als um unsere hausgemachten Probleme, aber in ein paar Milliarden Jahren könnte die Erde dem Mond ihrerseits immer dieselbe Wange hinhalten, und unsere Nachfahren, sollte es dann noch welche geben, hätten einen so eine Art 700-Stunden-Tag.

So viel zur Zukunft. Unserer und der vom Mond. Was lässt sich jedoch zu dessen Gegenwart sagen und über seine Vergangenheit? Über die Entstehung seiner *Krater* und sogenannten *Meere,* ja – über die Entstehung des *Mondes selbst?*

Was die *Krater* anbelangt, so besteht weitgehend Einigkeit darüber, dass sie dem Einfluss teils riesiger Meteoriten (Kometen ebenso wie Asteroiden) geschuldet sind, die im Verlauf der 4,5 Milliarden Jahre währenden Geschichte des Mondes so gut wie ungebremst auf dessen Oberfläche niedergeprasselt sind. Während der ersten paar hundert Millionen Jahre war das Bombardement besonders stark, sodass Krater enormen Ausmaßes entstanden sind, einige von ihnen mit einem Durchmesser von mehr als tausend Kilometern. In der Folgezeit verringerte sich die Größe der Meteoriten sowie die Häufigkeit ihrer Einschläge allerdings so dramatisch, dass die Mondoberfläche, wie sie sich uns heute darbietet, sich seit Milliarden von Jahren nicht mehr wesentlich verändert hat. Im Gegensatz zur Erde, die uns durch ihre Atmosphäre einen gewissen Schutz vor Meteoriten* bietet, fehlt dem Mond solch ein Schild völlig, sodass seine Oberfläche auch heute noch dem ständigen Einfluss feinsten Meteoritenstaubs ausgesetzt ist.

Die dunklen *Mondmeere* oder *maria* haben sich gebildet, indem flüssiges Gestein aus dem Mondinneren hervorbrach und sich auf der Mondoberfläche ausbreitete. Hier und da hat diese flüssige Mondlava den Boden einiger der größten Krater ausgefüllt, teilweise mehrere hundert Millionen Jahre nach deren Entstehung. Die Meere erscheinen uns als so viel dunkler, weil das in die Krater hineingeflossene Gestein sich anders zusammensetzt als der in der Regel durch den in ihm vorhandenen Aluminiumanteil sehr viel hellere Rest der Mondkruste, die *Hochländer* oder *terrae.* Die Tatsache, dass der Großteil der Meere sich auf der uns zugewandten Mondseite befinden, stellt uns noch vor ein Rätsel, mag aber damit zusammenhängen, dass die Mondkruste dieser

* Bei dem, was wir als Sternschnuppen wahrnehmen (und schätzen), handelt es sich um nichts anderes als eben um Meteore, die auf unsere Erde zurasen und infolge der enormen Reibungshitze beim Eintritt in unsere Atmosphäre dort verglühen. Das passiert Tag für Tag Millionen Mal, aber nur ganz selten erreicht einer von ihnen die Erdoberfläche – bei dem spricht man dann von einem Meteoriten. Die meisten von ihnen sind winzig, aber im Laufe ihrer Geschichte wurde die Erde offenbar auch schon von Meteoriten erheblichen Ausmaßes getroffen, was man heute noch an den daraus entstandenen Kratern von bis zu gut einem Kilometer Durchmesser erkennen kann.

Mondhälfte wesentlich dünner ist als die der ihr gegenüberliegenden.

Über die *Entstehung des Mondes* wird seit Hunderten von Jahren heftig gestritten. Nun jedoch scheinen Proben von Mondgestein mehr und mehr darauf hinzudeuten, dass die Entstehung unseres Trabanten die Folge einer Kollision der Erde in deren Frühphase (Proto-Erde) mit einem riesigen Himmelskörper zu sein scheint. Diese sogenannte Kollisionstheorie geht davon aus, dass die Erde vor ca. 4,5 Milliarden Jahren von einem marsgroßen Himmelskörper gerammt worden ist. Die durch diese Kollision abgeschlagene und freigesetzte Materie formierte sich daraufhin zunächst zu einem Ring um die Erde, aus dem sich dann in einem weiteren Schritt der Mond gebildet hat. Dieser Entstehungsprozess vollzog sich so schnell, dass die enormen Reibungskräfte dafür sorgten, dass die Mondoberfläche noch Millionen Jahre lang ein einziger Ozean flüssigen Gesteins blieb, was wiederum zu einer schnellen Abbremsung der Rotation der beiden Himmelskörper um ihren gemeinsamen Schwerpunkt und der daraus folgenden zunehmenden Entfernung zueinander geführt hat.

Wo bitte geht 's zum Strand?

Sterne, Lichtjahre und Universen

Selbst derjenige unter uns, der sich nicht groß für Sternbilder interessiert, hat den Chaldäern und anderen frühgeschichtlichen Sternguckern zumindest eins voraus: Die naturwissenschaftliche Forschung hat seitdem große Fortschritte gemacht.

Wir glauben nicht mehr, dass es sich bei den Sternen um kleine Lampen handelt, ins Himmelsgewölbe eingeschlagene Leuchtnägel oder – wie eine wunderschöne Legende aus Mittelamerika zu berichten weiß – gar um die aufglühenden Enden von Zigarren, mit denen sich verstorbene Helden ihre Zeit im Himmel versüßen.

Stattdessen bringt man uns schon in der Schule bei, dass es sich bei den Sternen, die wir inner- und außerhalb der Konstellationen bewundern, allem Anschein nach um ebensolche Sonnen wie die unsere handelt – riesige, kugelförmige Ansammlungen heißer Leuchtgas- und Staubpartikel, viele von ihnen größer als unsere Sonne, andere genauso groß oder kleiner –, die mit unvorstellbarer Geschwindigkeit durchs Universum schwirren. Die Mehrzahl von ihnen sind für sich, andere – ungefähr jede dritte – haben sich mit einer oder mehreren anderen zu sogenannten Doppel- beziehungsweise Mehrfachsternen zusammengetan und drehen sich umeinander oder alle zusammen um ein gemeinsames Gravitationszentrum. Gruppen von ein paar hundert bis zu vielen tausend Sternen aller Größe und Beschaffenheit bilden sogenannte Sternhaufen und reisen gemeinsam durch die Leere: einen der bekanntesten dieser Sternhaufen bilden die Plejaden, ein weiterer Kugelsternhaufen befindet sich im Herkules (siehe Seite 40).

Ob nun alleine oder in Gruppen – Sterne bewegen sich unglaublich schnell durch den Raum und sind sowohl unvorstellbar weit von uns und unserem Sonnensystem als auch voneinander entfernt.

Lichtjahre: Die Entfernungen im Weltraum sind so enorm, dass deren Angabe in Millionen von Kilometern wegen der damit einhergehenden vielen, vielen Nullen äußerst unpraktisch wäre. Dementsprechend hat man sich angewöhnt, diese Entfernungen in Lichtjahren anzugeben, bei denen es sich nicht um eine Maßeinheit der Zeit, sondern des Raums handelt, und zwar um die Entfernung, die das Licht in einem Jahr zurücklegt. Die Lichtgeschwindigkeit beträgt ca. 299 792 Kilometer pro Sekunde. Das entspricht 17 987 520 Kilometer in der Minute und beläuft sich auf unvorstellbare 9 454 240 512 000 (neun Billionen, vierhundertvierundfünfzig Milliarden, zweihundertvierzig Millionen, fünfhundertzwölftausend!) Kilometer innerhalb eines einzigen Lichtjahres. In diesem Tempo brauchen wir gerade mal achteinhalb Minuten, um von uns zur Sonne zu gelangen*, wollen wir jedoch den uns nächstgelegenen Fixstern besuchen, Proxima Centauri, dann müssen wir uns dafür trotz Lichtgeschwindigkeit bereits vier Jahre und drei Monate frei nehmen.

Sich eine Vorstellung von solch immens großen Entfernungen zu machen, ja, sie vor unserem inneren Auge entstehen zu lassen, ist fast unmöglich. Selbst wenn unsere Umlaufbahn um die Sonne auf den Umfang einer 2-Cent-Münze eingeschrumpft würde, hätte unser Nachbarstern Sirius zwar nur noch die Größe eines Sandkorns, wäre aber immer noch fast fünf Kilometer von uns entfernt. Aber nur sehr wenige Sterne sind der Erde so nah wie Sirius oder noch näher. Die große Mehrzahl von ihnen ist viel weiter von uns und voneinander entfernt, und man kann wirklich nicht behaupten, im Weltenraum um uns herum herrsche allzu dichtes Gedränge, ganz im Gegensatz zum Eindruck, den er uns in einer klaren Nacht zu vermitteln scheint. Könnten wir das Universum in dem gleichen Maße einschrumpfen, wie wir das eben mit unserer Umlaufbahn um die Sonne und dem Weg zum Sirius gemacht haben, träfen wir im Durchschnitt auf weniger als ein Sandkorn pro Kubikkilometer im ansonsten völlig lee-

* Die durchschnittliche Entfernung zwischen Erde und Sonne nennt man *Astronomische Einheit* (AE). Ein Lichtjahr besteht aus 63 300 dieser Einheiten, was in etwa der Anzahl von Inches in einer amerikanischen Meile entspricht (63 360). Das ist zwar reiner Zufall, erleichtert den dort lebenden Sternliebhabern jedoch das Umrechnen kosmischer Entfernungen: betrüge die Entfernung zwischen der Erde und der Sonne (die AE also) bloß einen Inch, dann wäre Alpha Centauri gut vier Meilen von ihr entfernt. Wir können insofern an dieser Erleichterung teilhaben, als wir das Ergebnis einfach mal 1,6 nehmen.

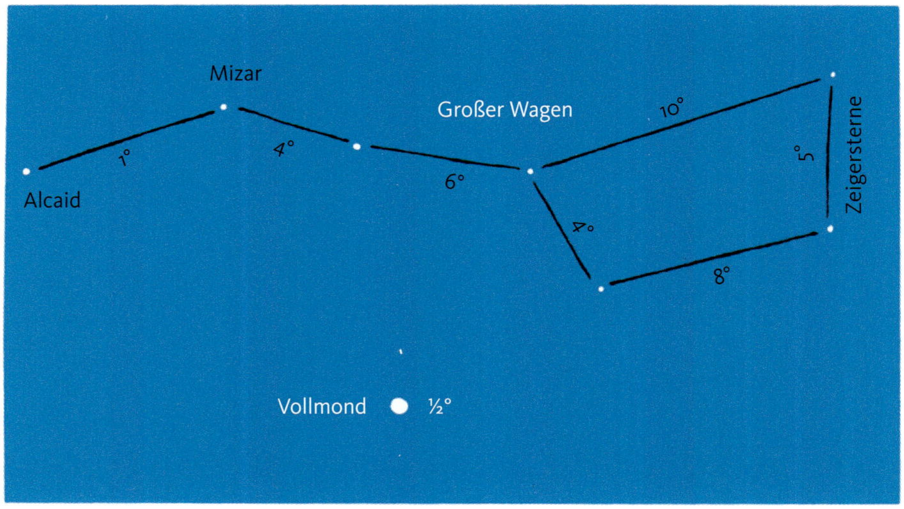

Abbildung 30: Himmlische Entfernungen

ren Raum. Auch wenn gewisse Journalisten es immer wieder gern behaupten und heraufbeschwören – es besteht wirklich kein Anlass zur Sorge, dass es in unserer Nähe oder überhaupt zu einer Sternenkollision kommt; wir können uns ganz beruhigt zum Schlafen begeben, nachdem wir in einer schönen Sommer- oder Winternacht wieder einmal den Himmel beobachtet haben.

Zwerge und Riesen: Wenn wir hier davon reden, dass Sterne im Verhältnis zur Größe des sie umgebenden Raumes wie Sandkörner wirken, bedeutet das nun nicht, diese »Körnchen« seien allesamt gleich groß. Ihr Größenspektrum reicht von Riesen und Überriesen bis zu Zwergen und Unterzwergen, wobei sich unsere Sonne im oberen Bereich der Zwerge und damit im guten Mittelfeld aufhält. Es gibt Sterne, deren Durchmesser über tausend Mal so groß ist wie der unserer Sonne, Sterne von der Größe der Planeten und es gibt Sterne, die sind kleiner als unsere Erde. Obwohl die kleineren Sterne ihre großen Kollegen in puncto Anzahl um ein Vielfaches übertreffen, haben wir uns ihnen in diesem Buch so gut wie gar nicht gewidmet, weil sie mit bloßem Auge nicht zu erkennen sind, und das trotz der Tatsache, dass einige unter ihnen bloß wenige Lichtjahre von uns entfernt sind.

Wenn Sterne verlöschen: Wie jedes Feuer auf der Erde brennen auch Sterne nicht ewig. Irgendwann einmal kühlen sie ab und der durch die in ihrem Innern stattfindende Kernfusion von Wasserstoff zu Helium entstehende Druck ist nicht mehr stark genug, um der enormen Schwerkraft des Sternes standzuhalten. Dadurch bricht der Stern in sich zusammen, und je nach seiner Größe entstehen drei unterschiedliche Typen von »Kompakten Sternen«. Der erste Typus ist als Weißer Zwerg bekannt und entsteht aus mittelgroßen Sternen bis etwa zur achtfachen Größe unserer Sonne. Auch wenn Weiße Zwerge ebenso Licht aussenden und scheinen wie Sterne, so haben sie doch bloß noch die Größe der Erde, und dementsprechend dicht ist ihre Materie. Ein Stückchen Weißer Zwerg von der Größe eines Basketballs wöge hier auf der Erde fast 250 Tonnen. Trotzdem – diese enorme Dichte ist fast nichts im Vergleich zu jener, über die das Endprodukt derjenigen Sterne verfügt, deren ursprüngliche Größe zwischen dem Acht- und Zwanzigfachen der Sonne betragen hat. Solche Sterne enden zumeist als sogenannte Neutronensterne, nachdem sie zuvor eine gigantische Supernova-Explosion durchlaufen haben. Das durchschnittliche Massevolumen solcher Neutronensterne beläuft sich auf das Anderthalbfache unserer Sonne, wohingegen ihr Durchmesser bloß knapp 20 Kilometer beträgt. Mit dem Fahrrad könnte man solch einen Stern also theoretisch in wenigen Stunden umrunden, in der Praxis allerdings würde dieses im wahrsten Sinne des Wortes dadurch erschwert, dass sich unser Körpergewicht auf Grund der unvorstellbar hohen Schwerkraft um das 100 Milliardenfache erhöhte. Ein Brocken Neutronenstern von der Größe eines Baseballs wöge hier bei uns unfassbare 22,6 Billiarden Tonnen. Ist ein Stern vor seinem Erkalten noch größer (das heißt, beträgt seine Masse mehr als das zwanzigfache unserer Sonne), kann es sein, dass er ein Schwarzes Loch bilden wird. Schwarze Löcher entstehen, wenn die Schwerkraft eines Sternes so gigantisch ist, dass der Stern im Laufe seines Kollapses zu einem unendlich kleinen Punkt im All zusammengedrückt wird. Schwarze Löcher haben eine so große Schwerkraft, dass nicht einmal das Licht es schafft, dieser Paroli zu bieten und sich auf seine Reise zu machen. Deswegen sind sie von einer absoluten Schwärze. Dementsprechend sind wir bloß auf Grund der um sie herum kreisenden Gaswolken in die Lage versetzt worden, sie ausfindig zu machen. Eins dieser Schwarzen Löcher – und zwar ein ganz gewaltiges – befindet sich im Zentrum unserer Milchstraße. Es verfügt anscheinend über ein Massevolumen von mehr als einer Million Sonnen.

Sternbilder existieren nicht wirklich: So außerordentlich weit sie auch von uns entfernt sein mögen – die Sterne existieren wirklich. Ganz im Gegensatz zu den Bildern, die sie formen. Diese präsentieren sich uns als Gruppen zusammengehöriger Sterne, haben in Wirklichkeit aber zumeist nichts miteinander zu tun. Dass wir sie in den uns so vertrauten Umrissen gewahr werden, liegt allein am Blickwinkel, den uns unser Platz auf der Erde im unendlichen Parkett des Himmelstheaters gewährt. Befände sich unsere Sitzreihe auf Sirius oder Polaris, bildeten sich völlig anders geartete Konstellationen heraus, und wir wären wahrscheinlich außerstande, auch nur eines unserer Sternbilder wiederzuerkennen. Mit anderen Worten: Zwei Sterne, die aus unserer Perspektive scheinbar dicht beieinanderstehen, können sich tatsächlich in einem großen Abstand zueinander befinden. Um ihre tatsächliche Position herauszufinden, bleibt uns nichts anderes übrig, als im Sternenatlas nachzuschlagen. Kastor und Pollux, zum Beispiel, präsentieren sich ihrem Sternbild Zwillinge entsprechend als eng beieinanderstehend und tun dieses auch (für Weltraumverhältnisse natürlich): zwischen ihnen erstrecken sich nicht mehr als zwölf Lichtjahre. Alkaid und Mizar hingegen, die beiden Sterne in der Deichsel des Großen Wagens, die kaum weiter voneinander entfernt zu stehen scheinen als Kastor und Pollux, sind schon doppelt so weit voneinander entfernt. Sie liegen von uns aus gesehen bloß auf fast ein und derselben Sichtachse: Mizar ist 78 Lichtjahre von der Erde entfernt, Alkaid dagegen 101.

Sirius und Atair (der helle Stern im Adler) wiederum, die am Himmel so weit auseinanderzuliegen scheinen, wie es nur geht, sind tatsächlich doppelt so weit voneinander entfernt wie unser Zwillingspaar. Aber unsere Erde befindet sich zwischen den beiden, und wenn der eine im Westen untergeht, erhebt sich der andere im Osten, sodass der gesamte Himmel zwischen ihnen steht. Ein weiterer Beweis dafür, dass die Dinge in der Astronomie noch weniger das sein müssen, was sie zu sein scheinen, als anderswo.

Wenn es darum geht, die scheinbare Entfernung zwischen zwei Sternen – ihren Abstand untereinander also, den wir am Himmel sehen – anzugeben, sind Lichtjahre keine große Hilfe. Stattdessen bedienen wir uns der Gradzahlen eines Vollkreises – so wie bei der Notierung der Deklination oder Rektaszension. Einmal rund um den Horizont entspricht 360°; vom Horizont zum Zenit 90°; einmal durch den gesamten (sichtbaren) Himmel 180°. Um die Sache leichter zu machen, halten die Sternbilder den einen oder anderen »Mess-Stab« für uns bereit: So beträgt die Entfernung zwischen den beiden Zeigersternen im Großen Wagen 5°; die obere Kante des Wagenkastens erstreckt sich über 10°; der Weg vom Polarstern zum oberen der zwei Zeigersterne über 28°. Orions Gürtel misst 3°; der Schwan – von der Schwanzfeder Deneb bis zur Schnabelspitze Albireo – hat eine Länge von 23° und das W der Kassiopeia eine Breite von 14°. Sonne und Vollmond haben einen Durchmesser von jeweils gut einem halben Grad, und eine 20-Cent-Münze, die man sich mit ausgestrecktem Arm vors Auge hält, verdeckt eine Himmelsstrecke von ca. zwei Grad. Dagegen sieht sogar der Vollmond erstaunlich klein aus.

Die Milchstraße: Neben dem Tierkreis präsentiert uns der Himmel noch einen weiteren, höchst auffälligen Sternengürtel: die Milchstraße. Als nicht sehr helles, unregelmäßiges Lichterband erstreckt sie sich über den Himmel und ist in klaren Nächten eigentlich das gesamte Jahr über auszumachen, es sei denn, man richtet seinen Blick von einer der größeren Städte aus in den Himmel. Nur wenn der Große Wagen ganz hoch am Himmel steht (und Kassiopeia, die sich in der Milchstraße aufhält, entsprechend tief), zieht sich die Milchstraße wie ein Gürtel um den Himmel und kann auch in klaren Nächten zu großen Teilen im Dunst der Atmosphäre oberhalb des Horizonts verschwinden.

Vor der Erfindung des Teleskops blieb die wahre Natur der Milchstraße oder *Galaxis* (gala ist das altgriechische Wort für Milch) den Menschen weitgehend rätselhaft. Mit dem bloßen Auge betrachtet sieht sie wie ein riesiges Nebelband aus und lässt uns in der Tat an verschüttete Milch auf einem dunklen Tischtuch denken. Erst der Blick durch ein Teleskop oder Fernglas zeigt uns, dass es sich bei der Milchstraße um dichte Ansammlungen einzelner Sterne handelt. Das mit der Dichte ist allerdings eine Illusion. All diese unzähligen Sterne sind jeweils viele Lichtjahre voneinander entfernt, und nur die Tatsache, dass sie sich so weit weg von uns befinden, führt dazu, dass die neuneinhalb Billionen Kilometer eines Lichtjahres dort kleiner erscheinen als eine Nadelspitze.

Warum sind diese Sternwolken nun aber bloß in der Milchstraße versammelt und nicht über den gesamten Himmel verteilt? Schließlich gibt es doch überall Sterne.* Warum bilden diese Sternenansammlungen dann ausgerechnet einen derartigen, relativ schmalen Gürtel in der Himmelssphäre?

Um diese Frage beantworten zu können, müssen wir uns vor Augen halten, wie unsere *Galaxis* (»unsere« deshalb, weil neben dieser Galaxie noch unendlich viele andere existieren) eigentlich aufgebaut ist beziehungsweise wie sie aussieht: Diese unsere Galaxis ist eine Ansammlung von gut hundert Milliarden Sonnen, die sich zu einer linsenförmigen Spirale geformt haben – in ihrem Zentrum ca. 15 000 Lichtjahre dick, zu ihren Rändern hin flacher werdend, mit einem Radius von mindestens 100 000 Lichtjahren. Würde man sie mit einem imaginären Riesenmesser wie einen Brotlaib in zwei Teile schneiden, sähe das Ganze stark vereinfacht in etwa so aus:

Unsere Sonne bildet in dieser kosmischen Scheibe nur ein winziges Fleckchen und hat, entgegen der lange verbreiteten Ansicht, sie bilde den Mittelpunkt dieser Spirale, nur einen bescheidenen Platz am Rand, in etwa gleich weit von deren oberer beziehungsweise unterer Begrenzung

* Der Himmel im Bereich der Milchstraße sowie in ihrer Nähe ist reicher mit hellen Sternen gesegnet, als der Rest. Von den 21 Sternen erster Größe befinden sich dort nicht weniger als 16. Bloß 5 sind weit von ihr entfernt: Arktur, Achernar, Spica, Formalhaut und Regulus.

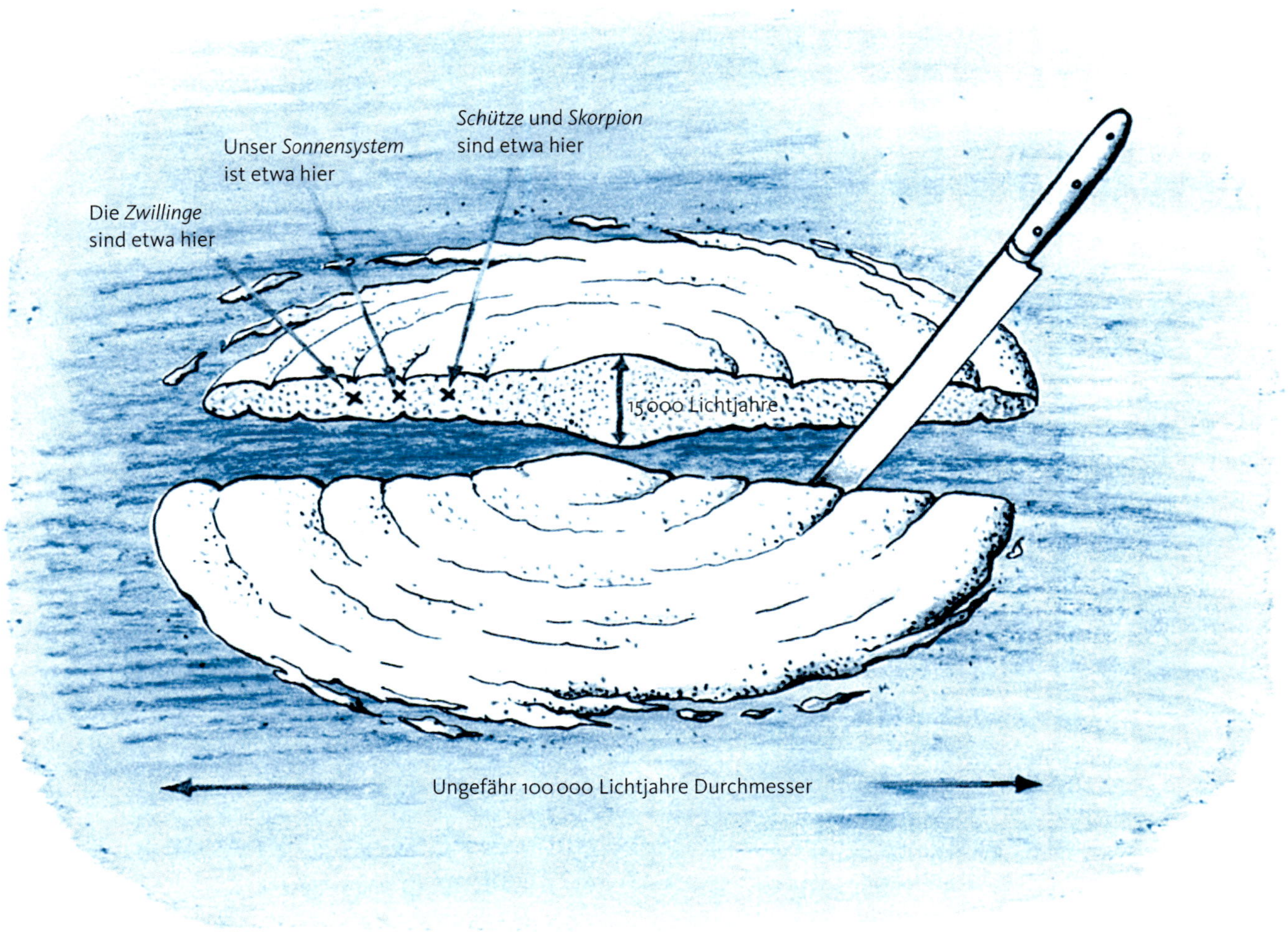

Abbildung 31: Querschnitt durch unsere Galaxis

Diese Skizze gibt nur die ungefähre Form der Milchstraße wieder, nicht deren Aufbau. Die Sonnen und Sterne sind bei weitem nicht so eng zusammengepackt, wie es bei unserem »galaktischen Brotlaib« den Anschein hat, sondern befinden sich viele Lichtjahre voneinander entfernt (siehe Seite 158). Auch gibt es keine »Brotkruste«: die den Teig bildenden Sterne verlaufen sich ohne jede klare Grenze in dem unsere Milchstraße umgebenden Weltenraum, der noch mal um etliches »leerer« ist als deren mit nur wenigen Wasserstoff- und Heliumatomen pro Kubikzentimeter angefüllte Materie. Wenn wir unsere Blicke im Sommer dem Schützen und/oder Skorpion zuwenden, haben wir gleichzeitig noch die Sterne der Milchstraße vor Augen, und zwar einen weitaus größeren Teil, als wenn wir uns im Winter an die Beobachtung der Zwillinge machen. Wir sehen also im ersten Fall durch wesentlich mehr Sterne hindurch als bei der Betrachtung von Kastor, Pollux und ihren Kollegen, was dazu führt, dass uns die Milchstraße im Sommer sehr viel heller erscheint als im Winter.

entfernt. Schauen wir also dorthin – in Richtung oberer beziehungsweise unterer Begrenzung –, sehen wir bei weitem nicht so viele Sterne, als wenn wir zum Rand der Spirale blicken. Beim Blick in die Längsrichtung häuft sich die Zahl der Sterne ins Unermessliche. Und das ist sie dann: unsere *Milchstraße*.

Sowohl die Sterne, aus denen sich unsere Sternbilder zusammensetzen und die wir mit bloßem Auge erkennen können, als auch fast ausnahmslos all jene, die sich nur durchs Teleskop betrachten oder fotografieren lassen (mit dem Weltraumteleskop Hubble zum Beispiel), sind Teil der Milchstraße. Und während alle diese Sterne, hundert Milliarden oder mehr, innerhalb dieser unserer Galaxis herumschwirren, dreht sich dieses unvorstellbar große Spiralsystem auch noch langsam um die eigene Achse, so ungefähr einmal alle 230 Millionen Jahre. Und trotzdem ist das alles bloß ein winziger Ausschnitt des Gesamtbildes.

Nebel und Galaxien: Neben dem zusammenhängenden Sternenwolkenband der Milchstraße gibt es am Himmel auch noch einige für sich stehende Lichtnebelflecken. Einige von ihnen kann man mit bloßem Auge erkennen, die meisten sind jedoch ausschließlich der Beobachtung mit dem Teleskop vorbehalten. Sie kommen in zweierlei Gestalt daher, die jedoch außer dem ihnen zugedachten Namen sowie ihrer nebulösen Erscheinung nichts gemein haben.

Bei der einen Art handelt es sich um riesige Gaswolken, die entweder für sich allein durch den Raum schweben oder den einen oder anderen Stern umhüllen, wie eine durchsichtige Verpackung. Sie sind zum Teil Tausende von Lichtjahren von uns entfernt, befinden sich jedoch allesamt innerhalb unserer Galaxis. Dementsprechend nennt man sie auch *Galaktische Nebel*.

Die zweite Nebelart jedoch finden viele noch um vieles interessanter oder dramatischer: die *Außergalaktischen Nebel*. Die bereits vor recht langer Zeit gehegte Vermutung, bei ihnen handele es sich nicht um bloße Gaswolken, sondern um riesige, in der Tiefe des Weltraums angesiedelte Ansammlungen von Sternen, hat sich mittlerweile längst bestätigt: diese winzigen Klümpchen kaum zu erkennenden Lichtes sind allesamt Galaxien, aufgebaut wie diejenige, zu der unser Sonnensystem gehört, aber Millionen Lichtjahre von der unseren und weiteren Galaxien entfernt.

Der berühmte Andromedanebel, zum Beispiel (siehe Seite 42), ist solch eine Nachbargalaxie von uns. Und obwohl sie ca. 2,7 Millionen Lichtjahre entfernt ist, kann man sie in klaren Nächten sogar streckenweise mit bloßem Auge erkennen. Damit ist sie das am weitesten von der Erde entfernte Objekt an unserem Himmel, das ohne Hilfsmittel beobachtet werden kann. Mit Hilfe der stärksten Teleskope kann man dann darüber hinaus noch feststellen, dass die Strukturen dieser Galaxie denen der unseren gleichen, und vermittels dieser optischen Wunderwerke offenbaren sich uns heutzutage sogar einzelne Sterne dieses unfassbar weit von uns entfernten Universums.

Und diese Galaxie ist beileibe nicht die einzige: durch das um die Erde kreisende Weltraumteleskop Hubble wissen wir, dass sich in einem Fleckchen Himmel, das unserem bloßen Auge völlig schwarz erscheint und nicht größer ist als ein mit gestrecktem Arm vor unser Auge gehaltener Nadelkopf, mehr als 10 000 Galaxien verbergen. Es gibt also hunderte Milliarden von Galaxien, jede einzelne von ihnen wiederum Heimstatt von Milliarden von Sonnen. All diese Riesensysteme rotieren langsam um ihre eigene Achse und brauchen dafür, ähnlich wie unsere Galaxis auch, zweihundert Millionen Jahre und mehr: So sieht sie aus, unsere kosmische Wirklichkeit – atemberaubend!

Die Sternbilder im Laufe der Jahrtausende

Das älteste Bilderbuch der Welt

Wenn man nach diesem Ausflug in den Kosmos zu unseren Sternbildern zurückkehrt, fühlt sich das ein wenig so an wie der erste Schritt auf den eigenen Balkon nach einem Flug über den Atlantik. Und wenn wir uns klarmachen, dass das Licht, das unsere Pupillen in dem Moment erreicht, in dem wir zur Andromeda hinaufschauen, unsere Nachbargalaxie bereits vor gut drei Millionen Jahren verlassen hat, dann mag das Wort alt im Zusammenhang mit der Geschichte unserer Sternbilder dem einen oder anderen bloß ein müdes Lächeln abnötigen.

Mit Geschichte bezeichnen wir jedoch allgemein den Zeitraum, der verstrichen ist, seitdem die Menschen damit angefangen haben, ihre ersten Aufzeichnungen zu machen – also etwa 6000 Jahre –, und auf dieser nach hinten offenen Geschichtsskala hat die Beschäftigung mit den Sternbildern in der Tat die Bezeichnung alt verdient. Wir wissen nicht, wer genau die Ersten waren, die damit begonnen haben, bestimmten Sterngruppen – ihrer jeweiligen Form entsprechend – Namen von Menschen oder Tieren zu verleihen und auf diese Art und Weise das »erfunden« haben, was wir seit jener Zeit Sternbilder nennen. Wer auch immer es gewesen sein mag – als die Ägypter, Sumerer und Chaldäer auf den Plan kamen, waren diesen bereits viele unserer heutigen Konstellationen geläufig, und wir dürfen mit Sicherheit davon ausgehen, dass die Ursprünge der Sternbilder bis in die vorgeschichtliche Zeit zurückreichen. Man hat die Sternbilder das älteste Bilderbuch der Welt genannt, und die Beschäftigung mit ihnen gehört ganz sicher zu den ältesten Bestandteilen unserer Zivilisation.

Wie es scheint, waren so gut wie alle uns bekannten Sternbilder bereits um 2000 v. Chr. existent, und die Griechen, die ungefähr tausend Jahre später in den Geschichtsbüchern auftauchen (beziehungsweise einen Großteil dieser Bücher geschrieben haben), übernahmen diese Bilder von ihren nahöstlichen Nachbarn, ohne viel daran zu verändern*, und gaben sie später in fast derselben Form an die Römer weiter. Demzufolge kommen die Namen der Konstellationen – Helden, mythische Gestalten, Tiere und Gegenstände – zum großen Teil aus dem Griechischen und Römischen. Als die europäische Wissenschaft im Mittelalter dann eine Art Okkultation erlebt und sich dementsprechend verfinstert hat, übernahmen die Araber das astronomische Erbe, bloß um es in der Renaissance an die Westeuropäer zurückzugeben. Von dieser Periode künden noch viele der arabischen Namen einzelner Fixsterne: Aldebaran, Deneb, Rigel, Atair usw.

Bis ins fünfzehnte Jahrhundert hinein war den Völkern in Europa und im Westen Asiens nur die nördliche Hemisphäre vertraut, sodass es sich bei den bis zu jener Zeit bekannten Sternbildern ausschließlich um solche handelte, die von der nördlichen Hälfte der Erde aus zu beobachten waren. Diese nennt man *Antike Sternbilder,* 48 an der Zahl. Infolge der dann beginnenden großen Entdeckungsfahrten und weltweiten Schiffspassagen offenbarten sich den Nordlichtern nach und nach auch die südlichen Teile des Himmels, und das führte dazu, dass die sogenannten *Neuzeitlichen Sternbilder* benannt und von einigen der damals wirkenden Kartographen auch entsprechend festgehalten wurden. Bei ihnen handelt es sich also vornehmlich um Sternbilder der südlichen Hemisphäre, ergänzt jedoch um die eine oder andere lichtschwächere Konstellation am nördlichen Himmel, deren Schattendasein dafür gesorgt hatte, dass sie bis zu jenem Zeitpunkt unbenannt geblieben waren. So rechtschaffen diese Kartographen nun auch zu Werke gegangen sein mögen, viel Fantasie hatten sie nicht, und so sind die Namen der von ihnen hinzugefügten Sternbilder bei weitem nicht so bildhaft und pittoresk ausgefallen, wie das bei den antiken der Fall ist. Den Namen der neuzeitlichen Sternbilder fehlt durchweg der Charme und die Verankerung in der Mythen- und Sagenwelt der antiken Konstellationen, und verglichen mit ihnen wirken sie fast synthetisch.

Das liegt wohl daran, dass es sich bei

* Das soll nun nicht heißen, dass sie ihrerseits nicht unendlich viel zu unserem Wissen über den Himmel beigetragen hätten. Ganz im Gegenteil – sie waren die Ersten, die ihm und seiner Erforschung gegenüber so etwas wie eine wissenschaftliche Haltung im heutigen Sinne eingenommen haben. Die Sterngucker aus dem alten Ägypten und Mesopotamien waren durchweg hervorragende Beobachter, die diese Beobachtungen auch genauestens festgehalten haben, aber die Frage nach dem Warum schien sie erheblich weniger interessiert zu haben. Sie gaben sich mit den wundervollen, aber teilweise doch recht ungenauen Erklärungen aus dem Bereich der Mythen und Sagen zufrieden.

den Kartographen um eine damals noch junge neue Berufsgruppe handelte, deren Handwerk nicht so sehr im Erzählen von Sagen bestand, sondern in der Uranographie (uranos: griechisch für Himmel), das heißt also im genauen graphischen Festhalten der Gegebenheiten des Himmels, und was das betrifft, sind ihre Verdienste in der Tat unbestritten. So kam zum Beispiel einer von ihnen, Johann Bayer, als Erster auf die bis heute gültige Idee, den Sternen ohne eigenen Namen in dem von ihm 1601 herausgegebenen Himmelsatlas griechische und römische Buchstaben zuzuordnen, sodass man nicht mehr darauf angewiesen war, diese durch ellenlange Beschreibungen voneinander zu unterscheiden, wie das bis zu jenem Zeitpunkt notwendig und üblich gewesen war. Anstatt zu sagen: »der helle Stern in den Zwillingen, ja genau, der da – im westlich gelegenen Fuß von Pollux«, reichte ab jetzt die Angabe: »Gamma Geminorum«, wobei es sich bei Geminorum um den Genitiv des lateinischen Wortes für Zwillinge (Gemini) handelt.

Wer nur gelegentlich einmal in den Himmel schaut, um sich an diesem zu erfreuen, kommt allerdings ganz gut ohne griechische Buchstaben und lateinische Genitive aus. Deswegen kommen diese in unseren Karten nicht vor, zumal es für unsere Zwecke gar nicht so schlecht ist, Sterne und deren Lage dadurch zu beschreiben, dass man sie gewissen Körperteilen und/oder Himmelsrichtungen innerhalb der einzelnen Sternbilder zuordnet. Und wenn man sie denn unbedingt sehen will, die griechischen Buchstaben, braucht man sich bloß eine der zahlreichen offiziellen Sternkarten oder einen der Himmelsgloben vorzunehmen.

Es ist noch nicht allzu lang her, dass fast jeder Astronom die Grenzen zwischen den einzelnen Sternbildern nach eigenem Gutdünken und jeweils ein wenig anders als seine Mitstreiter zog. Damit ist allerdings seit 1930 endgültig Schluss, jenem Jahr, in dem die Internationale Astronomische Union diese Grenzen ein für alle Mal festgelegt hat. Und wenn mich das auch durch den »Verlust« des einen oder anderen hellen Sterns hier und da daran gehindert hat, gewissen Sternbildern eine noch klarer erkennbare Form zu verpassen, so bleibt uns die Freude darüber, dass sich unsere globale Staatengemeinschaft, was dieses durchaus ernst zu nehmende Thema anbelangt, hat einigen können. Ein hoffnungsvolles Beispiel eigentlich, wenn man sich anschaut, wie es heutzutage um vergleichbare Versuche in puncto Klima steht.

Selbst Sternbilder verändern sich: Trotzdem wird auch diese Vereinbarung immer mal wieder revidiert werden müssen. Nicht, weil die Menschen ihrer überdrüssig werden könnten, sondern weil das Prinzip, dass alles sich ändert, auch vor den Konstellationen nicht Halt macht. Würde ein Astronom aus der Zeit der Pharaonen in unsere Zeit hinein wiedergeboren, fände er die Pyramiden zwar noch an ihrem angestammten Platz – einige der Sternbilder hingegen nicht mehr. Sirius, zum Beispiel, ist mittlerweile ca. vier Monddurchmesser von dem Platz am Himmel entfernt, an dem unser alter Astronom gewohnt war, ihn zu sehen, und Arktur hat sich sogar noch einmal so weit von seinem damals eingenommenen Platz wegbewegt.

Diese Verschiebungen am Himmelszelt so plötzlich zu erleben, wäre ein großer Schock für den guten Mann, hielt man die Form der Sternbilder zu seiner Zeit doch für absolut unveränderlich und ewig. Uns hingegen sollte deren Veränderbarkeit nicht weiter überraschen. Wenn die Sterne sich, wie wir gesehen haben, innerhalb unserer Milchstraße in alle Richtungen bewegen und das in Geschwindigkeiten von vielen tausend Kilometern die Minute, dann darf es uns nicht wundernehmen, dass sich die Sternbilder, die sich schließlich aus diesen rasenden Gestirnen zusammensetzen, im Laufe der Jahrtausende verändern können.

Es ist fast schon erstaunlicher, dass solche Veränderungen nicht häufiger und schneller vonstattengehen, ein Umstand, der allein durch die unvorstellbar großen Entfernungen zu erklären ist. Ebenso, wie wir die Geschwindigkeit eines Zuges, der direkt an uns vorbeirauscht, anders empfinden, als wenn derselbe Zug von einer hohen Bergspitze aus betrachtet Zentimeter für Zentimeter durch das Tal zu schleichen scheint, so fallen auch die leichten, sich über Jahrhunderte und Jahrtausende hinziehenden Verschiebungen der Sterne von uns aus gesehen kaum auf und ins Gewicht. Zumindest denjenigen unter uns, die nur gelegentlich in den Himmel schauen. Durch entsprechend genaue Instrumente betrachtet, offenbaren sich diese Verschiebungen allerdings schon innerhalb weniger Monate, Jahre oder Jahrzehnte, und rechts zeigen wir an einem Beispiel, wie solch eine Langzeitveränderung aussieht: Wir sehen, wie sich die Sterne des Großen Wagens in der Vergangenheit, Gegenwart und Zukunft ihren Platz am Himmel gesucht haben beziehungsweise im Laufe der nächsten 100 000 Jahre suchen werden.

Abbildung 32: Der Große Wagen im Wandel

Wir reden hier über lange, lange Zeitspannen, das ist klar. Aber auch der Mensch hat sich nicht über Nacht zu dem entwickelt, was er heute ist, und trotz Naturkatastrophen sowie gelegentlicher Anwandlungen von Selbstzerstörung hat er bereits einige Millionen Jahre hinter sich. Also will ich hier meiner Hoffnung Ausdruck geben, dass es in ca. 3000 Generationen unseren Nachfahren vergönnt sein mag, so viel Freude an ihrem Neuen Großen Wagen zu haben, wie wir heutzutage an dem unseren.

Die 21 hellsten Sterne

Sirius im Großen Hund, bläulich, Entfernung ca. 8,6 Lichtjahre, $-1{,}46^{m}$

Canopus im Schiffskiel, gelblich-weiß, Entfernung ca. 310 Lichtjahre, $-0{,}72^{m}$

Alpha Centauri im Zentaur, gelblich-orange, Entfernung ca. 4,4 Lichtjahre, $-0{,}27^{m}$

Arktur im Bärenhüter, orangen, Entfernung ca. 36,7, $-0{,}05^{m}$

Wega in der Leier, bläulich-weiß, Entfernung ca. 25,3 Lichtjahre, $0{,}03^{m}$

Capella im Fuhrmann, gelblich, Entfernung ca. 42,2 Lichtjahre, $0{,}08^{m}$

Rigel im Orion, bläulich-weiß, Entfernung ca. 770 Lichtjahre, $0{,}12^{m}$

Procyon im Kleinen Hund, gelblich-weiß, Entfernung ca. 11,2 Lichtjahre, $0{,}38^{m}$

Achernar im Fluss Eridanus, bläulich, Entfernung ca. 144 Lichtjahre, $0{,}46^{m}$

Beteigeuze im Orion, rötlich, Entfernung ca. 430 Lichtjahre, $0{,}58^{m}$

Beta Centauri im Zentaur, bläulich, Entfernung ca. 350 Lichtjahre, $0{,}60^{m}$

Atair im Adler, gelblich-weiß, Entfernung ca. 16,5 Lichtjahre, $0{,}76^{m}$

Acrux im Kreuz des Südens, bläulich, Entfernung ca. 320 Lichtjahre, $0{,}77^{m}$

Aldebaran im Stier, rötlich, Entfernung ca. 68 Lichtjahre, $0{,}85^{m}$

Spica in der Jungfrau, bläulich, Entfernung ca. 260 Lichtjahre, $0{,}96^{m}$

Antares im Skorpion, rötlich, Entfernung ca. 600 Lichtjahre, $1{,}09^{m}$

Pollux in den Zwillingen, gelblich, Entfernung ca. 34 Lichtjahre, $1{,}13^{m}$

Fomalhaut im Südlichen Fisch, weiß, Entfernung ca. 25 Lichtjahre, $1{,}16^{m}$

Deneb im Schwan, weiß, Entfernung ca. 3200 Lichtjahre, $1{,}25^{m}$

Becrux im Kreuz des Südens, bläulich, Entfernung ca. 350 Lichtjahre, $1{,}28^{m}$

Regulus im Löwen, bläulich-weiß, Entfernung ca. 77,5 Lichtjahre, $1{,}36^{m}$

Planetarien in Deutschland

Register/Glossar

Abkürzungen:

STK. Sternenkarte
Stb. Sternbild
ara. arabisch(e/er)
lat. lateinisch(e/er)
gri. griechisch(e/er)
Myth. Mythologische Figur
nörd. Hemi. nördliche Hemisphäre
süd. Hemi. südliche Hemisphäre

Bei mehreren Seitenangaben verweisen fett gesetzte Ziffern auf ausführlichere Darstellungen

A

Abendstern → *Sterne*
Achernar ara. »Ende des Flusses«: hellster Stern im *Fluss Eridanus*, 0,46^{m} 48, 62, 161
Achterdeck, Puppis → *Schiff*
Acrux Kurzform für Alpha Crucis: hellster Stern im *Kreuz des Südens*, 0,77^{m} 64 – STK 53, 63, 65
Adler, Aquila Stb. auf dem Himmelsäquator 13, **56**, 58, 74, 118, 160 – STK. 41, 55, 57, 59
Albireo Stern in der Schnabelspitze des *Schwans*, 3. Größe 64, 160 – STK. 41
Aldebaran ara. »Der Nachfolgende« (folgt den Plejaden auf dem Fuße): hellster Stern im *Stier*, 0,85^{m} 44, 48, 52, 142, 154, 165 – STK. 45, 47, 49
Algol ara. »Schelm«, veränderlicher Stern 2. Größe im *Perseus* 44 – STK. 35, 43, 45, 61
Alpha, α erster Buchstabe des griechischen Alphabets mit dem man für gewöhnlich den jeweils hellsten Stern in einem Sternbild kennzeichnet 64
Alpha Centauri hellster Stern im *Zentaur*, –0,27^{m} 30, 56, 64, 158 – STK. 65
Alpha Crucis → *Acrux*
Alphard ara. »Der Einsame«: hellster Stern (der 2. Größe) in der *Wasserschlange* 50 – STK. 37, 51
Altair → *Atair*
Altar (lat. *Ara*): Stb. der südl. Hemi. 62, 64 – STK. 65
Andromeda gri. Myth.: wichtiges Stb. der nörd. Hemi. 34, **42**, 44, 58, 60, 164 – STK. 35, 43, 45, 61
Andromeda Nebel uns benachbarte Galaxie, ca. 2,4–2,7 Millionen Lichtjahre entfernt 42, 43, 163 – STK. 43
Antares (Betonung auf *ta*), gri. »Rivale des Ares« oder Mars: hellster, rötlich schimmernder Stern im *Skorpion*, 1,09^{m} 52, 54, 142, 154 – STK. 53, 55, 65
Antlia → *Luftpumpe*
Aphel (sprich: Ap-hel oder Afel), gri. »der Sonne fern«: Punkt, an dem die Erde auf ihrer elliptischen Bahn um die Sonne am weitesten von dieser entfernt ist 137
Apus → *Paradiesvogel*
Aquarius → *Wassermann*
Aquila → *Adler*
Äquinoktium, Äquinoktien die beiden auf der Himmelskugel einander gegenüberliegenden Punkte, an denen Ekliptik und Himmelsäquator sich kreuzen 119, **126**, 128, 136, **139–141**
Ara → *Altar*
Argo → *Schiff*
Aries → *Widder*
Aristarchos gri. Astronom, 310–250 v. Chr. 150
Arktis 36
Arktur (gri. Arcturus, Betonung auf *tu*) »Bärenhüter«: hellster Stern im *Bärenhüter*, –0,05^{m} 30, 36, 38, 40, 52, 161, 166 – STK. 39, 53
Äskulap gri. Myth., Gott der Heilkunde; wurde in Form des Sternbilds *Schlangenträger* an den Himmel verbannt 54
Asterismus Sternengruppe, die nicht zu den offiziell anerkannten Stb. gehört, z. B. *Großer Wagen*, *Plejaden* **32**, 36, 42, 64
Asteroiden tausende von planetenähnlichen Objekten, die um die Sonne kreisen. Die größten von ihnen (*Sedna*, *Orcus*, *Quaoar*) haben einen Durch-

T

U

V

Deutsche Erstausgabe
1. Auflage

Die Originalausgabe erschien 1952 unter dem Titel
The Stars. A New Way to See Them bei Houghton Mifflin, New York

Aus dem Amerikanischen von Ebi Naumann
Register: Rainer Kolbe, Tating/Eiderstedt, sachregister.de
Karte S. 170: Jonas Schenk
Satz: Ralf Schnarrenberger, Hamburg
Reproduktion: Frische Grafik, Hamburg
Druck und Bindung: Offizin Andersen Nexö Leipzig
Printed in Germany
ISBN 978-3-7160-2601-4

www.arche-verlag.com